バイオスティミュラントの開発動向と展望

Development Trends and future Prospects of Biostimulants

監修：日本バイオスティミュラント協議会
Supervisor：Japan Biostimulants Association

JN220430

シーエムシー出版

刊行にあたって

　バイオスティミュラントという言葉が植物生理学を専門とする研究者や該当する製品を取り扱う開発・販売メーカーのみならず，農業従事者や農資材の流通業者からも頻繁に聞かれるようになりました。作物の生理に作用して農産物の収量や品質向上に寄与する資材は古くから農業現場では活用されており，作物生産に貢献してきました。しかしながら，その作用機作や有効成分は必ずしも周知されていない事例もあり体系化されていません。近年，各方面の研究者や開発販売メーカーにより，バイオスティミュラント製品の作用機作を解明し，また分類化して現場へ周知する例も数多く見受けられます。

　また，令和3年に農水省から提唱されたみどりの食料システム戦略の中で，バイオスティミュラントを活用した新技術の導入が提唱されたことをきっかけにして，バイオスティミュラント製品とはどのような資材なのか，どんな機能を有する資材なのか，その定義を含めて各方面で協議されています。

　現在，バイオスティミュラント協議会では，資材の起源に基づいて以下の6種類に分類し体系化することを提唱しています[1]。

① 腐植質，有機酸資材（腐植酸，フルボ酸）

② 海藻および海藻抽出物，多糖類

③ アミノ酸およびペプチド資材

④ 微量ミネラル，ビタミン

⑤ 微生物資材（トリコデルマ菌，菌根菌，酵母，枯草菌，根粒菌など）

⑥ その他（動植物由来機能性成分，微生物代謝物，微生物活性化資材など）

　海外においてもバイオスティミュラント製品は農業分野で広く使用されており，多くの新商品が開発されています。EUやUSにおいては法制化の議論が活発に行われており，正しく適正な使用を促しています。今後，国内においてもバイオスティミュラント製品を体系化し，これらの資材がもたらす機能や作物生産にもたらす便益を明確にし，使用者に正しく理解されることを期待します。

　本企画により，多岐にわたるバイオスティミュラント製品の特性や正しい使い方，業界を取り巻く環境の変化について理解し，バイオスティミュラントに対する関係各位の研究や指導・販売の一助になることを期待します。

1）引用：バイオスティミュラント協議会ホームページより
　　https://www.japanbsa.com/biostimulant/definition_and_significance.html

2024年10月

日本バイオスティミュラント協議会　会長

梶田信明

執筆者一覧 （執筆順）

梶　田　信　明　日本バイオスティミュラント協議会　会長；
アリスタ ライフサイエンス㈱　営業本部　取締役　営業本部長

鳴　坂　義　弘　岡山県農林水産総合センター　生物科学研究所
植物活性化研究グループ　グループリーダー

鳴　坂　真　理　岡山県農林水産総合センター　生物科学研究所
植物活性化研究グループ　流動研究員

和　田　哲　夫　日本バイオスティミュラント協議会　技術局長

高　木　篤　史　㈱サカタのタネ　ソリューション統括部
主席技術員（土壌医・施肥技術マイスター）

農 林 水 産 省　大臣官房　みどりの食料システム戦略グループ

飯　野　藤　樹　デンカ㈱　エラストマー・インフラソリューション部門
インフラソリューション研究部　グループリーダー

須　田　正　樹　シプカム・ジャパン㈱　国内ビジネス部　ビジネスマネージャー

田　中　賢　治　国土防災技術㈱　本社　事業本部　取締役　事業開発担当

笹　原　勇　太　アクプランタ㈱　事業開発部

金　　　鍾　明　アクプランタ㈱　代表取締役社長；
東京大学　大学院農学生命科学研究科　特任准教授

渡　邉　　　彰　名古屋大学　大学院生命農学研究科　教授

田　中　栄　嗣　アリスタ ライフサイエンス㈱　マーケティング本部　本部長

小　島　克　洋　朝日アグリア㈱　購買部　購買課

堀　口　亨　平　朝日アグリア㈱　営業四部　技術営業課

見　城　貴　志　朝日アグリア㈱　営業三部　技術営業二課　課長代理

佐　藤　　　孝　秋田県立大学　生物資源科学部　生物環境科学科　教授

由里本　博　也　京都大学　大学院農学研究科　応用生命科学専攻　制御発酵学分野
准教授

阪　井　康　能　京都大学　大学院農学研究科　応用生命科学専攻　制御発酵学分野
教授

松　原　陽　一　東海国立大学機構　岐阜大学　応用生物科学部
園芸植物栽培学研究室　教授

藤　原　風　輝　(国研)理化学研究所　バイオリソース研究センター
植物-微生物共生研究開発チーム；
東京大学　大学院農学生命科学研究科　農学国際専攻

| 市 橋 泰 範 | （国研）理化学研究所　バイオリソース研究センター |
| | 植物 - 微生物共生研究開発チーム　チームリーダー |

市 橋 泰 範　（国研）理化学研究所　バイオリソース研究センター
　　　　　　　植物 - 微生物共生研究開発チーム　チームリーダー
須 藤 　 修　㈱ファイトクローム　マーケティング部　部長
樋 口 昌 宏　焼津水産化学工業㈱　開発本部　研究開発部　新規開拓グループ
　　　　　　　グループ長
西 村 安 代　静岡県立農林環境専門職大学　短期大学部　生産科学科　教授
東 山 隆 信　ナガセヴィータ㈱　研究技術・価値づくり部門
　　　　　　　バイオアグリサイエンスユニット　ユニットリーダー
武 田 泰 斗　味の素㈱　生産統括センター　バイオ・ファイン技術部
　　　　　　　基盤技術グループ　マネージャー
加 藤 嘉 博　北海道三井化学㈱　ライフサイエンス部　部長
能 年 義 輝　岡山大学　学術研究院　環境生命自然科学学域　教授
渡 邉 　 恵　岡山大学　学術研究院　環境生命自然科学学域　助教
庄 司 直 史　三洋化成工業㈱
金 　 亨 振　三洋化成工業㈱
北 松 瑞 生　近畿大学　理工学部　応用化学科　准教授
久 保 　 幹　立命館大学　生命科学部　生物工学科　教授
山 内 靖 雄　神戸大学　大学院農学研究科　准教授
伊 藤 紀美子　新潟大学　自然科学系（農学部）　教授
眞 木 祐 子　雪印種苗㈱　研究開発本部　研究企画室　係長
鈴 木 基 史　愛知製鋼㈱　未来創生開発部　ソサイエティー材料開発室　室長
長 谷 　 祐　元・㈱農林中金総合研究所　リサーチ＆ソリューション第 2 部
　　　　　　　主事研究員
小 倉 里江子　横浜バイオテクノロジー㈱　取締役研究開発部長
平 塚 和 之　横浜国立大学　大学院環境情報研究院　教授
春 原 英 彦　㈱環境管理センター　基盤整備・研究開発室
伊 藤 大 輔　㈱環境管理センター　アグリ事業開発部　農業環境ラボ　所長
木 村 庄 樹　㈱環境管理センター　アグリ事業開発部　筑西試験農場　農場長

目　　次

第4章　「みどりの食料システム戦略」における
バイオスティミュラントの位置づけ　　農林水産省

【第Ⅱ編　バイオスティミュラントの種類と機能】

〈腐植物質・有機酸〉

第5章　亜炭を原料とする腐植物質バイオスティミュラントの開発
飯野藤樹

第 6 章 腐植酸バイオスティミュラント Blackjak® の 水稲育苗箱施用における性能評価 須田正樹

第 7 章 森林資源を利用して生産された高分子化合物である フルボ酸による国内外での環境改善 田中賢治

第 8 章 酢酸バイオスティミュラント資材の作用原理と 効果的な使用方法 笹原勇太，金 鍾明

第9章　腐植物質の化学構造と植物生育に関わる機能　　　渡邉　彰

〈微生物〉

第10章　バイオスティミュラントとしてのトリコデルマ菌の利用

田中栄嗣

第11章　バイオスティミュラント資材「まめリッチ」の開発

小島克洋, 堀口享平, 見城貴志, 佐藤　孝

第 16 章　低分子量キチン（LMC）の土壌と植物への バイオスティミュラント効果　　　樋口昌宏

第 17 章　トレハロースのバイオスティミュラントとしての 果菜類への効果　　　西村安代

第18章 トレハロースによる環境ストレス緩和と持続可能な農業への応用　東山隆信

〈アミノ酸・ペプチド〉

第19章 植物に対するアミノ酸の効果と実例　武田泰斗

第20章 プロリン含有植物活力剤のバイオスティミュラントとしての特性および有効性　加藤嘉博

第21章 植物に病害抵抗性を誘導する環状ペプチド
能年義輝, 渡邉 恵, 庄司直史, 金 亨振, 北松瑞生

第22章 有機物によるバイオスティミュラント効果　久保 幹

〈その他（動植物由来機能性成分, 微生物代謝産物, 微生物活性化資材など）〉

第23章 植物のコミュニケーション力を活かした揮発性バイオスティミュラントの開発と実用化　山内靖雄

第24章 微生物揮発性物質を介した植物の成長促進に関する研究
伊藤紀美子

第25章　乳酸菌由来バイオスティミュラントの開発 ～ぼかし肥料の作用メカニズム～　　眞木祐子

第26章　鉄栄養の吸収を高める鉄資材—環境ストレスによる 潜在的鉄欠乏の発生と改善—　　鈴木基史

【第Ⅲ編　バイオスティミュラントの評価技術】

第27章　JAによるバイオスティミュラント資材の実証試験

第28章　発光レポーターを利用したバイオスティミュラントの
探索・評価系

第29章　バイオスティミュラント資材を供試した栽培試験の設計と
効果検証

XI

第 I 編
総　論

第1章 バイオスティミュラントの現状と課題

鳴坂義弘[*1]，鳴坂真理[*2]

1 はじめに

農業は気候変動や異常気象の影響を受けやすいため，気象災害による影響を緩和し，地球環境や生態系を保持しつつ，持続可能な食料生産システムを実現する必要がある。国連世界人口推計2024年版[1]によると，世界人口は2024年半ばまでに約82億人に達し，今世紀後半までの約60年間にわたり増加を続け，2080年代半ばに103億人でピークを迎えると予測されている。飢餓人口を減らし，安定的に食料を供給するためには，"持続可能な開発目標（SDGs；Sustainable Development Goals）目標2. 飢餓をゼロに"に掲げられている，「2030年までに，食料の生産性と生産量を増やし，同時に，生態系を守り，気候変動や干ばつ，洪水などの災害にも強く，土壌を豊かにしていくような，持続可能な食料生産の仕組みをつくり，何か起きてもすぐに回復できるような農業を行う」ことを実現する必要がある。一方で，1960年以降，農耕地面積は約10%しか増加しておらず，農業技術のイノベーションによって単位面積あたりの収量を3倍に増やすことで食料の需要を補ってきた[2]。今後，人口増加に対する食料の安定供給のためには，さらなる農業生産性の向上が求められる。

2 世界の農業政策

SDGsの達成に向けて，各国の食料戦略が活発化している。米国農務省は，2020年2月に「農業イノベーションアジェンダ」を公表し，2050年までに農業生産量を40%増加させるとともに，環境フットプリントを50%削減することを目標に掲げた。また，欧州委員会が2020年5月に公表した「Farm to Fork Strategy（農場から食卓まで戦略）」は「欧州グリーン・ディール」の一環として，「公正で健康的な環境にやさしい食料システム」の確立をめざしている。さらに，2030年までに有害性の高い農薬の使用を50%削減し，化学農薬の全体的な使用およびリスクを50%削減，肥料の使用量を20%削減，EUの農地面積に占める有機農業の割合を25%に向上するという高い目標を設定している。

＊1　Yoshihiro NARUSAKA　岡山県農林水産総合センター　生物科学研究所
　　　　　　　　　　　　　　植物活性化研究グループ　グループリーダー
＊2　Mari NARUSAKA　岡山県農林水産総合センター　生物科学研究所
　　　　　　　　　　　　　植物活性化研究グループ　流動研究員

　日本においても，農林水産省は 2021 年 5 月に「みどりの食料システム戦略」（以下，「みどり戦略」）を策定した。本戦略では，食料・農林水産業の生産力向上と持続性の両立をイノベーションで実現することをめざしており，2050 年までに農林水産業の CO_2 ゼロエミッション化，化学農薬の使用量（リスク換算）の 50％低減，化学肥料の使用量の 30％低減，有機農業の取組面積の割合を 25％に拡大するなどの数値目標を設定している。さらに，「みどり戦略」を具体的に実現するために，2022 年 4 月に「環境と調和のとれた食料システムの確立のための環境負荷低減事業活動の促進等に関する法律（みどりの食料システム法）」が成立し，同年 7 月 1 日に施行された。また，2024 年 6 月に改正「食料・農業・農村基本法」が施行された[3]。この法律は，食料安全保障の確保や食料システムの環境負荷低減による環境との調和などを理念に掲げている。

　以上のように，SDGs の達成に向けた各国の農業政策が進められているが，世界に食料を供給できる持続可能な農業を実現するためには，農業技術の飛躍的な発展が不可欠である。1960 年代以降の人口増加に対応した世界の食料需給を支えた農業技術のイノベーションは，品種改良，機械化，灌漑システムの整備，化学肥料・農薬の開発および大量投入によるものである。一方，「みどり戦略」や「Farm to Fork Strategy」では，化学農薬および化学肥料の削減目標が示されているが，急激な使用量の削減は農業生産性の低下を招く懸念がある。したがって，化学農薬および化学肥料に過度に依存せず，農業の持続性や環境保全に十分に配慮した新技術の導入が必要とされている。

3　気候変動

　近年，気候変動により異常高温，干ばつ，大雨，洪水の増加などの自然災害が激甚化・頻発化している（図 1）。また，気温の上昇により農作物の生育や栽培適地の変化，病害虫や雑草の発生量および分布域の拡大などが懸念されている。特に，高温障害によるイネの白未熟粒（デンプンの蓄積が不十分で白濁した米粒）の発生および品質の低下，トマトの高温による着色・着果不良や裂果，イチゴの花芽分化の遅延，ブドウの黒色品種の着色不良，モモの暖冬による生育不良などの問題が既に発生している。

気象庁の観測データ[4]によると，

- 猛暑日の増加
- 大雨（50 mm/ 時間）の発生回数の増加
- 無降水日数の増加

が認められ，これらの変化には地球温暖化が影響している可能性が示唆されている。また，日本の年平均気温は様々な変動を繰り返しながら上昇しており，長期的には 100 年あたり 1.35℃の割合で上昇すると予測されている（気象庁，2024 年 1 月）。各県の農業試験場では，高温障害を軽減するための対策技術の確立に取り組み，生産者への技術支援をめざしている。しかし，現状では地球温暖化は避けることができず，「対策」から「適応（緩和）」技術への転換が求められてい

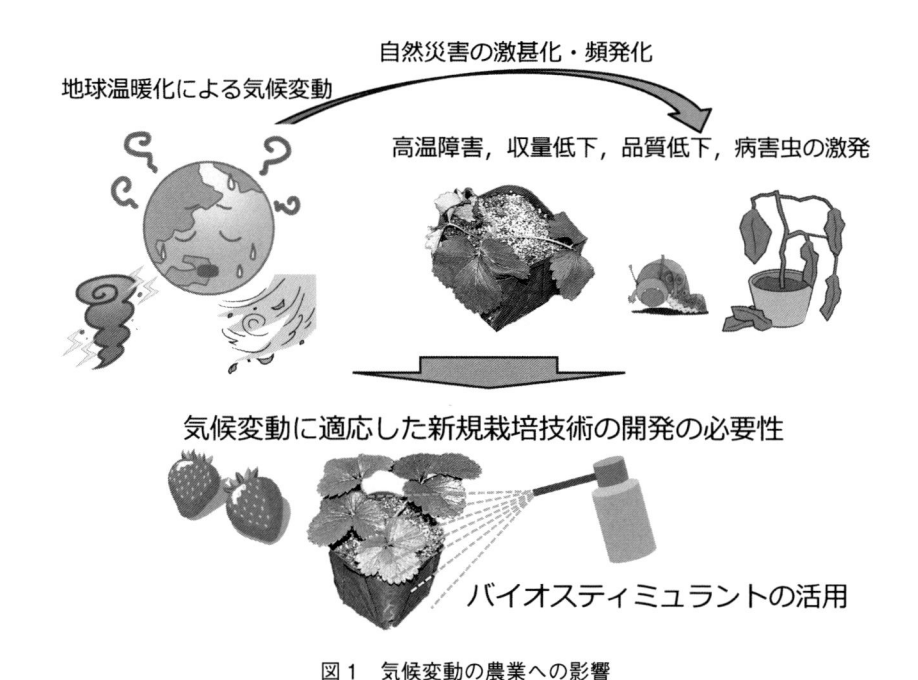

図1　気候変動の農業への影響

る。このような気候変動による農業生産の不安定化リスクを低減し，収益性を高める技術として，「バイオスティミュラント」が注目されている。本稿では，農薬，肥料，土壌改良資材に次ぐ第四の農業資材であるバイオスティミュラントの現状と課題について報告する。

4　バイオスティミュラントとは

Biogenic stimulators, Biogenic stimulants という単語が学術論文に初めて登場したのが1951年である[5,6]。その後，いくつかの変遷を経て，Biostimulant という単語が学術論文に登場したのは1990年頃と考えられている[7,8]。バイオスティミュラント（Biostimulant, Plant biostimulant）とは，「bio」＝「生物」と「stimulant」＝「刺激物」を組み合わせた造語で，直訳すると「生物を刺激する物質」という意味になる。つまり，バイオスティミュラントとは，植物を直接的または間接的に刺激し，その成長や健康を改善または向上するための物質を示す。

既に日本でもいくつかのバイオスティミュラントが販売されているが，日本ではバイオスティミュラントに対する法規が整備されておらず，表1に示すように農薬，肥料および，土壌改良資材に関する法律により規制される。このように，日本におけるバイオスティミュラントはまだ黎明期であるが，欧州をはじめとして世界規模でバイオスティミュラントの使用量は増加している。現在，バイオスティミュラントの世界市場は年平均成長率10％以上で拡大しており，2030年には7,000億円以上になると予想されている。これに対して，日本におけるバイオスティミュ

表1　農業資材におけるバイオスティミュラントの位置づけ

農業資材	具体例	法律	主な効果
農薬	殺菌剤，殺虫剤，除草剤，植物成長調整剤など	農薬取締法	病気，害虫，雑草などの防除
肥料	窒素，リン酸，カリ，微量要素など	肥料の品質の確保等に関する法律	栄養成長，発根，開花，結実，収穫など
土壌改良資材	ピート，バーク堆肥，腐植酸質資材など	地力増進法	土の通気性，保水性，透水性，保肥力，微生物叢など
バイオスティミュラント	腐植物質，海藻，アミノ酸，ミネラルなど	なし	非生物的ストレスの緩和，栄養素の利用効率の向上など

ラントの市場規模は約100〜200億円と推定されている。農薬市場と比較すると40分の1〜20分の1程度と小さいが，今後もバイオスティミュラントの市場は世界的に拡大する見込みである。

5　バイオスティミュラントの定義

　日本ではバイオスティミュラントを規制する法律がないため，その定義も示されていない。日本では，バイオスティミュラントと機能的に類似している植物成長調整剤（Plant Growth Regulator, PGR）との切り分けが課題であり，肥料および土壌改良資材との関連が検討されている（図2）。一方，欧州連合（EU）においては，2022年7月に施行されたEU新肥料法（Regulation（EU）2019/1009）により，バイオスティミュラントは農薬とは明確に切り分けられて肥料に分類された。EU新肥料法では，バイオスティミュラントを「植物または植物の根圏に関する以下の特性のうち1つまたはそれ以上を改善（向上）させることを唯一の目的とし，製品に含まれる栄養成分とは無関係に植物の栄養プロセスを刺激する製品」と定義している。
- 栄養素の利用効率
- 非生物的ストレスに対する耐性
- 品質特性
- 土壌または根圏に閉じ込められた栄養素の利用の可能性

以上に適合し，適正な評価を得たバイオスティミュラントの商品には，EU加盟国の基準を満たす「CEマーク」をつけて販売・輸出ができるようになった。今後，これらの規定を参考にして，日本も農林水産省が法整備などを検討していると思われる。

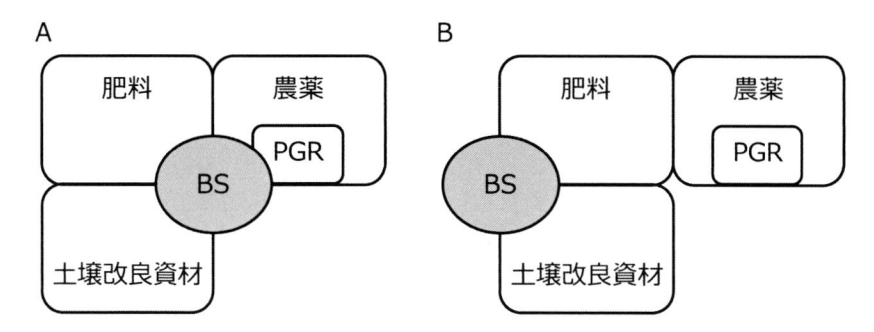

図2　日本におけるバイオスティミュラントの位置付け
（A）広義のバイオスティミュラント，（B）狭義のバイオスティミュラント
BS：バイオスティミュラント，PGR：植物成長調整剤

6　農業資材におけるバイオスティミュラントの位置づけ

　農業資材におけるバイオスティミュラントの位置づけを表1に示した。

　農薬は「農薬取締法」で規定されており，病原菌，害虫および雑草などの生物的ストレスから植物を守るものである。殺菌剤，殺虫剤，除草剤，植物成長調整剤などが含まれる。一方で，バイオスティミュラントは高温，低温，乾燥，塩害などの非生物的ストレスを緩和する。

　肥料は「肥料の品質の確保等に関する法律」で規定されており，植物を生育させるための栄養分として，栄養成長，発根，開花，結実，収穫などに関与している。窒素，リン酸，カリウム，微量要素などが含まれる。一方で，バイオスティミュラントは植物による栄養素の取り込みや利用効率を改善または向上させる。

　土壌改良資材は「地力増進法」で規定されており，土壌に施用することで，土壌の物理的，化学的または生物的性質に変化をもたらして土を改良するものである。これには土の通気性，保水性，透水性，保肥力，微生物叢に関与する資材が含まれる。ピート，バーク堆肥，腐植酸質資材などがある。一方で，バイオスティミュラントは植物の根圏に作用し，根圏環境の改善や根張りの向上に寄与する。

7　バイオスティミュラントの機能

　バイオスティミュラントとは，植物の生理活性のプロセスに作用し，各種ストレスに対する耐性を高め，収量と品質の改善および向上効果を付与する資材であり，以下のような機能が期待されている[9]。

• 土壌・根圏環境の改善および健全性の向上
• 非生物的ストレスの改善および緩和
• 生理機能の改善および維持

- 生育の改善および向上
- 栄養素の利用効率の向上
- 収量および品質の改善および向上

8 バイオスティミュラントの分類と効果

バイオスティミュラントの種類を資材の起源別に分類し，それぞれに期待される効果を説明する[9,10]。なお，以下の分類に当てはまらない資材や複数のカテゴリーに重複する資材も存在する。

8.1 腐植物質，有機酸資材

生物の遺骸（枯れた植物，落ち葉，動物の排泄物や死骸など）が自然界で化学的・生物的に分解・合成された有機物質である。特に，腐植物質のうち，アルカリ性および酸性溶液に溶ける有機酸がフルボ酸，アルカリ性溶液に可溶で酸性溶液に不溶なものがフミン酸，アルカリ性および酸性溶液に不溶なものがヒューミンである。腐植物質は，根圏微生物の活性化，根張りの向上や非生物的ストレスに対する耐性の付与効果が期待されている。

8.2 海藻，海藻抽出物，多糖類

海藻および海藻より得られた抽出物や，海藻特有の多糖類は昔から肥料や土壌改良材として使用されてきた。海外ではバイオスティミュラントの1/3以上が海藻由来物質である。海藻の成分にはカリウムやミネラルが多く含まれるため，収量や品質の改善および向上，微量要素の補給，生育の改善および健全化が期待される。また，海藻類にはアルギン酸，フコイダン，アスコフィラン，ポルフィランといった多様な多糖類やアミノ酸が含まれている。ある種の多糖類やアミノ酸は適合溶質としての機能を有しており，海藻資材を与えることで，植物細胞内の浸透圧を調節し乾燥害などの水ストレスの軽減や，根張りの向上効果が期待されている。

8.3 アミノ酸，ペプチド

農工業副生物，農作物残渣および動物排泄物の加水分解や発酵により得られたアミノ酸およびペプチドが利用されている。非生物的ストレス耐性付与効果や，光合成の改善および活性化効果などが期待される。

8.4 ミネラル，ビタミン

植物体内で十分な量を合成できない有機化合物であるビタミンや，植物体内において微量で機能するマンガン（Mn），ホウ素（B），鉄（Fe），銅（Cu），亜鉛（Zn），ニッケル（Ni），モリブデン（Mo），塩素（Cl）の微量要素が該当する。微量要素は，主に酵素反応，光合成および防御応答に関わっていることが知られている[11]。また，これらを葉面散布することで様々なストレス

に対する防御力を高める効果があることが報告されている。植物体内の微量要素量をコントロールすることで，植物の環境ストレス耐性の向上と生育の改善および健全化が期待できる。

8.5　微生物資材

　植物の共生菌（根粒菌，菌根菌），有用根圏微生物のトリコデルマ菌，枯草菌（バチルス菌），乳酸菌，光合成細菌，放線菌および酵母などが用いられている。

8.6　その他（微生物代謝物，動植物抽出物など）

　微生物の代謝物，動物や植物に由来する物質などが用いられている。

9　バイオスティミュラントの普及の課題

　バイオスティミュラントの普及には，生産者，作物，環境および消費者への安全性の確保，品質の安定性（規格化および標準化）および，効果と効能の科学的な根拠が求められる。以下では，バイオスティミュラントの普及に伴う課題について検証する。

9.1　バイオスティミュラントの法規制の整備

　表1に示した通り，バイオスティミュラントは農業資材のどのカテゴリーにも法的に分類されていないため，病害虫を抑制することを目的としたバイオスティミュラント資材は農薬として登録すべきであり，肥料効果を目的としたものは肥料として登録すべきというのが現行法の考え方である。誤解がないように補足すると，現状ではバイオスティミュラントに特化した法律が無いだけであり，法規制されていないわけではない。

　また，図2A に示した通り，バイオスティミュラントは植物成長調整剤と機能および効果が類似している。バイオスティミュラントと農薬を切り分けるのであれば，両者の区別が必要である。

9.2　バイオスティミュラントの安全性の確保

　バイオスティミュラントについても農薬のリスクの考え方と同様に以下の点について評価する必要がある。
- ヒトの健康に対するリスク
- 生態系（環境）に対するリスク

　化学農薬および化学肥料の使用量削減が政策として推進されている中で，バイオスティミュラントだけが大量に環境中に投入できるわけではない。バイオスティミュラントは，ヒトおよび動物の健康と環境に対するリスクが低い物質，例えば食品由来の物質や天然物質を起源とする資材を用いることが多いが，メーカーおよび販売者には，自主的な安全性試験の実施や主要成分の表示が求められる。

9.3 バイオスティミュラントの効果および効能の科学的な根拠

バイオスティミュラントの効果および効能については，実証試験や学術論文に基づく科学的に証明されたデータの明示が求められる。科学的な基準に基づく規格化および標準化が行われることにより，製品の品質の均一化と効果および効能の再現性が保証される。これにより，使用のタイミング，施用方法，施用量，使用回数などが明確化され，使用者が最適な効果を得るための条件が整う。

9.4 バイオスティミュラントの普及活動

バイオスティミュラントの効果的な利用方法について，農業従事者に対する普及活動を通じて正しい知識と技術を広めることが重要である。これにより，バイオスティミュラントの適切かつ効果的な利用が促進され，農業生産性の向上に寄与することが期待される。

日本では，バイオスティミュラントの普及と関連課題の解決に向けて，日本バイオスティミュラント協議会および生物刺激制御研究会が活動を行っている。これらの組織の活動内容を以下に紹介する。

9.4.1 日本バイオスティミュラント協議会

https://www.japanbsa.com/index.html

日本バイオスティミュラント協議会は，肥料，農薬，土壌改良資材などを取り扱う企業により2018年1月に設立された。

9.4.2 生物刺激制御研究会

https://bio-stimulant-research.org

生物刺激制御研究会は，バイオスティミュラントについて学術的に研究，情報交換および議論する場を提供することを目的としてアカデミア研究者らによって2021年1月に設立された。

10 おわりに

「みどり戦略」において，環境に配慮し持続可能な農業を推進するため化学農薬および化学肥料の使用量を大幅に低減する目標が掲げられており，慣行農業における栽培方法を大きく見直す必要がある。また，「食料・農林水産業の生産力向上と持続性の両立をイノベーションで実現する」ためには技術革新および知の革新が必要である。バイオスティミュラントがその一翼を担うことを期待されているが，バイオスティミュラントを直接的に化学農薬や化学肥料と置き換えるのではなく，バイオスティミュラントを栽培体系の中で効果的に使用することで，本資材が持つ様々な効果が相まって間接的にその結果として化学農薬および化学肥料の使用量を低減することにつながる。日本におけるバイオスティミュラントの活用および普及はまだ始まったところである。今後，安全性が確保され，その効果および効能が科学的に証明されたバイオスティミュラントを農業生産に積極的に取り入れることで，農業生産性の向上と安定的かつ持続的な食料生産へ

の貢献が期待される。

文　　　献

1) 国連世界人口推計 2024 年版（World Population Prospects 2024）；
 https://www.un.org/sustainabledevelopment/blog/2024/07/press-release-wpp2024/
2) 世界の食料需給の動向，農林水産省；
 https://www.maff.go.jp/j/zyukyu/anpo/attach/pdf/adviserr3-5.pdf
3) 食料・農業・農村基本法，農林水産省；https://www.maff.go.jp/j/basiclaw/
4) 気象庁ホームページ；https://www.jma.go.jp/jma/index.html
5) V. P. Filatov, *Priroda*, **11**, 39（1951）
6) V. P. Filatov, *Priroda*, **12**, 20（1951）
7) R. Russo & G.P. Berlyn, *J. Sustainable Agri.*, **1**, 19（1990）
8) O. I. Yakhin *et al.*, *Front. Plant Sci.*, **7**, 2049（2017）
9) 日本バイオスティミュラント協議会編，バイオスティミュラントガイドブック　第二版，
 日本バイオスティミュラント協議会（2022）
10) 鳴坂義弘，鳴坂真理，化学農薬・生物農薬およびバイオスティミュラントの創製研究動向，
 梅津憲治（監修），459，シーエムシー出版（2023）
11) 鳴坂義弘ほか，バイオスティミュラントハンドブック ―植物の生理活性プロセスから資材
 開発，適用事例まで―，山内靖雄，須藤修，和田哲夫（監修），421，エヌ・ティー・エス
 （2022）

第2章 国内外におけるバイオスティミュラントの状況について

1 はじめに－世界のバイオスティミュラントの市場規模について－

農薬や肥料と異なり，バイオスティミュラント（以降，BS）市場規模についての情報は限られており，しばしば肥料や生物農薬との混同もみられるが，売上の多い分類としては表1のように推定される。

BS資材が販売されているエリアは，EU諸国，米国，カナダ，ブラジル，メキシコ，インド，日本などでの販売会社，製品数，販売金額が多く，世界全体の市場は2023年で4,500億円に達しているという報告もある（2023年ミラノでのBiostimulants World Congressでの発表より）。

ブラジルだけで1,000億円という報告もあるが，葉面肥料，生物農薬と混在しているようである。ブラジルのBS販売会社は700社程度あるとされている。EU，USA，日本は100社から200社とされているが，生物農薬（Biopesticide）との重なりがあることは留意されたい。BS資材の販売金額のほうが，生物農薬より大きいと考えられる。これは，過去より肥料として販売されてきているものが多いことが理由である。

2 世界のBS動向

各国において，BSへの過去10数年前後にかけての注目度が極めて高くなってきている理由として挙げられるのは，下記のような理由からと考えられる。

表1 世界で販売されているBS資材
分類（推定売上順）

1位	海藻類
同率1位	アミノ酸類
3位	腐植酸類
4位	微生物製剤
5位	植物抽出物
6位	窒素固定菌

* Tetsuo WADA　日本バイオスティミュラント協議会　技術局長

＊　Tetsuo WADA　日本バイオスティミュラント協議会　技術局長

表2　各国の BS の考え方（EU は確定，その他はガイダンスレベルなど）

定義・効能	EU	カナダ	米国
定義：物質，或いは微生物	○	○	○
効能：肥効以外での効果有	○	○	○
植物自体の能力を向上・維持	○	×	○
肥料の取り込みを改善	○	×	○
非生物的ストレスへの耐性アップ	○	○	○
生物的ストレス（病害虫）への耐性アップ	×	×	？
品質および収量の向上	○	○	○

▶ BS については，以前の snake oil（ガマの油的表現）から，scientific driven のデータに基づく製品を後押しするという世界的傾向となっている。

▶ 日本でも，サイエンスに基づいた信頼性のある BS を普及するために，BS 協議会が 2018 年に発足している。

- 植物科学の発展により，植物体内，根圏などにおける物質，微生物などの動態と，それらの作用が分子レベルで解明されることになり，科学的に BS の効能を説明できるようになってきたこと。
- 病害虫による被害よりも，それ以外のストレス，つまり環境ストレス（乾燥ストレス，温度ストレスなどの非生物的ストレス）などによる減収のほうが大きいことが分かってきたこと。
- BS がこれらの環境ストレスを軽減することができることが分かってきたこと。
- これまで，肥料として扱われていた物質，資材に肥料効果以上の効果があることが分かってきたこと。
- 化学農薬大量使用への批判。
- 化学農薬の開発，登録がコスト，技術力などの理由で大手の化学会社に限られていること。
- 比較的，小資本でも BS の開発，上市が可能であること。
- 効果についても，科学的な作用機序の解明がなされてきており信頼性が高くなっていること。

　このような多重的な意味合いから BS に対する希求度が上がってきたといえる。なかでも EU の新肥料法（FPR 法　Fertilizing products regulation（2019/1009））による BS の明確な定義は，この動きを加速することとなっている。この法律は 2022 年 7 月から施行されている。

　表2にカナダや米国も加えた各国の BS の考え方を整理した。

3　BS の定義

　EU では農薬法（2019 年に BS を農薬を除外すると改正）と，新肥料法（2019 年に公布され 2022 年に施行）にて BS が次のように定義されている。

EU 新肥料法（FPR法；2019年公布）

「植物バイオスティミュラント」とは、植物または
植物 根圏の以下の特徴の1 つま たは複数を改善する
ことのみを目的として、製品の栄養成分と は異なる作
用で植物栄養プロセスを促進する製品を意味する。
(a) 栄養素の効率的な利用
(b) 非生物的ストレスに対する耐性
(c) 品質特性
(d) 土壌または根圏に固定された栄養素の利用

USDA Alternative definition 2 (2019)

「植物バイオスティミュラント」という用語は、種子、
植物、根圏、土壌、または他の成長媒体に適用された
場合、その栄養成分とは異なる作用で植物の自然なプ
ロセスをサポートするように作用する物質、微生物、
またはそれらの混合物を意味する。
これには、栄養素の利用可能性、吸収または利用効率、
非生物的ストレスに対する耐性、および結果として生
じる成長、発達、品質、または収量の改善が含まれる。

USA では，2018 年にアメリカ農務省（USDA）が主管する農業法（Farm Bill）でバイオスティミュラントの言葉が使われて，2019 年に USDA より Alternative definition が 2 つ提唱された。2022 年にバイオスティミュラント法案が議員立法され，USDA の Alternative difinition2 をベースに議論されている。

4 海外における規制，製品登録の動向

4.1 EU

FPR 法によれば，その基準に合致した BS は CE マークを製品に明示することができるとしている。

EU では，FPR 法以前は，加盟各国ごとの肥料法が存在しており，FPR 法での登録がなくとも，これまで販売していた BS は継続販売できるため，2024 年現在，各社ともさほど，急いで CE マーク（EU 全体で販売できるというマーク）を取得する必要性がないと判断しているようである。

たとえば，これまでの肥料法では，各種微生物を含む肥料は許可されている一方，窒素固定菌や菌根菌以外の微生物系 BS は FPR 法ではカバーされておらず，各社は，微生物系 BS を，各国の肥料法で継続的に販売せざるをえないという状況となっている。

今後 EBIC（ヨーロッパ BS 協議会）などは，微生物系 BS の幅を広げるよう EU 本部と交渉

していくとしている。なお，FPR 法を成立させた理由については，以下のような理由が挙げられる。

-BS を肥料のカテゴリーに入れて，透明性を図る。
-BS を利用し肥料効率を上げることにより，肥料の輸入量を減らすことを目指す。
-化学農薬の登録の失効が進んでおり，それに代わる植物を活性化する BS に期待する。
-下水，家畜の糞尿などから利用できる肥料成分を有効活用する。
-EU 各国間での肥料などの登録のハーモナイゼイションを目指す。

　2022 年 7 月以来，ヨーロッパにおける新肥料法は施行されてきたが，それまでの肥料法も併存しており，混乱が生じている現状である。2024 年現在，EU では，以下の方法で，BS を登録，販売できる。

1. 各国でのこれまでの肥料法に基づいて申請。
2. EU に効果試験，安全性データ，物化性についてのデータなどを指定された Notified body（認証機関，適合性評価機関）通じて提出。
3. 評価なしに登録してもらう（主に，モジュール A という既存肥料などにあてはまるもの，窒素固定菌，菌根菌なども含まれる）。
4. 相互認証登録。一国のものを他の EU メンバーがコピー登録するもの。

　BS とは，2022 年施行の FPR 法（Fertilizer Products Regulation 2019）によれば栄養物質の効果的な利用を促進，非生物的ストレスの緩和，品質の向上，土壌中，或いは，根圏における固定されてしまった栄養成分の放出などの作用をもたらすものであり，収量だけを見るものではない。

　微生物系の BS については今回の FPR 法では，窒素固定菌などだけしか含まれておらず，その他の細菌，真菌などを含むよう，EBIC（欧州 BS 協議会）などがワークしている。

　効果試験については，例えば，干害試験については，ポジティブ対照とネガティブ対照が必要であり，収量以外に，根量，根長，発芽率などのパラメーターも求められる。

• 効果試験の必要例数は，3，6，8，9 例の試験が必要
つまり，
1 作物なら，3 例。
作物群，例えば野菜なら，トマト 3 例，ナス 3 例で野菜類がラベルとしていれられる。合計で 6 例。
果樹と野菜であれば，それぞれ 4 例ずつで 8 例。
野菜，果樹，小麦などを含める場合は 9 例必要。

• 試験区のサイズについて

野菜類：1区　10 m² 　　4区で　40 m²
果樹：　1区　3樹　　　4区で　12本
大型作物：　20 m²　　　4区で　80 m²　の圃場を準備する。

これらは，FPR 法の付帯する法律（UNE-CEN/TS17700-1：2022 などの書類）に記載がされている。

実際は，欧州に何社もある CRO（Contract Research Organization；毒性試験や効果検証を実施する会社・研究所。例として Staphyt 社，BMW Bioscience 社等）に依頼することになるが，自社試験の場合は，これらのプロトコルを順守する必要がある。

Notified body（適合性評価会社）とは，民間企業だが，申請にあたり，EU 事務局などに申請する資料を事前にチェックする機能。コストは 80 万円程度。効果試験のアレンジもする。各国に 2 社程度あり，SGS，TNO などが有名。

効果試験は，メーカーか実施しても良いが PFR に決めた前述の試験方法（プロトコル）に従う必要がある。効果試験のコストは，対象にもよるが，50 万円程度である。

EU では，これまで PFR に則って約 60 剤が登録されている。米国では，各州の肥料法に加え，連邦でも生物農薬としての登録方法もあり，数千以上の BS 系の剤が認可されている。

効果試験において，統計処理はしている。ただ適合性評価会社が認定すれば，優位差がなくても受けいれられるケースはある。

現在ラベリングについては，わかりにくいものの，EC から出ている FPR 法の Annex という形で Brussel, 9.2.2021 C（2021）726 final Annex という文書に記載されている。

将来的には，以下のように農家が見てわかりやすいようなラベルにするべきである。

〔ラベルの表記例〕
フミン酸量　2%
バチルス・スブチルス　1,000,000 cfu/g

4.2　USA

米国では，現時点では，BS という言葉の定義が連邦法としては決まっておらず，植物や，土壌などに有効に働く農薬以外の「有益な物質群＝Beneficial substances」という言葉が使われることがある。

現時点において，カリフォルニア州を含めほとんどの州では，BS という言葉をラベルに書くことは許可されていない（ニューハンプシャー州，ヴァーモント州，デラウェア州，ユタ州は BS という言葉を受け入れている）。AAPFCO（Association of American Food Control Officials ＝

アメリカ食料管理協会）という団体は 2013 年より，BS についての協議を行ってきている。

　そして 2020 年に BS 委員会を設立し BS の定義，標準化についての活動を行ってきている。2024 年 2 月に最終案が AAPFCO 委員による投票により決定し，Uniform Beneficial Substance Bill の中に Plant Biostimulant が定義された。

　一方で，連邦（アメリカ合衆国）のほうは，2022 年にバイオスティミュラント法案として民主党と共和党の両方の議員から BS の定義を示す法案が提出されている。

- 下院案では，農薬は FIFRA（米国農薬取締法）で管理する。
- 上院案では，毒性の低い物質などは，FIFRA から除外する。

などであるが，大きな差ではない。大勢は，BS は農薬取締法の枠外であるということは一致している。

　業界団体である TFI（The Fertilizer Institute）と BPIA（Biological Products Industry Alliance）は 2020 年にワーキンググループを作って，効果検証，成分，安全性についての業界自主ガイドラインを作成し，2022 年に公表した。その後，TFI が認証制度を 2024 年から運用開始している。

5　BS の本質的な意義

　バイオスティミュラントの理論的リーダーであるベルギーのリエージュ大学のジャルダン教授によれば，BS とは，以下のファクターを持っていると考えられる。

1. Epigenetics：植物細胞には記憶がある。遺伝子配列を変えずに制御する機能。
2. Priming：植物には，悪条件を受けることにより，それらに対して備えることができる。事前刺激，予備刺激などとも。
3. Holobiont：環境に対処するために植物は微生物群と相互作用（interact）を行う。共生関係とも訳される。
4. Biostimulants：植物に接種，処理された微生物，物質は，植物の遺伝子発現を調節し，Epigenetic effect（遺伝子配列を変えずに（modulate）調節すること）を与えることができる。

BS のスローガンとして，Plant care is more than plant cure.
「植物保護とは，植物防疫以上のものである」
（別の言い方で言えば，食粒の健全な生育とは，病害虫防除以上のものである。）

6 おわりに－BS による品質向上と増収効果－

発展途上国，大規模農業国；
収量増が重要。

日本のような集約的農業生産国；
品質向上が重要　cf. 果実の着色向上，果実の形状，糖度向上，シェルフライフなど
に重点が置かれる。

参考：図1，図2，図3

図1　品質向上と着色の例

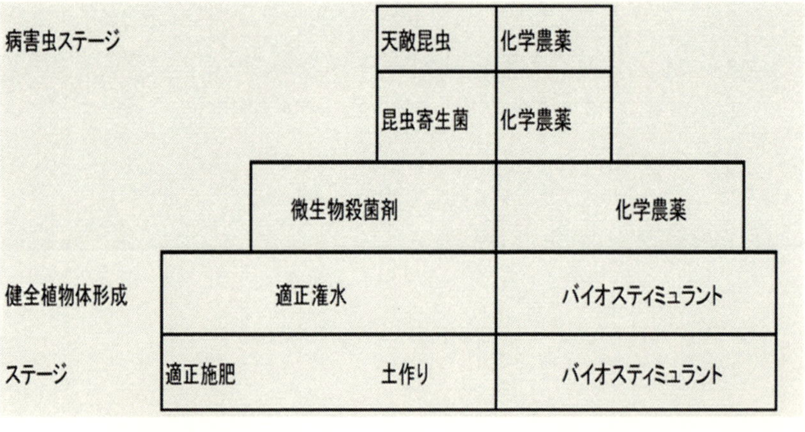

病害虫ステージ		天敵昆虫	化学農薬
		昆虫寄生菌	化学農薬
	微生物殺菌剤		化学農薬
健全植物体形成	適正潅水		バイオスティミュラント
ステージ	適正施肥	土作り	バイオスティミュラント

図2　バイオスティミュラントの日本におけるポジション

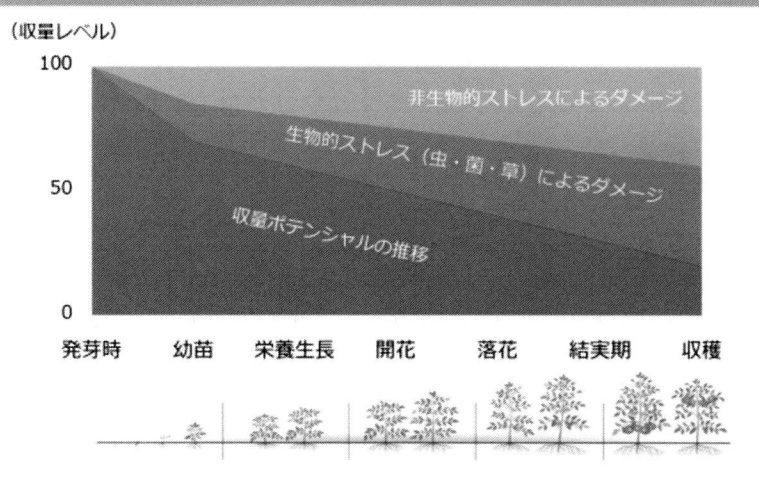

バイオスティミュラントの非生物的ストレスに対する効果の概念図

（技術局：和田）

図3　非生物ストレスと病害ストレスによる収量の減少の概念図

第3章 BSの定義・現場での資材活用の現状

高木篤史*

1 インフォメーション

　近年，「バイオスティミュラント」(以下 BS) という新しいカテゴリーの農業資材が国内外において注目されている。BS は植物や土壌により良い生理状態をもたらすさまざまな物質や微生物を指し，使用することで植物自身や土壌環境が本来持つ自然な力を引き出し，植物の健全さ，環境ストレス耐性，収量と品質，収穫後の状態および貯蔵などについて植物に良好な影響を与えるものである。既存の農業資材である「農薬」「肥料」「土壌改良材」に対し，BS はそれぞれの農材に補完的に働くことで植物の持つ本来のポテンシャルを最大限に高める資材といえる (図1)。農薬が解決すべきターゲットが害虫，病気，雑草など生物的ストレスであるのに対し，BS は干害，高温障害，塩害，冷害，霜害など非生物的ストレスを緩和し，結果的に増収や品質改善を実現しようとするものである。

　BS に注目が集まっている背景には，世界の人口問題と地球温暖化に起因する各地の気候変動，

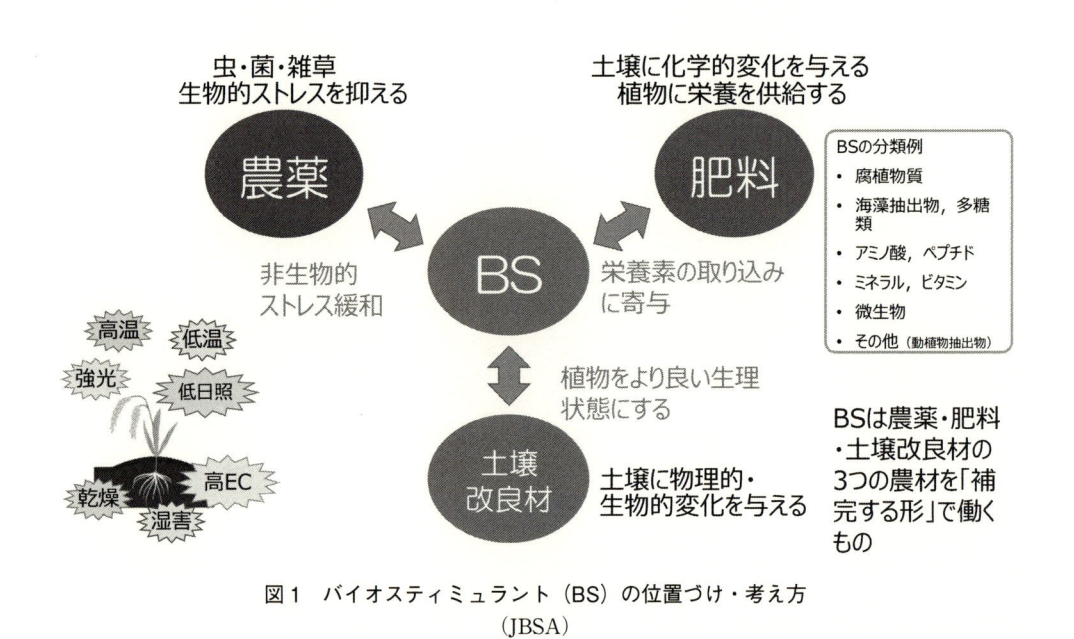

図1　バイオスティミュラント (BS) の位置づけ・考え方
(JBSA)

＊　Atsushi TAKAGI　㈱サカタのタネ　ソリューション統括部
　　　主席技術員 (土壌医・施肥技術マイスター)

表 1　みどりの食料システム戦略・KPI で示した主な技術
（農水省資料を基に再構成，2023　高木篤史）

※太字（赤字）は BS 関連の案件

2050 年までの目標（KPI）		2030 年目標／実用化を目指す主な技術（工程表）	2050 年目標／実用化を目指す革新的な技術（工程表）
温室効果ガス削減	農林水産業の CO2 排出量を実質ゼロに（ゼロエミ）	1,484 万 t-CO2（10.6％減）省エネ施設園芸設備の導入など	0（100％減）⇒CO2 吸収能の高いスーパー作物，バイオ燃料の普及
	化石燃料を使用しない園芸施設への移行	加温面積に占めるハイブリット型園芸施設などの割合：50％（廃熱利用など）	化石燃料を使用しない施設への完全移行ヒートポンプ，蓄熱，放熱抑制技術など
	農山漁村における再生エネ導入（農業機械）	カーボンニュートラルの実現に向け，農山漁村に再生エネルギーの導入を図る⇒小型農機の電動化	⇒大型農機の電化・水素化
環境保全	化学農薬使用量（リスク換算：50％）低減	農薬：リスク換算で 10％減有機：6.3 万 ha（1.6％弱）⇒病害虫の画像診断と AI による土壌病害診断，除草ロボット，暑さ・湿度・病害虫に強く収量の多い品種育成	**リスク換算で 50％減⇒バイオスティミュラント（BS）活用**，RNA 農薬
	有機農業（全耕地面積の 25％：100 万 ha）		100 万 ha（25％）⇒土壌微生物機能の完全解明と有効活用，幅広い種類の外注に有効な生物農薬
	化学肥料使用量（全体の 30％）低減	使用量 72 万 t（20％低減）⇒**バイオ肥料（微生物資材）**及びペレット堆肥	使用量 63 万トン（30％低減）⇒土壌微生物機能の完全解明と有効活用

海水面上昇や砂漠化に伴う耕作地の減少があり，同時に環境問題（SDGs，化学肥料の使用削減および化学農薬使用量：リスク換算の低減）など，また食料問題で避けて通れない土壌メンテナンス（連作障害の軽減）に対処する方策の 1 つとして，今まで以上に環境ストレスを緩和する BS の重要性が高まるものと確信している。先般，農林水産省から発表された「みどりの食料システム戦略」にも BS 活用が盛り込まれている（表 1）。

　農材ではないが農業ソリューションである種苗と BS の関係についても述べておきたい。種苗については育種技術である F1（雑種第 1 代）を利用することで従来の固定種に対し飛躍的にパフォーマンス向上を果たしたが，BS を活用することで近年問題となっている過酷な栽培環境への対応，ならびに根圏環境の改善により品種の能力を最大限に発揮させる可能性を秘めている。BS は種苗を活かすにも重要な農材といえる（図 2）。

2　バイオスティミュラント 6 群の解説

　BS は以下に挙げた素材群から成り立っており，それぞれに期待される効果も異なる。ここでは日本バイオスティミュラント協議会（JBSA）の分類を引用させていただいた。表 2 は BS を主な施用効果で分類したものになる。

BSは植物本来の能力を引き出す資材

作物にとって最高の環境を提供

品種の能力を最大限に生かす

【F1品種】
雑種強勢⇒草勢○，均一性○，安定性○，収量性
○，品質性○，耐病性○・・・

固定種に比べ収奪・環境への反作用が大きいF1品種の特性を継続的且つ最大限に引き出す上で，土づくりやBS施用による根圏環境改善，非生物ストレスの緩和（代謝向上）が一層重要に！

図2　種苗をサポートするBS（種苗とBSの関係）
（2024　高木篤史）

表2　バイオスティミュラント（BS）の効果
（2019　高木篤史）

効果＼分類		腐植物質有機酸	海藻多糖類	アミノ酸ペプチド	ミネラルビタミン	微生物（生菌）	植物／微生物抽出
向上促進系	ストレス耐性向上	●					●
	代謝向上		●	●	●		●
	光合成促進			●			
	開花・着果促進						●
調整コントロール系	蒸散調整		●		●		
	浸透圧調整		●				
根の賦活系	根圏環境改善	●				●	●
	根量増加・根の活性向上	●	●		●		●
	ミネラル可溶化	●				●	●

植物がネガティブな状況に陥った時にどのタイプのBSを施用すべきなのか，あるいは予防的には何が良いのかは，今後さらなる研究の蓄積が必要。

BSを効果的に使うには，植物の生育と生理，土壌や施肥技術を理解したうえで，「正しい製品」を「的確な時期」に「適量」施す必要がある。

1群：腐植物質（フミン酸，フルボ酸など），有機酸（リグニンスルホン酸，酢酸など）

2群：海藻および海藻抽出物（グリシンベタインなど），多糖類（トレハロースなど）

3群：天然化合物（5-アミノレブリン酸，グルタチオンなど），アミノ酸およびペプチド

4群：ミネラル（2価鉄・マンガン・ホウ素・ケイ素など），ビタミン類

5群：微生物（生菌：トリコデルマ菌，菌根菌，酵母，バチルス菌，放線菌，糸状菌，根粒菌など）

6群：動植物／微生物抽出物など（酵素，動植物由来機能成分，微生物代謝物，微生物活性成分など）

2.1　1群：腐植物質（フミン酸，フルボ酸など），有機酸（リグニンスルホン酸，酢酸など）

　腐植物質（フミン酸とフルボ酸）は動植物の遺体や微生物の遺骸が微生物による分解発酵を経てできる暗色の有機化合物の総称である。腐植物質は腐植化の過程や原料の違いにより構造が異なる。種類は 500 以上あり，それぞれの効果については未解明のものが多い。

　腐植物質中のフミン酸は根酸や微生物の影響を受けにくく，土壌構造の維持（土壌団粒化）に働くとされる。またフルボ酸は，土壌中の種々の栄養素と結びつき，より容易に吸収できるようにする働きがある。腐植物質は土壌改良材として長い間扱われてきたが，発根力の向上やストレス耐性の強化など BS としての価値も見出されている。今後解明が進むことで，さらに新しい使い方や価値が生まれてくると思われる（図 3）。

　リグニンスルホン酸は製紙産業などパルプ製造過程で出てくる副産物で，腐植物質と同じような特性を持ち同じような使い方ができる。肥料と混合してキレート剤（※）として利用されるほか，散布により植物自体を締める効果もある。土壌施用においては腐植物質に近い施用効果を見込めるため，腐植物質の代替資材としての活用も期待されている。未利用資源の活用という観点から今後注目されていく BS と思われる。

　酢酸は散布により植物ホルモンであるジャスモン酸を誘導することで耐暑性など環境ストレス耐性を引き上げる効果を期待できる。気候の温暖化により特に夏秋産地での栽培や夏場の育苗な

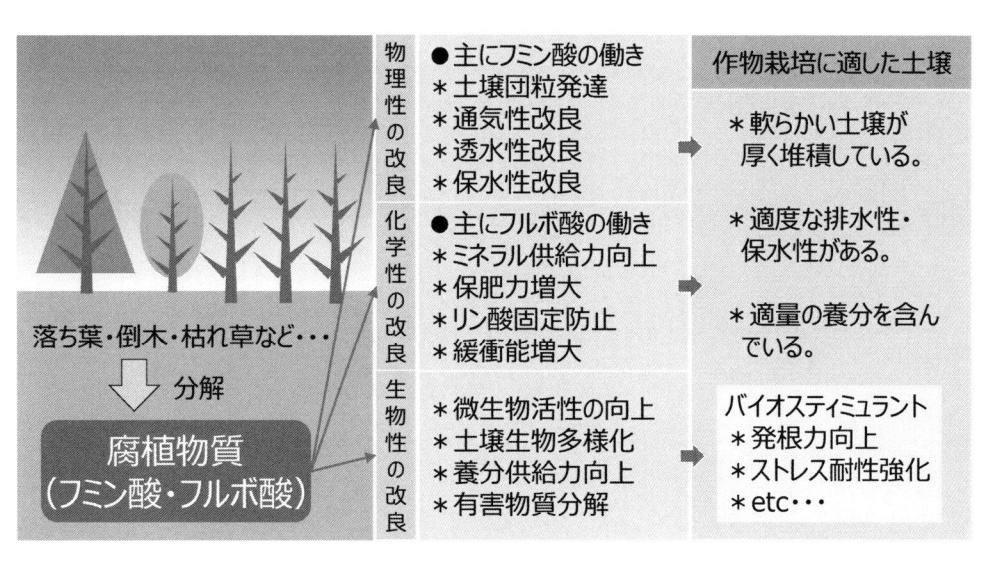

図 3　腐植物質の働き
（2022　農業共済新聞　高木篤史）

※キレート剤：金属イオン（ミネラル）と結合し活性を下げる。金属イオンのキレート化合物は沈殿せずに
　　可溶化状態を維持できるため植物に吸収されやすい。

ど植物が高温ストレスに晒される機会が多くなっており，これらの課題解決の1つとして期待されている。

2.2 2群：海藻および海藻抽出物（グリシンベタインなど），多糖類（トレハロースなど）

アスコフィラムノドサムに代表される海藻やテンサイ（サトウダイコン）は環境ストレスに強く，細胞内に適合溶質と呼ばれるアミノ酸や糖類などを蓄積することで，その性質を維持するとされている。適合溶質は生体内で分解消費されにくく，細胞内に留まって浸透圧を高めに維持するといった働きがあり，その結果，植物のストレス耐性が上がる。適合溶質の代表的な成分に機能性アミノ酸の「グリシンベタイン」があり，BS として高温・低温・乾燥・高 EC など環境ストレスを緩和する効果とともに活用される事例が多く挙がっている。その他，多糖類にはオリゴ糖など様々な機能性を持つものがあり，BS として農業用途への活用も有望である。

トレハロースは機能性糖類として食品の保存性向上に活用されているが，農業分野でも BS として注目され，前述のグリシンベタインのように植物の高温・低温・乾燥耐性や耐凍性など高めるほか，発根力向上など様々な効果を期待できる。

低分子キチン（LMC）はカニや昆虫などの外骨格の主成分であるキチンを低分子に加工したもので，土壌へ施用することで土壌微生物（特に放線菌）の活性向上による根圏環境改善に，植物体に散布することでストレス耐性を引き上げる効果が期待できる（図4）。

海藻・テンサイ抽出
＊機能成分：グリシンベタインなど
＊効果：細胞内の浸透圧の安定

バイオスティミュラント
発根力向上
ストレス耐性向上

多糖類
＊機能成分：トレハロース，オリゴ糖など
＊効果：細胞内外でシグナルとしての誘導効果？

低分子キチン（LMC）
＊機能成分：キチン
＊効果：細胞内外でシグナルとしての誘導効果？

バイオスティミュラント
根圏環境改善
ストレス耐性向上

図4　海藻抽出物・多糖類の働き
（2022　農業共済新聞　高木篤史）

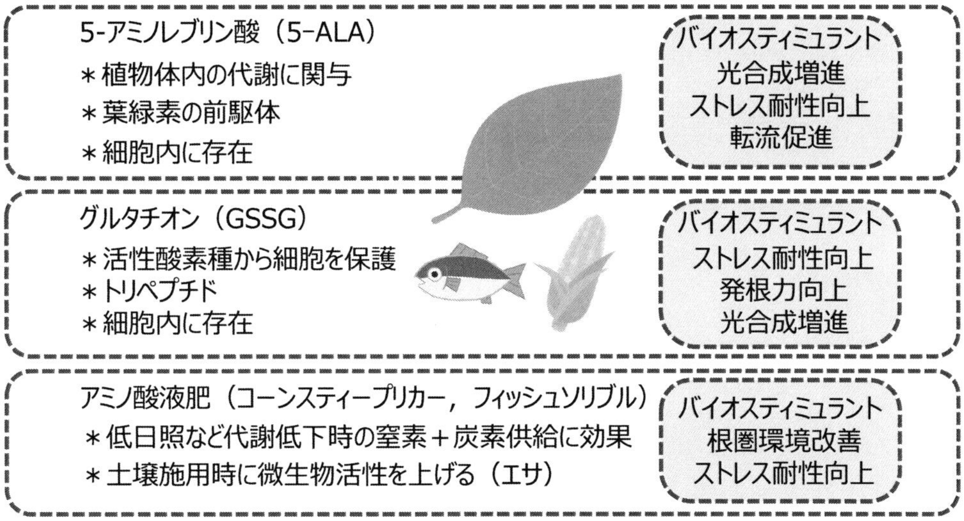

図 5　アミノ酸・ペプチドの働き
（2022　農業共済新聞　高木篤史）

2.3　3 群：天然化合物（5-アミノレブリン酸，グルタチオンなど），アミノ酸およびペプチド

　アミノ酸は有機肥料の窒素源＋炭素源として植物や微生物に利用されるほか，BS として植物体内での生命活動（代謝）やストレス耐性向上に深く関わるものが多く，古くから農材として利用されてきた。

　植物や動物由来の原料を分解・発酵・濃縮したアミノ酸液肥であるサトウキビ廃糖蜜由来の発酵液やコーンスティープリカー（CSL），フィッシュソリブル（FSL）は食品工場の副産物を利用したもので複数のアミノ酸を含有している。葉面散布では低日照時における植物体内でのアミノ酸供給に利用されるほか，土壌施用により微生物のエサとなり土壌環境を改善し，植物の発根を促す。また作用機作が解明され，微生物などを利用して生産が可能になった天然化合物としてのアミノ酸・ペプチド型 BS に 5-アミノレブリン酸（5-ALA），グルタチオン（GSSG）がある。

　5-ALA は葉緑素の前駆体であり，光合成能力を向上させ転流を促進するので低日照対策として，他の肥料と組み合わせて使用する。GSSG は光合成のサポートのほか，発根作用や活性酸素種から細胞を保護するなど全般的な環境ストレスに効果を示し，幼苗時の施用に効果がある（図 5）。

2.4　4 群：ミネラル（2 価鉄・マンガン・ホウ素・ケイ素など），ビタミン類

　植物は 17 種類のミネラルが必須栄養元素であり，水や空気中から取り込む炭素，水素，酸素以外は土壌中から取り込む必要がある。チッ素，リン，カリウムの多量要素，カルシウム，マグネシウム，硫黄の中量要素，マンガン，ホウ素，鉄，銅，亜鉛，ニッケル，モリブデン，塩素の

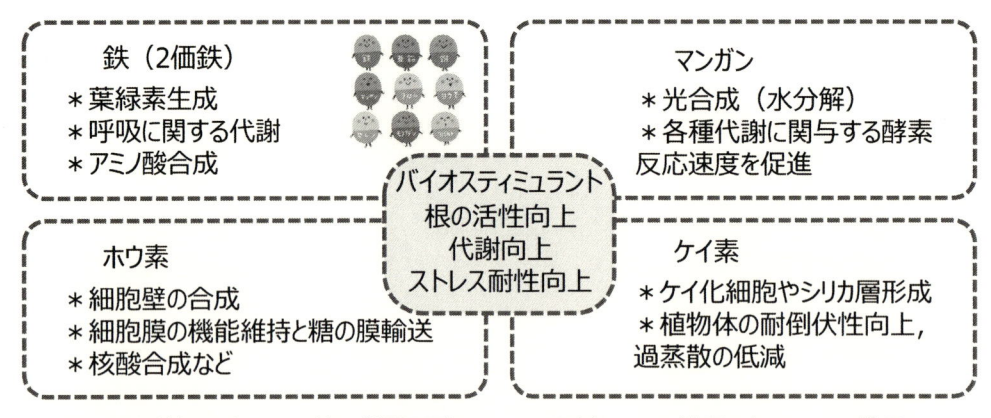

図6　ミネラルの働き
（2022　農業共済新聞　高木篤史）

微量要素からなる。ミネラルは植物内での生理活性（光合成や各種代謝）に関与しており，酵素反応の補酵素として重要な役割を持つ。一方で肥料として欠乏症・過剰症に気を配る必要があり，施肥にあたり土壌 pH や要素間の拮抗など土壌中に多量に存在していても吸収されにくいケースも考慮すべきである。BS としてのミネラルは特に微量要素において代謝向上，ストレス耐性向上，根の活性向上が認められている。

　鉄（2価鉄）は直接植物に吸収利用される鉄の形態であり，5-ALA，マグネシウムとともに施用することで葉緑素生成に働く。また植物の呼吸に関する代謝やアミノ酸合成に深く関わっている。

　マンガンは葉緑素中に 60％が存在し，光合成における水分解や細胞内で起こるさまざまな代謝に関与する酵素反応速度を促進する。

　ホウ素は 98％が細胞壁に存在することから，細胞壁の合成，細胞膜の完全性の維持，糖の膜輸送，核酸合成，補酵素などに関係しているといわれている。

　ケイ素（ケイ酸）は必須元素ではないが，他のミネラル同様植物に吸収されケイ化細胞やシリカ層を形成することにより植物体の耐倒伏性向上や過蒸散の低減を期待できる（図6）。

　ビタミン類は体内の代謝の補因子として利用され，酵素などの BS に補酵素となる微量要素と組ませて使用する。

2.5　5群：微生物（生菌：トリコデルマ菌，菌根菌，酵母，バチルス菌，放線菌，糸状菌，根粒菌など）

微生物は動植物と同じように，それぞれ種固有の特性がある。好適条件（共生や寄生，エサ，

水分，pH，温度）は微生物の種類により異なり，その活性度は環境に大きく左右されるため，BSとして期待される効果は不安定になりがちである。土着菌との競争（先住・競合・拮抗），圃場環境により植物根に定着しない，投入した微生物の活性度が様々な要因により上がらないといった背景から「微生物を投入すれば，必ず効果が出る」といいきれない難しさがある。

　微生物で全てを制御できるような過剰な期待と，微生物の可能性に不信感を持つ過小評価は適当ではなく微生物の働きを理解したうえで適正に利用することが好ましいといえる。BSとしての微生物は植物と共生し効果を引き出す「共生型」と土壌環境を整え，植物をより良い生理状態に導く「土壌改良型」に大別できる。どちらも発根効果や根量増大＋根の活性度UPによるストレス耐性向上が期待でき，効果が分かりやすい。

　AM菌根菌はコムギ，イネ，トウモロコシ，ジャガイモ，トマト，タマネギ，ダイズと共生し，植物側から光合成産物を受け取る代わりにリン酸をはじめとする土壌養分の吸収を助けるほか，根量増加，土壌環境ストレス（塩・乾燥など）の耐性向上をもたらす。根りゅう菌やトリコデルマ菌も共生型の微生物として現場で利用されている。

　バチルス菌は有機物を分解し土壌団粒を作るほか，植物の根の周りにバイオフィルムを形成することで，土壌中の病原菌との拮抗・競争や養分供給（リン酸・鉄の可溶化など）をサポートする。酵母や乳酸菌，放線菌も主に土壌改良型の微生物として利用されている（図7）。

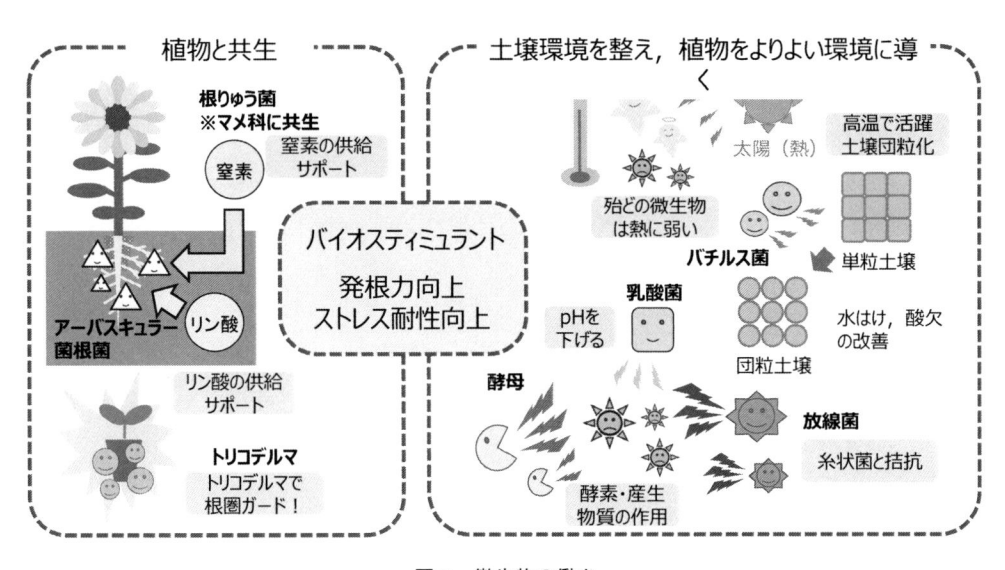

図7　微生物の働き
（2022　農業共済新聞　高木篤史）

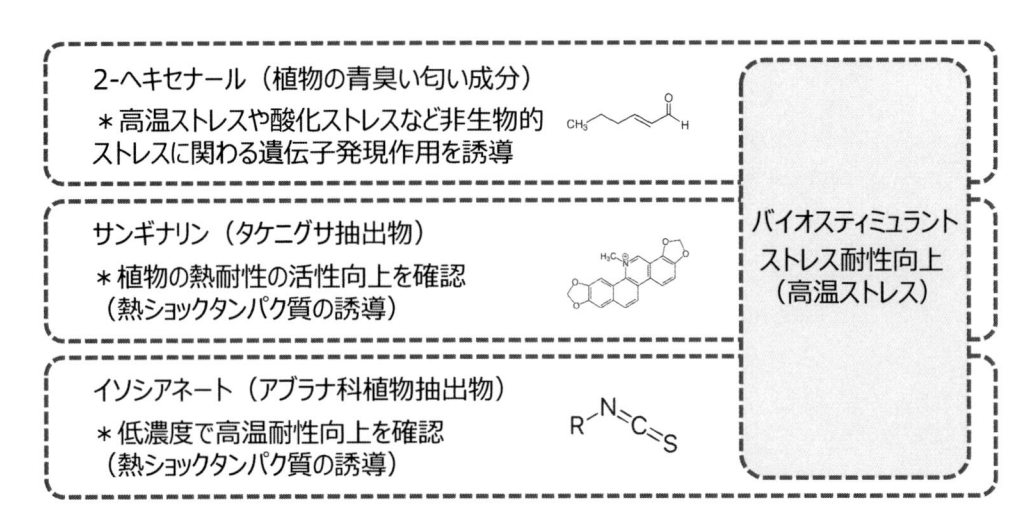

図8　その他（動植物・微生物抽出物など）の働き
（2024　高木篤史）

2.6　6群：動植物／微生物抽出物など（酵素，動植物由来機能成分，微生物代謝物，微生物活性成分など）

　最後は動植物・微生物からの抽出物と今後機作が解明され使用方法や効果が明確になり追加される物質を含む分類になる。昨今の農業で課題となっている「高温ストレス」にフォーカスした物質の研究発表が多く，熱ショックタンパク質を誘導し，高温ストレス耐性を発現するものやジャスモン酸などのホルモン分泌を誘導するものが注目されている（図8）。いち早く実用化された2-ヘキセナールは揮発性で植物の青臭い匂い成分であり，植物に他感作用を及ぼし，高温ストレスや酸化ストレスなど非生物的ストレスに関わる遺伝子発現作用を誘導することが知られている。他にサンギナリン，イソシアネートがBSとして農材化されている（図8）。

　微生物由来の揮発性化合物は植物のシグナル伝達系に作用し，植物ホルモンや光合成を含む代謝経路を調節することで，植物の収量性や品質性の改善，ストレス耐性の向上に寄与する。

3　バイオスティミュラントの活用法の実際

　学校で「生物」を学ばれた方であれば気付くところだが，BSに挙げられた素材群は，自然界における生物循環，特に土壌⇒植物へのミネラルその他の移動においてさまざまな形で関与または利用されており，どれも重要なものばかりである。このライフサイクルを俯瞰し，BSの使用方法を極めるには，いま一度このあたりの学問（知識）の復習・棚卸しが必要なのではと思う（図9）。各メーカーからさまざまなBSが開発・発売されており，現場での活用事例や提案についても徐々に蓄積されている状況である。

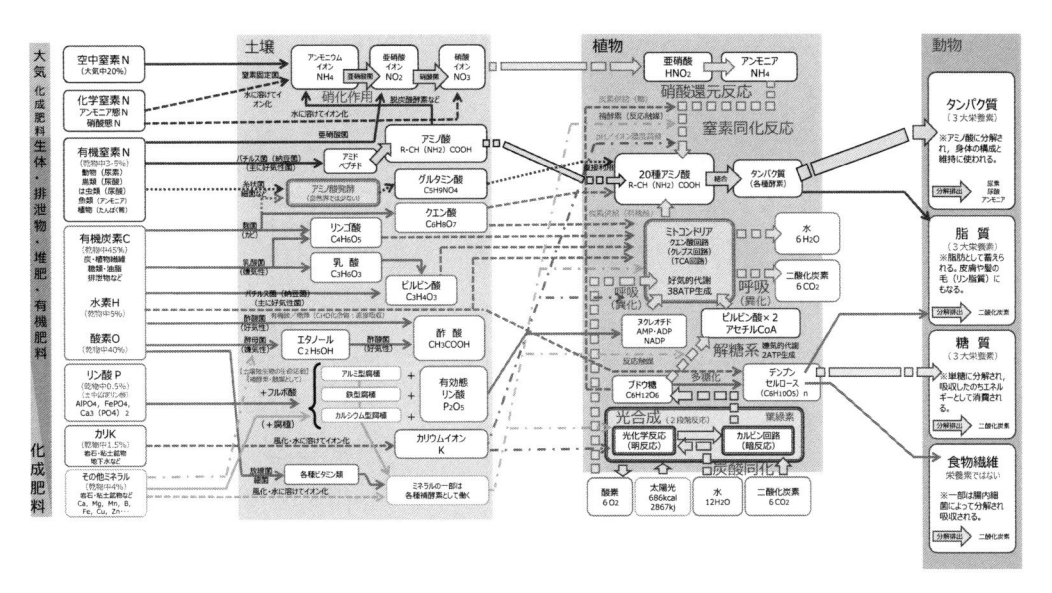

図 9　土壌・植物・動物・ミネラルの相関図
(2015　高木篤史)

3.1　自己診断で的確な処方を導き出す基本的な考え方を PDCA で管理する

　筆者は種苗会社に勤めており，産地巡回や栽培指導を行う際に BS 活用について聞かれることも多くなっている。ここでは，BS の使用に際し他のソリューションとの組み合わせ，競合／優先度の確認，作物の生育ステージに合わせた施肥パターンおよび作物の生育状況に則した活用（BS の選択）について解説する。全ての農材の活用に言えることだが，使用目的（課題）がはっきりしなければ，農材の選択・活用もあいまいになり，満足な効果を得ることができない。まずは自分自身（または使用者）が「何で困っている」「どうしたい」のかを明確にしておく必要がある。

　BS の活用に限らず，農業においての課題（栽培上の問題点など）から作業に至る処方の導き方を PDCA に落とし込んで整理してみた（図 10）。まず生産者が，栽培中の作物に対して置かれている状況や解決すべき課題をしっかり把握していることが重要であり，課題に対してバックグラウンド（判断材料や課題解決できる可能性のある農材の種類）ができるだけ多く，かつそれらをベースに個々が処方を導き出すスキルを持つことで，処方や作業の精度は上がる。バックグラウンドには既存の「スキル」「センス」「経験」「勘」「予算＝作業を起こした時の費用感」に加え，情報系である「土壌分析」「気象情報」「耕種情報」，これに判断系である「栄養週期理論」「時計理論」「NDVI（正規化植生指標）」「汁液診断」「微生物診断」を加え，「農材ポートフォリオ」を参考に各農材の選択・組み合わせおよび作業の優先度などを加味して，処方箋を作成していく。BS を含め選択した農材については，組み合わせによる応用的な運用法も想定されることから，それら農材について深い知見と使用法を習熟している必要がある。さらに作業の適切さやス

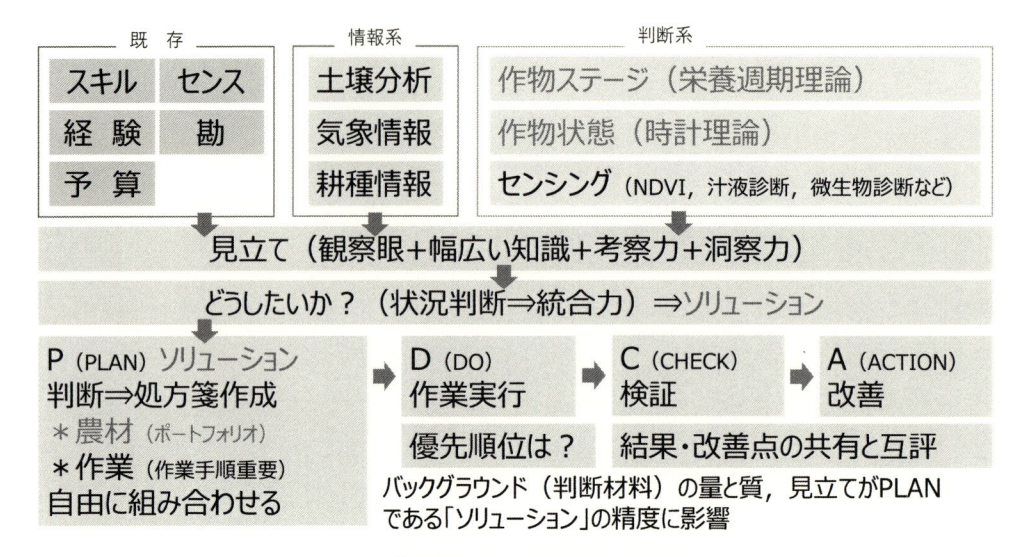

図10 農作業における PDCA の組み立て
（2021 高木篤史）

ピードも求められる。現場では「P」と「D」までしか行えないことが多く，なかなか実行でき
ていない「C」と「A」（作業の検証からの改善，結果・改善点の共有と互評）までしっかり実行
することで，状況に応じた処方および作業や各農材の選択精度は，年を経るごとに格段に上がる
と思われる。

3.2　栄養週期理論の活用

　作物の生育ステージにおいて，施肥パターンを変える考え方（栄養週期理論）は BS の活用に
際し，大いに利用すべきである。栄養週期理論は生育ステージを 4 期に分け，それぞれの週期で
生育に対する肥料の要求や取り込みパターンが変わるということを説明した理論である
（図11）。①期：幼苗期は過不足ない栄養状態に置き（養分は薄目だがすべてのミネラルをバラ
ンス良く），②期：生育中期・栄養生長期には窒素とカリを増やしていく。栄養生長から生殖成
長への転換には相対的に窒素が下がり他のミネラルとのバランスが重要になる。③期：生育後
期・生殖生長期にはリン酸の取り込みが増加し，合成された糖が高まる（転流にマグネシウムが
必要）。④期：生育終期・結実期にはカルシウムが増加し，糖など炭水化物は生殖生長期以降，
消費されず蓄積，果実・種子に貯蔵養分（微量要素などミネラル）を貯めて種の維持に備える。
この一連の流れに BS を組み合わせ使用する。肥料と BS は組み合わせの相性も良く効果もわか
りやすい。特に幼苗期は環境ストレスを受けやすく，根をしっかり張らせたいなど課題もはっき
りしているため，BS を組み合わせた施肥はお勧めである。

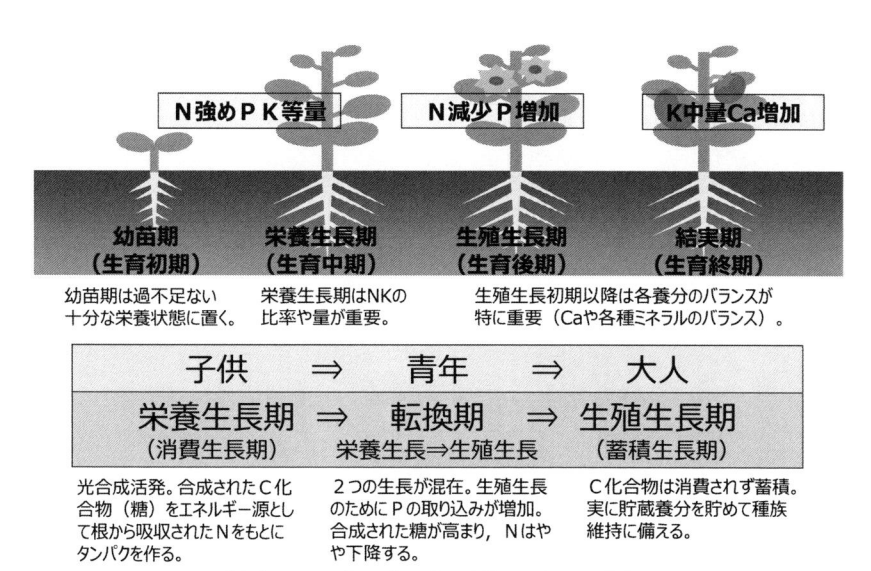

N強めPK等量　**N減少P増加**　**K中量Ca増加**

幼苗期 （生育初期）	栄養生長期 （生育中期）	生殖生長期 （生育後期）	結実期 （生育終期）

幼苗期は過不足ない
十分な栄養状態に置く。　栄養生長期はNKの
比率や量が重要。　生殖生長初期以降は各養分のバランスが
特に重要（Caや各種ミネラルのバランス）。

子供	⇒	青年	⇒	大人
栄養生長期 （消費生長期）	⇒	転換期 栄養生長⇒生殖生長	⇒	生殖生長期 （蓄積生長期）

光合成活発。合成されたC化
合物（糖）をエネルギー源とし
て根から吸収されたNをもとに
タンパクを作る。　２つの生長が混在。生殖生長
のためにPの取り込みが増加。
合成された糖が高まり，Nはや
や下降する。　C化合物は消費されず蓄積。
実に貯蔵養分を貯めて種族
維持に備える。

つまり世代により食べ物（肥料）の好みが変わること

図 11　栄養週期理論の考え方（模式図）
（2011　高木篤史）

3.3　作物の生理状態の把握（時計理論の活用）

　作物の生理状態の把握は BS 選択において重要である。時計理論（図 12）を用い，作物が受けるストレスや作物の健康状態，生理状態を推測し BS を選択する流れである。図の見方であるが，12 時の状態：根圏環境の悪化（高温・乾燥・低温・過湿・酸欠・高 EC）から根の活力低下（根の伸長・吸肥力・根酸分泌・吸水力など根の活性が低下）を経由して，3 時の状態：作物はしおれ症状になる。続いて根（生長点）でのサイトカイニン合成低下や気孔閉塞により，6 時の状態：光合成能力が低下してくる。そして光合成産物（糖）が減り，不足がちになることで，9 時の状態：作物の各器官（根，花蕾，果実，頂芽など）への糖分配も少なくなる。これが根いたみをはじめ作物の生育遅延・品質不良をもたらし，12 時の位置に戻る。観察により実際の作物が時計の「何時の位置」にあるかで，対策の狙いおよびセレクトする剤の選択も変わってくる（表 3）。基本，12〜3 時の早い時期に対策できるのであれば，BS の土壌施用（根から吸収させる）が有効になるが，3 時以降の根の活力が落ちている場合は土壌施用の効果が期待できないため，選択した BS の葉面散布が中心になる。12〜3 時の対策①は根の活力維持（根の周りに灌水施用：酸素供給剤やアミノ酸：グリシンベタイン，ミネラル：2 価鉄や亜リン酸カリ，微生物資材，腐植酸など），3〜6 時の対策②はしおれ回避（葉面散布：蒸散抑制剤：ケイ酸やセルロース系，アミノ酸：プロリンやグリシンベタイン，CSL など総合アミノ酸剤），6〜9 時の対策③は光合成能力維持（葉面散布：アミノ酸：5-ALA や GSSG，ミネラル：2 価鉄やマグネシウムなど），9〜12 時の対策④は代謝リカバーおよび養生（葉面散布：複数の BS ＋速効性の液肥の組み合わせ）で対応する。この図は日照不足など 6 時から始まるような状況にも対応できるので，現場でもぜひ活用して欲しい。

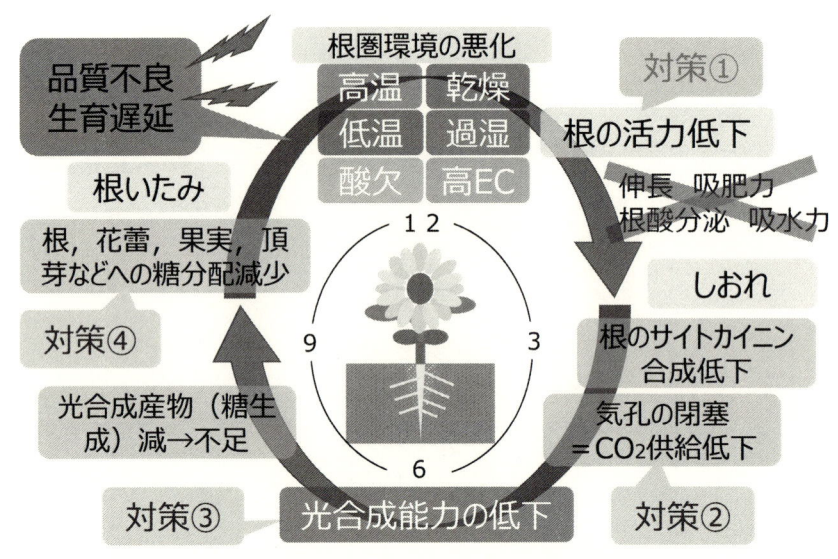

図12 時計理論：作物が受ける非生物的ストレスと連鎖
（2019 高木篤史）

表3 各対策の狙いと選択・組み合わせる BS
（2019 高木篤史）

対策① 灌水施用	根の活力維持	●酸素供給剤（過酸化カルシウムなど） ●アミノ酸（グリシンベタインなど） ●ミネラル（2価鉄，亜リン酸カリ） ●微生物資材，腐植酸
対策② 葉面散布	蒸散調整 浸透圧調整 しおれ回避	●蒸散抑制剤（ケイ酸・セルロース系） ●アミノ酸（プロリン，グリシンベタイン） ●アミノ酸（CSL など総合アミノ酸剤）
対策③ 葉面散布	光合成能力維持 転流促進	●アミノ酸（ALA，GSSG） ●ミネラル（2価鉄，マグネシウムなど）
対策④ 葉面散布	代謝低下状況 からのリカバー	●作物や生育ステージにより戦略必要 　単体の BS 資材ではカバーしきれない 　複数の剤の組み合わせ使用 　（例：代謝向上剤＋速効性の肥料成分＋糖分／ 　　有機酸／ビタミンなど）

3.4 農材ポートフォリオの活用➡処方箋の作成

どの農材を種苗（作物）と組み合わせるか？主要農材のポートフォリオ（図13）に落とし込み，競合する農材については選択，組み合わせて効果の出そうな農材を絞り込んでいく。ここに BS を組み合わせる方法であるが，地上部に使用（主に葉面散布），根周りに使用（土壌施用）で組

み合わせる農材や目的・効果も大きく変わる。BSはあくまでもアシストであり，活用にあたり肥料や土壌改良材，農薬のいずれと組み合わせるか？効果を引き出すのに必要な部品（＝BSが効果を発現するために必要な回路をつなぐ部品）は何か？を見極めて処方する（図14，表4）。

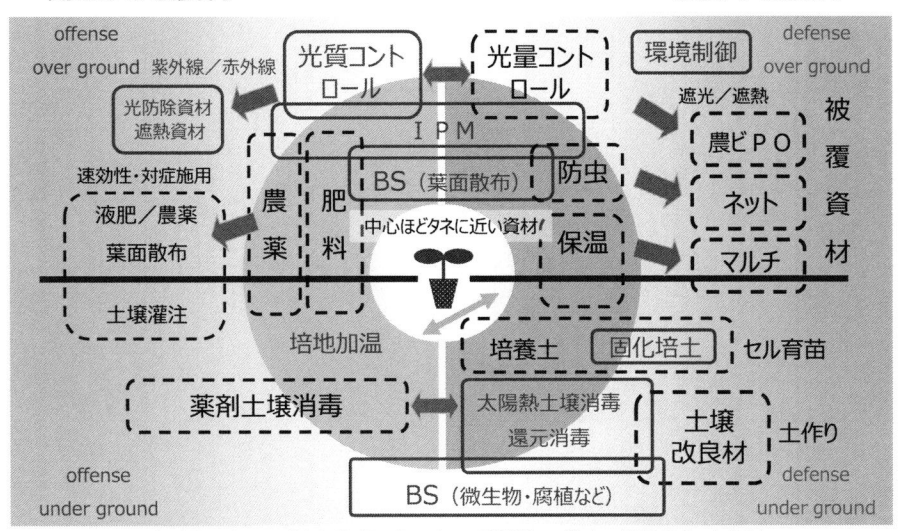

図13　種苗軸で見た主要農材のポートフォリオ
（2020　高木篤史）

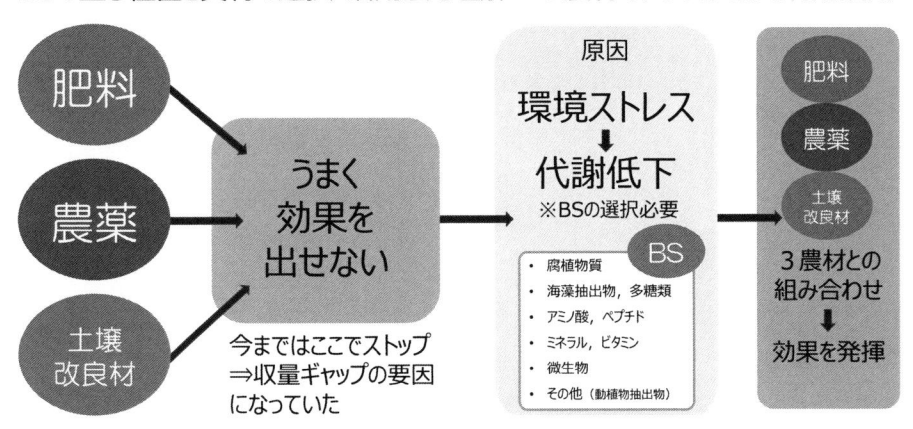

図14　肥料・農薬・土壌改良材とBSの違いを理解する
（2023　高木篤史）

表4　肥料・土壌改良材・農薬と合わせた BS の活用例
（2024　高木篤史）

BS と合わせる農材	現場での課題解決事例	BS の選択事例	コメント
肥料	作物の肥料の吸収サポート	葉面散布→腐植酸（フルボ酸），海藻抽出物 土壌施用→菌根菌など共生菌，アミノ酸，糖，ケイ酸	速効性（水溶性）かつ低濃度の液肥と組み合わせる
	塩類障害，高温障害などストレスの緩和	海藻の抽出物，グリシンベタイン，ヘキセナール，酢酸，サンギナリンなど	微量要素の葉面散布（塩類障害）Ca, Mg, B の葉面散布（高温障害）
	代謝向上	酵素，ビタミンB群，海藻抽出物	Mg，補酵素となる微量要素必須
	光合成促進	5-ALA，GSSG，2価鉄	Mg，追加でアミノ酸，リン酸，カリ施用
	開花・着果促進	プロリン，GSSG，海藻抽出物（内生ポリアミン誘導）	窒素中断（亜リン酸カリ）など
	根量増加・根の活性向上	腐植酸，ケイ酸，2価鉄，アミノ酸，微生物資材	リン酸，カリ，微量要素も施用
土壌改良材	酸素供給	過酸化水素，過酸化カルシウム	酸欠になりやすい⇒排水性改善対策や抜本的な土壌改良必要
	圃場の有機物腐熟化	酵素，微生物資材（バチルス）	好気性のバチルス菌が扱いやすい。酵素と組み合わせ，施用後耕耘する。
	土壌団粒化サポート	腐植酸（フミン酸・フルボ酸），微生物資材（バチルス・糸状菌など）	バチルス菌＋エサ（アミノ酸＋糖）で太陽熱処理が有効
農薬	病害抑止土壌化	微生物資材（菌根菌，放線菌，トリコデルマなど糸状菌，乳酸菌，酵母，バチルス菌）	主に土壌消毒後に使用。菌の活動環境の調整（エサとすみか）必要。
	植物コーティング	ケイ酸，セルロース，ワックス物質，微生物資材	作物表面を物理的にコーティング・保護 微生物剤の散布で抑止環境を構築

3.5　IPM と BS

　IPM（Integrated Pest Management，総合的病害管理）においても BS は大いに活用すべき農材である（表5）。作物の栽培において土壌病害の対策は対症療法である「薬剤による土壌消毒」が一般的であるが，今後は IPM にのっとり抜本対策に寄せた「多段防御」の管理が重要になる。まん延防止（残渣処理），菌密度低下（太陽熱消毒や還元消毒），菌の活動抑止（排水性や pH など土壌環境構築），作物の抵抗力向上（環境ストレス低減ほか）に BS を活用することで，より精度の高い IPM の対策を講じることができる。今後，これらの目的に沿った BS が開発され，充実していくと思われる。

表5　IPM（Integrated Pest Management　総合的病害管理）防除の基本戦略まとめ
（2021　高木篤史）

【考え方】

お城に外堀，内堀，城門があるようにいろいろな防御手段を組み合わせて運用する
ことにより効果を上げる　※太字（赤字）がBSを活用できる手段

防除の基本戦略	手段（具体的手法）
まん延防止	種子消毒（薬剤・乾熱・BS利用），床土消毒（薬剤・蒸気・熱），罹病残渣処理（焼却，埋没，堆肥化，BS利用），道具の洗浄
菌密度低下	薬剤消毒（被覆・鎮圧併用），太陽熱消毒（微生物・有機物併用，BS利用），蒸気・熱水消毒，還元消毒（有機物・湛水併用，BS利用）
菌の活動抑止	土壌pH制御（石灰／ピート・硫黄），土壌水分制御（湛水／排水），土壌温度制御（マルチ：保温／地温抑制），作型による回避，有機・拮抗微生物利用（BS利用）
作物の抵抗力向上	抵抗性品種・抵抗性台木利用，施肥管理（窒素過多を抑える），BS利用（糖・アミノ酸・有機酸・ミネラル・微生物・抽出物）

経験，観察眼，知識，計画，組織的な取り組みが必要！

表6　微生物資材を利用する上での留意点
（2018　高木篤史）

①発生病害の特徴を理解する⇒資材の選定：使用する微生物資材を
　検討する（この世に万能な微生物はいない！）

②有効微生物が活躍できる条件（エサとすみか）を与える。微生物資材
　は「畑に入れただけではダメ」。微生物が動いて，分泌された抗生物質
　や酵素，産生物質が作用して初めて効果が出る。

- エサ＝し好性：有効微生物の好みの物質（有機物，糖，アミノ酸，有機酸，キチンなど）
- すみか＝防ばく性：微生物が隠れ家として利用しやすいもの（腐植物質，モンモリロナイト，炭など多孔質のもの）

③根圏定着技術（微生物を入れる順番がある!?）
　有効微生物を根に触れさせ，根圏をガードする（バイオフィルム）。
　病害が発生する前に定着してさせておく。

3.6　微生物を利用するポイント～エサとすみか，環境を整える

　健康な人が体内活性や免疫機能が高いように，土壌中の免疫機能の強化には，土づくりによる
菌相バランスの最適化および有効菌の活性化がカギとなる。菌相バランスの最適化により特定の
病原菌を占有させず，微生物間の「拮抗作用」を引き出す。また輪作・土壌改良材の活用・土壌
消毒・還元処理を用い，相対的に病原菌の密度を減らす方策も組み合わせる。有効菌の活性化に
ついては表6に微生物資材を利用する上での留意点をまとめたので参考にしていただきたい。圓

場に投入した微生物が活躍できる条件：pH・温度・水分・好気／嫌気条件をそろえ，エサ（アミノ酸や糖分）とすみか（活性炭や腐植物質，シリカなど）を与えるのがポイントとなる。微生物資材は「畑に入れただけではダメ」で，投入した微生物が土壌中で働き，分泌された酵素や産生物質が病原菌に作用して初めて効果が出る。もう一つ，バチルス菌や放線菌，トリコデルマ菌（菌根菌など共生菌も同じ）を利用する場合は，あらかじめそれらの菌液を根に触れさせ，根圏定着を促しバイオフィルムを形成できるかがカギになる。

4　日本でのバイオスティミュラント普及の課題

　現状，日本の農業において BS が普及定着するにはまだ時間がかかるかもしれない。理由として肥料・農薬・土壌改良材に対して BS は規格が決まっておらず，農材としてのポジションが不明瞭であり，特性上マニュアル化が困難である点が挙げられる。また BS は植物生理に働きかけ，栄養吸収，代謝向上，根の活性化など多様な役割を果たすため使用者の植物生理や BS 素材への造詣の深さなどバックグラウンドの知識が必要な点も敷居を高くしている。結論として「BS は課題なくして散布なし」であり，使用者が現場の課題をしっかり認識し，どのような植物生理を改善すればその課題を解決できるのか？ BS を見極めながら使う必要がある。BS の規格化については執筆時点（2024 年 6 月現在）において日本バイオスティミュラント協議会（JBSA）が農水省に働きかけを行っており，今後何らかの動きがあると思われる。また BS のポジションについては前述のとおり，肥料・農薬・土壌改良材のアシストとして使用することで役割が明瞭になり，効果を引き出しやすいと思われる。BS は環境ストレス耐性を高める資材だが，環境ストレスは強さも種類も毎年変化するため，気候の予想から処方箋を作るのが困難である。また BS の効果判定についても定量的なものでなく定性的なものと捉えるべきであり，BS 活用においてもその点に留意すべきである。

5　総括

　肥料や農薬は価格高騰や入手のしづらさ，使用制限などにより，これまでのような利用法を見直さなければならないところにきている。そこで新カテゴリーの農材である BS を活用することにより，それぞれの資材を今以上に有効利用していかなくてはならない。農水省の「みどりの食料システム戦略」に則り，今後ますます BS の立ち位置や活用法が問われることになっていくと思われる（表7）。そもそも国土の限られた日本では連作障害対策として「土づくり」が重要であり，土壌改良材とともにアシストする BS の活用がカギになる。ここに挙げた 6 群の BS カテゴリーの適正利用とともに，食品副産物など未利用資源をうまく活用したサーキュラーエコノミー（資源循環）型の BS の展開など期待したい。

表 7　「みどりの食料システム戦略」に沿った BS の活用案
（2022　高木篤史）

- ●土壌分析を行い施肥や土壌改良に反映させる
- ●土づくりをしっかり行う（堆肥や土壌改良材の有効活用）
- ●元肥は有機肥料主体（緑肥の活用含む）
- ●BSをうまく活用する①
  ＊土壌施用⇒土壌の有機窒素の無機化，根の活性化
- ●ドローンによる生育診断と可変施肥（追肥の効率化）
- ●BSをうまく活用する②
  ＊葉面散布⇒環境ストレスを緩和し収量の落ち込みを抑える
- ●品種選択や作型など耕種計画を再検討する

第4章　「みどりの食料システム戦略」における
バイオスティミュラントの位置づけ

農林水産省　大臣官房　みどりの食料システム戦略グループ*

1　みどりの食料システム戦略策定の背景とその狙い

　農林水産業は，自然への働きかけによる物質循環によって成り立つ自然資本に立脚した産業であり，気温，降雨，生物相などの変化に大きく左右される。わが国では，アジアモンスーン地域の高温多湿な気候条件の下，限られた農地で生産を増やすため，様々な品種改良を含め，農薬や化学肥料などの生産資材を用いて，経験に基づく栽培技術に支えられた農業が展開されてきた。しかしながら，近年では，気候変動問題が深刻化し，降雨量の増加に伴う大規模災害の頻発，高温が農業における重大なリスクの1つとなっており，作物の収量減少や品質低下など，生産現場に大きな影響が生じている。加えて，今後，食料生産を担う生産者の減少・高齢化の一層の進行が見込まれる中，農地の適切な管理や労働集約的な作業に従事する者の不足などにより，生産基盤の脆弱化や地域コミュニティの衰退が顕在化している。さらに，国内生産を支える化学肥料の原料は，ほぼ全量を輸入に依存しており，これについて，海外から持続的に調達が可能かという経済的な観点に加え，プラネタリー・バウンダリー，SDGsや環境に対する関心が国内外で高まり，あらゆる産業で対応が求められる中，化学肥料の使用抑制を通じた環境負荷低減といった持続可能性の観点からも考え直す必要がある。また，海外の主要国でも，農業分野における持続可能性に関する戦略が策定されている中，わが国では，高温多湿な気候や比較的小規模な水田農業を中心とする農業構造に適したアプローチが必要である。

　このような動向を踏まえ，農林水産省では，食料・農林水産業の生産力向上と持続性の両立をイノベーションで実現させるための戦略として，2021年5月に「みどりの食料システム戦略」を策定した（図1，2）。

　みどりの食料システム戦略では，2050年までに目指す姿として，農林水産業におけるCO_2ゼロエミッション化の実現，化学農薬の使用量（リスク換算）を50％低減，化学肥料の使用量を30％低減，有機農業の取組面積を25％（100万ヘクタール）まで拡大など14のKPI（"Key Performance Indicator（重要達成度指標）"の略）を設定した。また，2022年6月には中間目標として2030年目標も決定した（図3）。

＊　MIDORI Sustainable Food Systems Strategy Division, Minister's Secretariat, MAFF, JAPAN

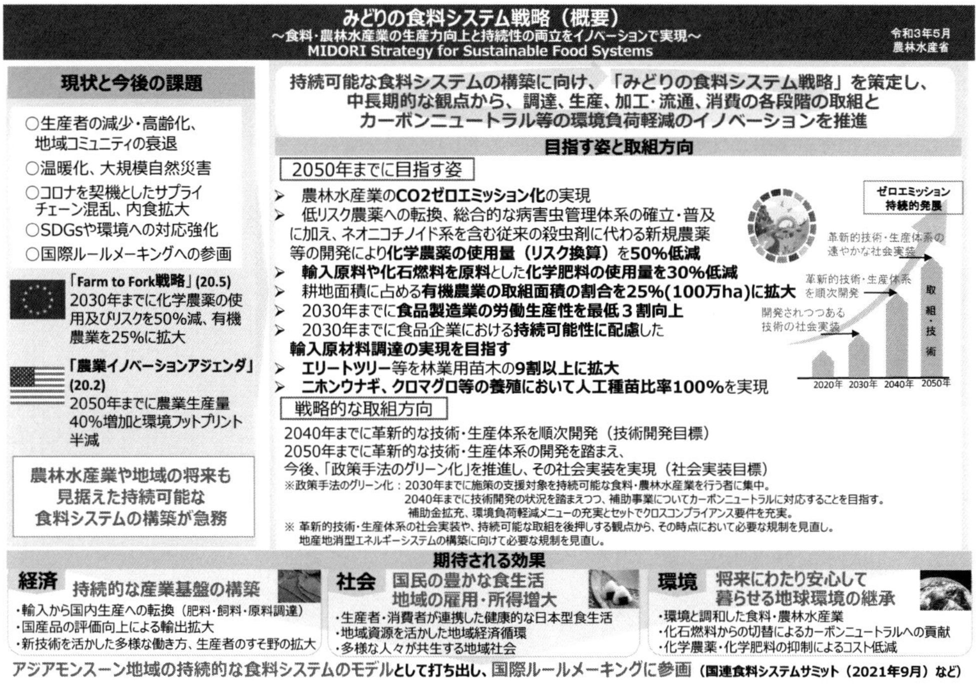

図１ みどりの食料システム戦略（概要）

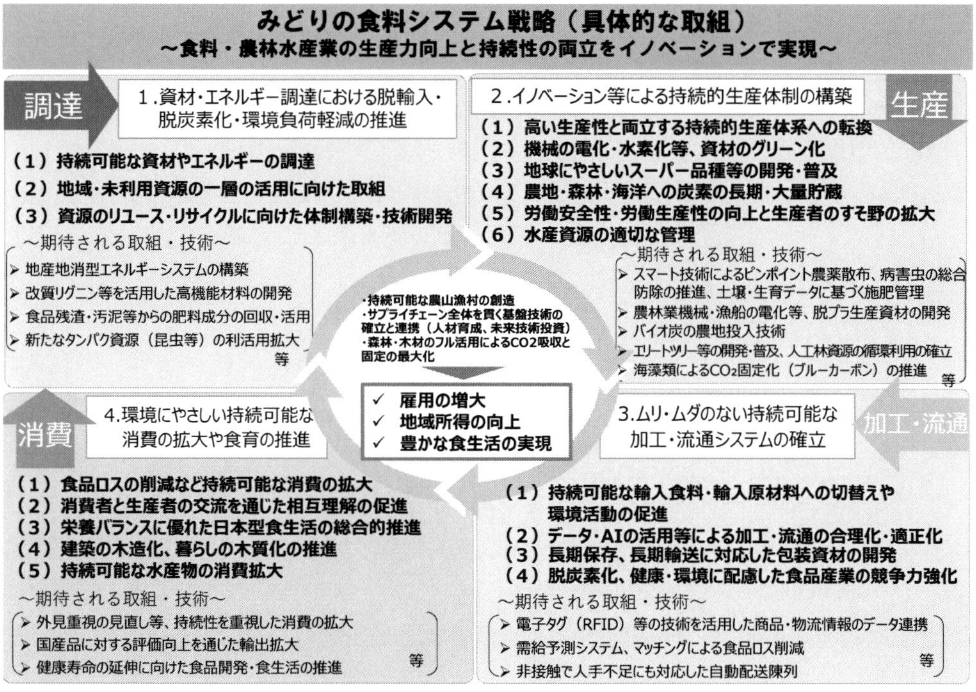

図２ みどりの食料システム戦略（具体的な取組）

「みどりの食料システム戦略」KPI2030年目標の設定

○　みどりの食料システム戦略に掲げる2050年の目指す姿の実現に向けて、中間目標として、KPI2030年目標を決定。（令和４年６月21日みどりの食料システム戦略本部決定）

「みどりの食料システム戦略」KPIと目標設定状況		
KPI	2030年 目標	2050年 目標
温室効果ガス削減 ① 農林水産業の**CO₂ゼロエミッション**化（燃料燃焼によるCO₂排出量）	1,484万t-CO₂（10.6%削減）	0万t-CO₂(100%削減)
② **農林業機械・漁船の電化・水素化**等技術の確立	既に実用化されている化石燃料使用量削減に資する電動草刈機、自動操舵システムの普及率：50%／高性能林業機械の電化等に係るTRL　TRL 6：使用環境に応じた条件での技術実証　TRL 7：実運転条件下でのプロトタイプ実証／小型沿岸漁船による試験操業を実施	2040年技術確立
③ 化石燃料を使用しない**園芸施設**への移行	加温面積に占めるハイブリッド型園芸施設等の割合：50%	化石燃料を使用しない施設への完全移行
④ 我が国の再エネ導入拡大に歩調を合わせた、農山漁村における**再エネ**の導入	2050年カーボンニュートラルの実現に向けて、農林漁業の健全な発展に資する形で、我が国の再生可能エネルギーの導入拡大に歩調を合わせた、農山漁村における再生可能エネルギーの導入を目指す。	2050年カーボンニュートラルの実現に向けて、農林漁業の健全な発展に資する形で、我が国の再生可能エネルギーの導入拡大に歩調を合わせた、農山漁村における再生可能エネルギーの導入を目指す。
環境保全 ⑤ **化学農薬**使用量（リスク換算）の低減	リスク換算で10%低減	11,665(リスク換算値)（50%低減）
⑥ **化学肥料**使用量の低減	72万トン（20%低減）	63万トン（30%低減）
⑦ 耕地面積に占める**有機農業**の割合	6.3万ha	100万ha（25%）
食品産業 ⑧ **事業系食品ロス**を2000年度比で半減	273万トン（50%削減）	
⑨ **食品製造業**の自動化等を進め、**労働生産性**を向上	6,694千円/人（30%向上）	
⑩ **飲食料品卸売業**の売上高に占める**経費**の縮減	飲食料品卸売業の売上高に占める経費の割合：10%	
⑪ 食品企業における持続可能性に配慮した**輸入原材料調達**の実現	100%	
林野 ⑫ 林業用苗木のうち**エリートツリー**等が占める割合を拡大　**高層木造の技術**の確立・木材による炭素貯蔵の最大化	エリートツリー等の活用割合：30%	90%
水産 ⑬ **漁獲量**を2010年と同程度（444万トン）まで回復	444万トン	
⑭ ニホンウナギ、クロマグロ等の**養殖**における人工種苗比率　**養魚飼料**の全量を配合飼料給餌に転換	13% ／ 64%	100% ／ 100%

図３　「みどりの食料システム戦略」KPIと目標設定状況

　本戦略の具体的な工程としては，2030年までに開発されつつある技術の社会実装や現在普及可能な技術・先進的な取組の横展開を進め，2040年までに革新的な技術・生産体系を順次開発し，2050年までに革新的な技術・生産体系の開発を踏まえ，その社会実装を実現することとしている。また，生産段階のみならず，調達，生産，加工・流通，消費に至る食料システムを構成する関係者全体による現状把握と課題解決に向けた行動変容を目指す点が本戦略の大きなポイントである。

2　戦略の実現に向けた施策の具体化

　本戦略を推進するための予算として，みどりの食料システム戦略推進総合対策を措置し，これにより現場の取組を後押ししている。例えば，みどりの食料システム戦略推進交付金では，地域の先進モデルを創出するため，新たな技術を導入して化学肥料・化学農薬の低減や温室効果ガス削減などの環境負荷低減に取り組もうとする地域において，生産への影響を実証するための支援や，有機農産物の学校給食での利用の取組支援などを講じている。

　さらに，2022年７月には「みどりの食料システム法」（環境と調和のとれた食料システムの確立のための環境負荷低減事業活動の促進等に関する法律）が施行，同年９月には国による基本方

針が公表された。2023 年 3 月末までには，すべての都道府県で生産者の計画認定を行うための基本計画が作成され，本戦略を推進するための融資・税制などの支援措置が本格的にスタートするなど，施策の具体化が進められている。

3　みどりの食料システム法に基づく認定

みどりの食料システム法では，2 つの計画認定制度により，生産現場での環境負荷低減の取組を後押ししている（図 4, 5）。

一つ目は，生産者を対象とする計画認定制度で，土づくりや化学肥料・化学農薬の削減，温室効果ガスの排出削減などの環境負荷低減の取組（環境負荷低減事業活動）が対象になる。認定主体は都道府県になる。計画認定を受けた生産者は，幅広く融資の特例措置を受けられるほか，化学肥料・化学農薬の低減に資する機械・設備等（例：ラジコン草刈機，局所施肥機，堆肥散布機など）を導入する場合には，みどり投資促進税制として，機械 32 ％，建物 16 ％（一体的に整備する場合に限る。）の特例措置（特別償却）を受けることができる。この認定生産者は，2024 年 8 月末までに，46 道府県で計 17,000 名以上に増加している。

二つ目は，上記のような生産者の取組を，技術の開発・普及や新商品開発などにより側面的に

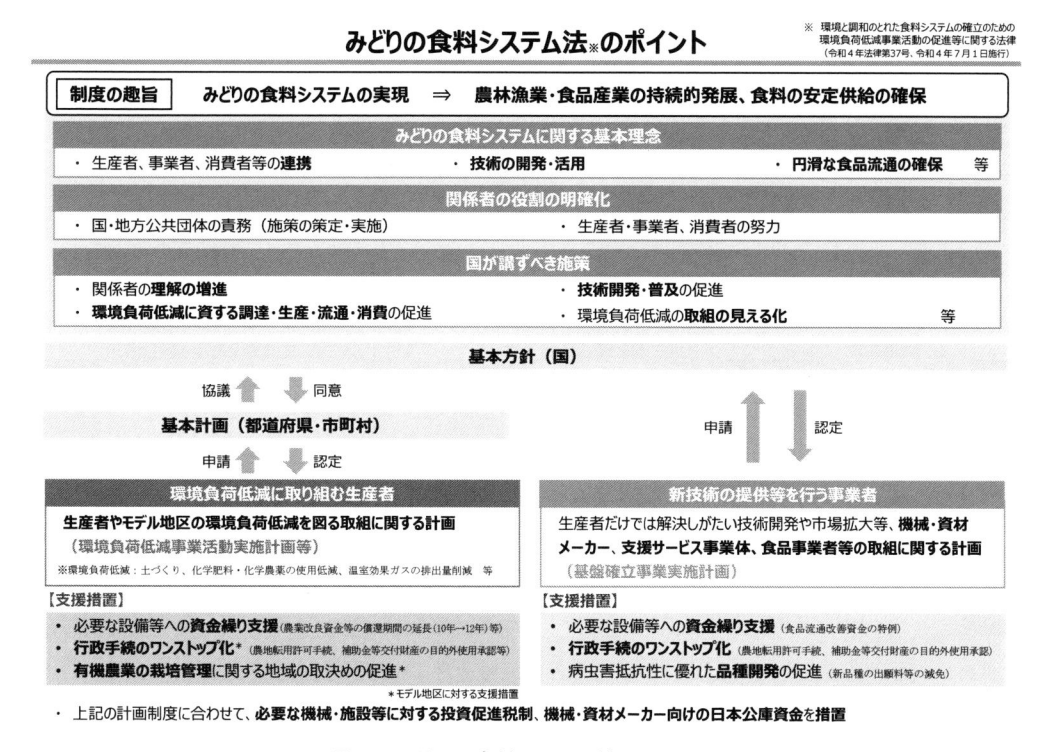

図 4　みどりの食料システム法のポイント

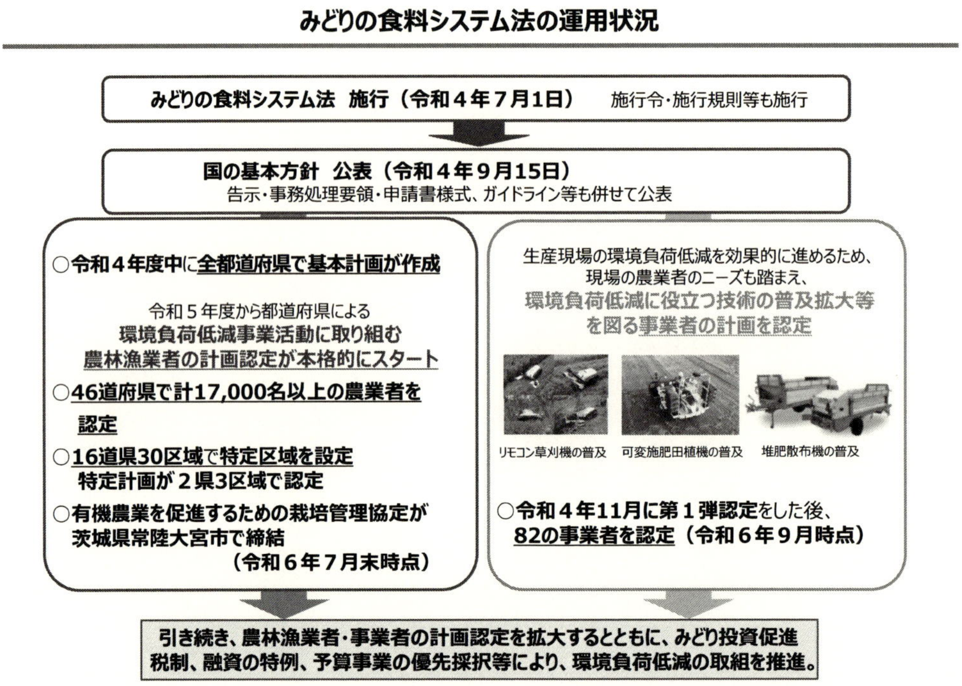

みどりの食料システム法の運用状況

みどりの食料システム法　施行（令和4年7月1日）　施行令・施行規則等も施行

国の基本方針　公表（令和4年9月15日）
告示・事務処理要領・申請書様式、ガイドライン等も併せて公表

○令和4年度中に**全都道府県で基本計画が作成**

令和5年度から都道府県による
環境負荷低減事業活動に取り組む
農林漁業者の計画認定が本格的にスタート

○**46道府県で計17,000名以上の農業者を認定**

○**16道県30区域で特定区域を設定**
特定計画が2県3区域で認定

○**有機農業を促進するための栽培管理協定が茨城県常陸大宮市で締結**
（令和6年7月末時点）

生産現場の環境負荷低減を効果的に進めるため、現場の農業者のニーズも踏まえ、**環境負荷低減に役立つ技術の普及拡大等を図る事業者の計画を認定**

リモコン草刈機の普及
可変施肥田植機の普及
堆肥散布機の普及

○**令和4年11月に第1弾認定をした後、82の事業者を認定（令和6年9月時点）**

引き続き、農林漁業者・事業者の計画認定を拡大するとともに、みどり投資促進税制、融資の特例、予算事業の優先採択等により、環境負荷低減の取組を推進。

図5　みどりの食料システム法の運用状況

支援する，機械・資材メーカーやサービス事業体，食品事業者などの事業計画を国が認定する仕組み（基盤確立事業）である。計画の認定を受けた事業者は，融資の特例措置が受けられるほか，化学肥料・化学農薬に代替する資材を製造する資材メーカーは，資材の製造に必要な機械・施設を導入する際に，みどり投資促進税制として特別償却を受けることができる。2024年9月現在，国の認定を受けた事業者は，バイオスティミュラントを製造する資材メーカーを含め82事業者に上り，また，生産者が導入する際に税制特例を受けられる対象として国が確認した機械・設備は80機種となり，露地野菜や施設園芸含め幅広い分野で活用いただけるものとなっている。

　こうした認定を受けることで，農林水産省の補助事業について優先採択を受けられるなどのメリット措置を受けることができる。

4　環境負荷低減のクロスコンプライアンス（みどりチェック）

　農林水産省では，みどりの食料システム戦略の一環として，2024年度から「環境負荷低減のクロスコンプライアンス」（愛称：みどりチェック）を導入している。このみどりチェックとは，農林水産省のすべての補助事業等において，チェックシート方式により，最低限行うべき環境負荷低減の取組の実践を要件化するもので，農林水産省の補助事業等に参加する農林漁業者や食品

関連事業者，民間事業者，自治体等が，日頃の事業活動の中で意識すれば取り組める内容となっている。補助金等の交付を受けるためには，環境にやさしい農林水産業のための最低限の取組についてチェックシートを用いて，①事業申請時に取り組む内容をチェックして提出し取組を実践，②事業報告時に実際に取り組んだ内容をチェックして提出する必要があり，③抽出で選ばれた場合には報告内容の確認を受けることとなる。2027年度の本格実施を目標に，2024年度は①，2025年度からは①に加えて②③と段階的に試行実施する。

　チェックシートの内容は，①適正な施肥，②適正な防除，③エネルギーの節減，④悪臭及び害虫の発生防止，⑤廃棄物の発生抑制・適正な循環的な利用及び適正な処分，⑥生物多様性への悪影響の防止，⑦環境関係法令の遵守等により構成されている。また，2027年度以降，報告内容の確認の結果，取組を実践していないことが判明した場合は，まずは改善指導を行うが，複数回の指導によっても改善されない場合は何らかの措置を取ることを検討している。

　農林水産業は環境の影響を受けやすいことに加え，農林水産業自体が環境に負荷を与えている側面もある。このため，誰もが取り組める環境負荷低減への「初めの一歩」として，多くの方にみどりチェックに取り組んでいただくことが重要である。

5　みどりの食料システム戦略におけるバイオスティミュラントの位置づけ

　みどりの食料システム戦略では，化学農薬の使用量の低減に資する取組の一つとして，「バイオスティミュラントを活用した革新的作物保護技術の開発」を位置づけている。

　みどりの食料システム戦略における化学農薬使用量低減のKPIは，2030年までに化学農薬の使用量（リスク換算）を10％低減，2050年までに50％低減と設定されている。2022農薬年度の実績値は22,227リスク換算値であり，リスクの低い農薬への切替等の取組の効果が現れたことにより，基準年（2019農薬年度）と比較して約4.7％低減となった。

　化学農薬の使用量低減に向けて，2030年までは，既存技術の活用等により，ドローンでのピンポイント農薬散布，病害虫が発生しにくい生産条件の整備や，病害虫の発生予測を組み合わせた総合防除の推進，有機農業の面積拡大等の取組を推進するとともに，バイオスティミュラントを活用した革新的作物保護技術についての研究・開発も進めていくこととしている。2030年以降は，既存技術の横展開のより一層の推進に加え，安全性の高い新規農薬等の開発を進め，2050年の意欲的な目標に向けて取組を加速化する。バイオスティミュラントについては，化学農薬使用量低減に資する技術として，2040年までに実証を，2050年までにその社会実装を実現していく（図6）。

　農林水産省では，化学農薬の低減に資する資材の生産・実証等に対する各種支援を行っている。化学農薬の低減に資する資材を製造する資材メーカーが，3節「みどりの食料システム法に基づく認定」で紹介した基盤確立事業の認定を受けた場合には，融資の特例措置が受けられるほか，機械，建物（一体的に整備する場合に限る）の特別償却を受けることができる。また，この

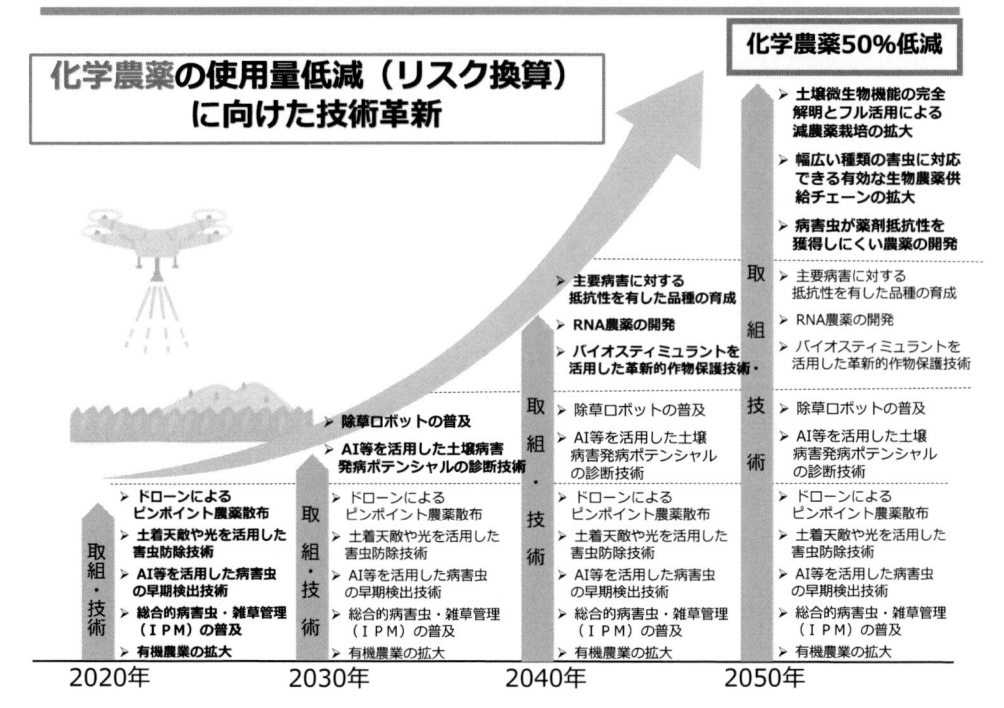

図6 化学農薬の使用量低減（リスク換算）に向けた取組

認定を要件として，「みどりの食料システム戦略推進交付金」の「持続可能なエネルギー導入・環境負荷低減活動のための基盤強化対策」により，環境負荷低減に資する資材の生産に必要な機械・施設の導入等に対して支援を行っている。バイオスティミュラントを生産する資材メーカーについても，基盤確立事業の認定を受けた場合には，これらの支援を活用することが可能である。このほか，同交付金では，「グリーンな栽培体系への転換サポート」による産地に適した技術の検証等を通じたグリーンな栽培体系への転換支援等を行っており，バイオスティミュラントを活用して省力化と環境負荷低減の取組を実施する産地にも活用が可能である。

また，みどりの食料システム戦略の実現に向けて，本戦略で掲げた各目標の達成に貢献し，現場への普及が期待される技術をとりまとめている「みどりの食料システム戦略技術カタログ」の中で，近い将来，利用可能となる開発中の技術（2030年までに利用可能な技術）として，野菜，花き等を対象とした，バイオスティミュラントによる技術についても掲載している。

さらに，農林水産省では，みどりの食料システム戦略に基づき，バイオスティミュラントの開発動向や，海外におけるバイオスティミュラントの生産，販売，使用等に係る規制の検討状況について情報収集を行っているところである。今後は，これらの調査結果や，国内の既存の農薬，肥料等の規制を踏まえ，バイオスティミュラントの取扱ルールの検討，整備を行うこととしている。

6 おわりに

通常国会で改正された，食料・農業・農村基本法では，「環境と調和のとれた食料システムの確立」が新たな柱として位置付けられたところであり，今後，より一層，みどりの食料システム戦略に基づき，食料・農林水産業の環境負荷低減に向けた取組を進めていく必要がある。

引き続き，将来にわたって持続可能な食料システムを確立していくため，環境負荷低減に資するイノベーションを後押しすることを通じて，幅広い関係者の理解と支持を得られるよう努めながら，本戦略を推進していく。

バイオスティミュラントを製造するメーカーにおかれては，化学肥料，化学農薬の使用量低減への効果を示すデータを収集した上で，みどりの食料システム法に基づく計画認定制度等の活用を検討していただきたい。

第II編
バイオスティミュラントの種類と機能

第5章　亜炭を原料とする腐植物質
バイオスティミュラントの開発

飯野藤樹[*]

1　腐植物質とは？

　土壌中の腐植物質は，主に植物や動物などの生物遺体が微生物などにより分解され，長い時間をかけて化学的・生物的に再合成されたものである。黒色ないし暗色を呈し，土壌有機物のおよそ半分を占めている。腐植物質は有機物であるが化学構造的には無定形な高分子化合物の混合物であり，一方，化学構造が既知の有機化合物である炭水化物，タンパク質，ペプチド，アミノ酸，脂質，リグニンなどは非腐植物質である[1]。腐植物質は由来や生成過程などにより特定の構造を持たない有機化合物であるため，分析についてはNAGOYA法や国際腐植物質学会法（IHSS法）に定められた方法で行われている。大まかにいえば，酸，アルカリへの溶解性の違いで3つのグループに分類され，酸，アルカリ両方に溶けないものを「ヒューミン」，アルカリのみに溶けるものを「腐植酸（フミン酸）」，酸，アルカリ両方に溶けるものを「フルボ酸」としている（図1）[2]。

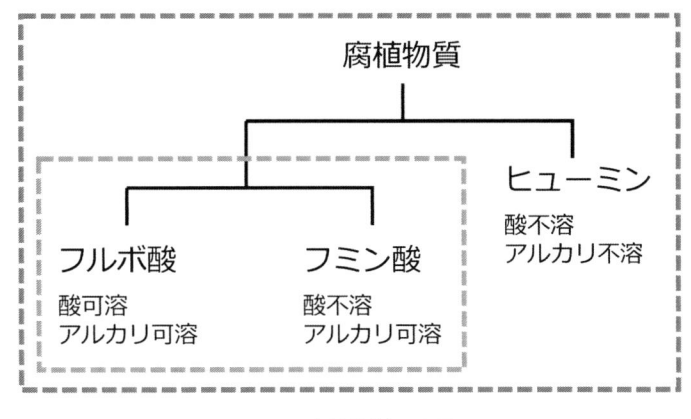

図1　腐植物質の分類

＊　Toju IINO　デンカ㈱　エラストマー・インフラソリューション部門
インフラソリューション研究部　グループリーダー

2 作物生育に対する腐植物質の効果

腐植物質は土壌の物理性・化学性・生物性の改善に重要な役割を果たしていることが知られており，気候変動やその他要因によって引き起こされる環境ストレスがもたらす作物生育への影響を緩和し，収量低下のリスクを減少させる効果が期待されている（図2）[3,4]。これは農業という長い歴史の中で観察されてきたものであるが，作物への作用機構については未だに解明されていない部分が多い。腐植物質の作用に関しては，主に以下のような効果が認められている。

2.1 保肥力と土壌の緩衝能を高める

腐植物質は分子中に多量のカルボキシル基やフェノール性水酸基を持つため，植物の養分となるアンモニアや塩基（石灰，苦土，加里など）の陽イオンを保持して雨などで流されにくくする。保肥力の向上は土壌の緩衝能を高め，植物の生育や周辺環境により常に変化する土壌のpHの急激な変化を緩和する働きがある。

そのため昭和60年の地力増進法の施行に伴い，土壌の保肥力改善用途として腐植酸質資材は，石炭または亜炭を硝酸または硝酸および硫酸で分解し，カルシウム化合物またはマグネシウム化合物で中和したものが，指定土壌改良資材に認定されている。

さらに腐植物質は金属と不溶性および可溶性の錯体を形成することから苦土などの吸収を高め，活性アルミニウムによるりん酸の不可給化を低減し，りん酸肥料の肥効を高めることが知られている。

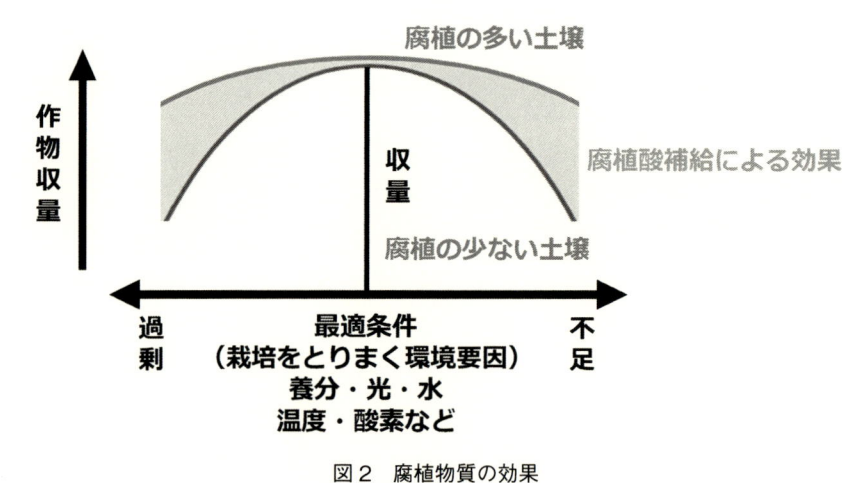

図2 腐植物質の効果

2.2　土壌物理性を改善する

　土壌の腐植物質は粘土やシルトなど土壌粒子と有機・無機複合体を形成し，様々な有機物によって接着されてミクロ団粒を形成する。さらにミクロ団粒が接合されてマクロ団粒となることで透水性や保水性，通気性の良い状態をつくりだす土壌団粒構造の生成に役立つ。特に腐植物質は安定したミクロ団粒の形成に役割を果たし，その団粒構造は微生物叢の多様性に寄与する。

2.3　作物の生育促進効果

　腐植物質が植物に与える影響に関する研究は，古くから国内外で行われてきた。これらの研究成果をもとに，腐植酸は植物の生長点の分化を促進させ，植物ホルモンであるオーキシン作用を強めるとして，植物の生理的および生化学的諸過程を活性化し，植物の土壌および肥料からの養分吸収を高めると言われている。しかしながら作用機構については，まだ解明されていない部分が多い。

3　腐植酸苦土肥料『アヅミン』の製造・販売

　デンカ㈱は1915年に電気化学工業㈱として設立され，翌年に石灰窒素の生産を開始して以来，100年以上の農業資材の製造・販売実績を持つ。また，腐植酸質資材については，1960年代初頭の東京大学の腐植酸研究をもとに花巻工場での実用化が検討され，全農と共同で国の研究所を含む全国76カ所の公的機関で試験を実施して，苦土の効果，土壌改良効果だけでなく，根の生育促進など幅広い効果を認めた。しかし，腐植酸は肥料の主成分でないため，腐植酸を塩基性苦土で中和し製造することにより，苦土肥料の中に腐植酸苦土肥料として公定規格が1962年に新設され，翌年に3.0腐植酸苦土肥料（商品名アヅミン1号）の登録名で，生産販売が始まった。土づくりに堆肥の施用が基本である時代であったが，腐植酸を手軽に施用できる資材として，生産・販売が拡大し今日に至っている。そして2017年には，『アヅミン』の製法を応用して土壌に浸透しやすい液体の『アヅ・リキッド』を，2021年には植物への活性が高いフルボ酸を多く含む『レコルト』を開発して全国販売を開始した。

　『アヅミン』『アヅ・リキッド』『レコルト』などの当社腐植酸資材は，亜炭を原料としており，その亜炭を硝酸で酸化分解して腐植酸を抽出して生産している。この腐植酸を生成させる技術・設備・ノウハウは当社独自のものであり，長年環境へ配慮した生産を行っている。流通している資材の中には天然の腐植酸物質をそのまま製品化したものもあるが，日本で肥料法および地力増進法の腐植酸質資材として規定または指定されているのは，石炭または亜炭を硝酸等で分解したものだけである。

4 『アヅミン』『アヅ・リキッド』『レコルト』の施用効果

　当社の腐植酸資材は多くの生産者様に使用されており，トマトやキュウリをはじめ多くの果菜類，水稲や大豆などの穀類，キャベツやハクサイなどの葉菜類，根菜類や花卉，ブドウ，ミカン，ナシなどの果樹に至るまで幅広い作物で生育促進と増収効果が認められている。特に，作物種にかかわらず健全な根量の増加がみられることは特筆したい。

5 環境（非生物的）ストレスへの抵抗性に関する当社資材試験事例

5.1 塩類耐性の向上

　2011年の東日本大震災の際に，津波による塩害を受けたトマトとキュウリのハウスにおいて，JAの担当者と協議の上『アヅミン』の施用試験を実施した結果，塩害軽減効果が認められ，現在も三陸沿岸部の被災圃場で使用されている。一方，社内試験のコマツナの水耕栽培で，NaClの影響を検討したところ，NaCl添加濃度の上昇に伴い地上部（茎葉），地下部（根）の生育量の低下を認めたが，『アヅミン』施用区では無施用区に比べ生育，葉色の改善，根量の増加等が見られ，NaCl耐性向上の効果が認められた（図3）。葉へのNaの蓄積が抑えられている結果も得られていることから，塩害条件でも葉色を維持して光合成を行えていることが想像できる。

5.2 高温耐性の向上

　近年，地球の温暖化が何かと取り上げられ，温度上昇による収穫量・品質の低下が懸念されている。レタスの栽培適温は15〜20℃とされているが，高温条件（28℃）下で水耕栽培を行い，当社資材の施用効果を確認した。無施用区のレタスは高温条件下では生育が大きく阻害され，施用区では生育阻害の程度が緩和されることが実験室レベルで認められた（図3）。

　また圃場レベルでも近年の高温ストレスにより収穫量や品質の低下で困っている生産者様に使

図3　環境ストレスを模した試験結果
A. 25 mM NaClを含む水耕液でのコマツナ栽培試験結果，B. 28℃環境でのフリルレタス栽培試験結果

図4　レタス生産現場での試験結果

用していただいたところ，暑い時期にも関わらずしっかりと結球し，明らかに良好な生育を示したことから非常に喜んでいただけた（図4）。

5.3　低温耐性の向上

　秋田県農業試験場で，水耕栽培での低温条件下における水稲の生育に及ぼす影響を調査した結果，堆肥区と比較し，『アヅミン』施用区は通常施用量の半分でも，同等以上の低温耐性の付与が認められた。また，北海道のタマネギ生産者様が『アヅミン』を使用する大きな理由は，初期生育の促進のみならず，低温による生育障害対策であると聞いており，経営リスクの回避に寄与していると推察している。

6　新たな腐植酸液状複合肥料の開発

　長い歴史を持ち，生産者様に愛用されている固形の腐植酸苦土肥料『アヅミン』であるが，養液栽培や土耕栽培の潅水装置などに使用したいというニーズに対応するため，腐植酸液状複合肥料『アヅ・リキッド』を開発した。しかし，『アヅ・リキッド』も含め世界で流通している腐植酸資材は，高濃度の肥料養液と混合すると不溶物を発生させ，潅水チューブなどのノズル詰まりを発生する懸念があった。そこで高濃度肥料養液との混合性に優れ，植物への活性が高いといわれているフルボ酸を高濃度で含む腐植酸液状複合肥料『レコルト』の開発に成功し，2021年度に販売を開始した（図5）。さらに植物や土壌に対する効果を科学的なアプローチで研究し，得られた知見をもとに新たな腐植酸資材を開発して肥料登録を行った。現在それらの開発品は，研究室レベルだけではなく生産者様に実際に評価していただいており，積極的に情報交換を行うことで上市への準備を進めている。

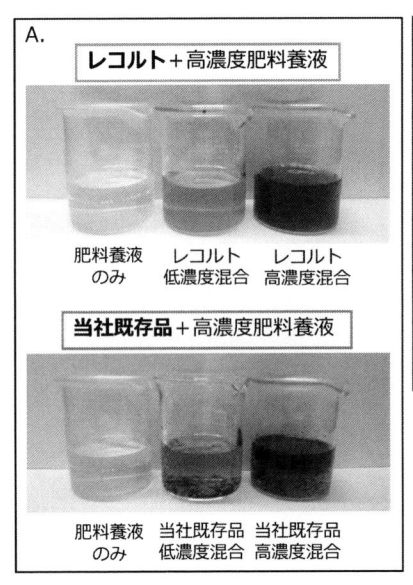

図5 『レコルト』の高濃度肥料養液との混合性と栽培試験結果
A. 腐植酸液状複合肥料と高濃度肥料養液との混合性，B. コマツナでの栽培試験結果

7　当社腐植酸肥料の特徴

　腐植物質の構造や作用機構については未だに解明されていない部分が多いが，当社がこれまで取り組んできた，構造解析や物性の特徴，植物に対する生理活性に関する試験について説明する。

7.1　腐植化度と Melanic Index，腐植酸の官能基

　腐植酸は腐植化度により A, B, P, Rp 型の 4 グループに分類され，その分類手段として可視・紫外線吸収スペクトルの傾きなど吸光度によるものがあり，例えば A 型腐植酸は Melanic Index により A520 の吸光度に対する A450 の吸光度比で A 型か否かを分類することができる[5]。

　A 型腐植酸は最も腐植化度の高い腐植酸で，黒ボク土や石灰質土壌の腐植酸に多く，褐色森林土の腐植酸は B 型腐植酸であり，P 型は草原下や標高 400 m 以上の褐色森林土，Rp 型は泥炭土，赤黄色土などの腐植化度の低い腐植酸に見られる[6]。腐植化度を明確に分類するには，腐植酸の前処理を必要とするが，簡易的に測定する方法が報告されている[7]。この簡易方法では Rp と P 型を明確に区別することはできないが，A, B, Rp・P 型の 3 グループに分けることができる。これに従って測定すると，一般的な土壌や市販されている腐植酸資材は A 型もしくは B 型になるが，当社品は Rp・P 型に分類され，違いを示すことができる（図6）。

　吸光度比だけでなく，C-NMR，H-NMR，FTIR といった機器分析においても市販されている腐植酸資材と当社品との構造の違いが示されている。すなわち特徴として，二重結合が少なく，

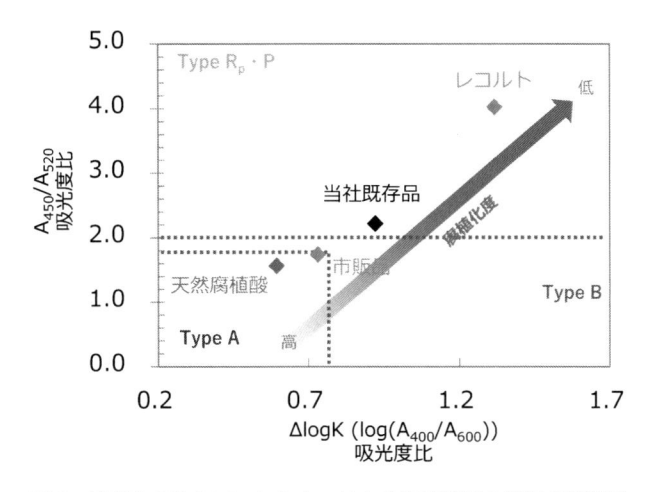

図 6　腐植化度と Melanic Index による腐植酸型の簡易分類結果

芳香族よりも脂肪族の比率が多いことが示されている。このことから当社の腐植酸は天然腐植酸より比較的分解されやすく，植物や微生物が利用しやすい構造であることが推察される。これらの解析だけで効果のすべてを説明することはできないが，腐植酸の効果と化学構造の解析を引き続き行っていく。

7.2　植物に対する生理活性試験

近年の測定技術の進化により，様々な方法で植物の生理活性を評価できるようになっている。特に光合成速度や遺伝子発現，酵素活性解析は急速な進化を遂げている。本項では当社品を用いた，光合成速度や遺伝子発現解析の一部結果を紹介する。

光合成は光のエネルギーによって水を分解して，電子とプロトンを作り出し，これらを利用することで二酸化炭素から糖やデンプンなどを生産する反応である[8]。したがって活発な光合成は植物の旺盛な生長や収量の増加，品質の向上につながることが期待される。実験用トマトに当社品を施用して，植物光合成総合解析システム LI-6800（LI-COR 社）を用いて光合成速度を測定したところ，無施用区と比較して当社既存品施用区で 15% 以上，『レコルト』施用区で 30% 以上高い値を示した（図 7）。また開花数や着果実においても当社品施用区が増えた結果を得ていることから，活発な光合成が旺盛な生長や収量の増加につながった 1 つの理由と考えられた。データでは示さないが植物の生長やストレス耐性に関わる主要な遺伝子が当社品を施用することで，無施用区との比較で 50% 以上発現上昇することも明らかになった。以上のことから，当社品を施用することによる旺盛な生長や収量増，環境ストレス耐性の向上の一部については，活発な光合成や生長・ストレス耐性に関連する遺伝子の発現上昇で理由付けが可能と考えられる。

最近では遺伝子発現解析だけではなくメタボローム解析も実施しており，当社腐植酸の特徴的な結果を得ている。その結果を基に新たな製品開発にも着手しており，より科学的な根拠を持っ

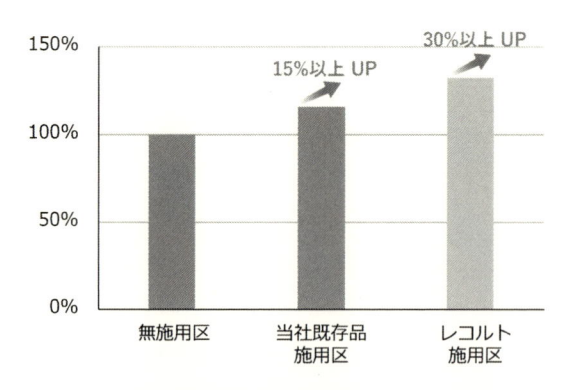

図7　当社腐植酸液状複合肥料を施用した際の
光合成速度測定結果（無施用区との相対比）

て生産者様に製品の提案ができるように務めている。

8　今後の開発に向けて

　当社の腐植酸肥料である『アヅミン』『アヅ・リキッド』『レコルト』には，作物の収量と品質向上，加えて環境ストレスの耐性向上の報告が数多くある。近年では夏の高温をはじめとする環境ストレスへの関心の高まりからバイオスティミュラント資材としての側面も踏まえ積極的な普及を図っていく。バイオスティミュラント資材についてまだまだ現象論が多く，効果の発現メカニズムを明確にしている例は多くはない。当社では最新技術を導入し新たな知見を得ており，実際にその結果を基に製品化を試みている。引き続き新たな評価法や分析への挑戦，遺伝子発現解析やメタボローム解析をさらに深掘りすることで腐植酸の植物に対する効果発現のメカニズムの解明を進め，生産者の皆さんに品質や効果の面で安心し，納得して使用していただける製品を開発していく所存である。

文　　　献

1）　永塚鎭男，土壌生成分類学　改定増補版，p.46，養賢堂（2014）
2）　日本腐植物質学会 監修，腐植物質分析ハンドブック　第2版，p.5，農山漁村文化協会（2019）
3）　永塚鎭男，土壌生成分類学　改定増補版，p.46，養賢堂（2014）
4）　organic materials and soil productivity, p.16, p.54, FAO（1977）
5）　日本腐植物質学会 監修，腐植物質分析ハンドブック　第2版，p.86，農山漁村文化協会

（2019）

6)　石渡良志ほか，環境中の腐植物質　その特徴と研究法，p.19，三共出版（2008）

7)　山本定博ほか，土壌肥料学会雑誌，**71**（1），82（2000）

8)　間藤徹ほか，植物栄養学　第 2 版，p.14，文永堂出版（2010）

第6章　腐植酸バイオスティミュラント Blackjak® の水稲育苗箱施用における性能評価

須田正樹*

1　はじめに

　マーケットリサーチによれば，近年，世界のバイオスティミュラント市場は年10%を超える成長率で伸びており[1]，今後も引き続き，世界各地の農業場面でその利用が拡大傾向にあると言える。

　有望な農業生産資材の一つとして，バイオスティミュラントは1980年代からヨーロッパを中心に活発な研究開発がはじまった。その成果として，2000年代初頭よりヨーロッパ発ベンチャー企業などから高機能なバイオスティミュラント製品が次々と上市され，当地の農業生産者に利用されはじめた。

　しかし，当時のヨーロッパでバイオスティミュラントはスムーズに受け入れられたわけではなく，どのように施用すれば効果的であるのか，10数年以上にわたりさまざまな試行錯誤を重ねたのちに，近年ようやく有効な生産資材として安定なポジションを確立し，定着した経緯がある[2]。

　一方，日本においては，歴史的に自家製ぼかし肥料など日本独特のバイオスティミュラントが発達し，各々の生産者が独自の施用方法により利用してきた経緯がある。しかし，バイオスティミュラントとして機能が明らかになった資材を，その機能が発揮できるよう，現地の生産プログラムに合わせて積極的に利用している場面はまだ小規模で，かつその拡大はゆっくりと進んでいると予想される。

　近年国内でも，バイオスティミュラントの研究や農業生産場面へ導入する試みが産官学の各方面で，目に見えて盛んになってきた。これは我が国においても，将来，バイオスティミュラントが農業生産の一資材として，その性能をどのように機能させるかを明らかにする研究開発基盤ができ上がりつつあると言える。そして次の段階においては，実際の生産現場において，バイオスティミュラントが機能的に活用されるよう，普及現場の技術者とともにスムーズに導入していくことが課題としてあげられる。

　ヨーロッパなど海外では，長年のバイオスティミュラント使用実績からその経験が豊富にあり，またEUや国家規制当局による規制化も進んでいるため，バイオスティミュラント製品の現場導入は，規制をクリアし，生産者や消費者ニーズにミートしたものである限り，現場の農業生

＊　Masaki SUDA　シプカム・ジャパン㈱　国内ビジネス部　ビジネスマネージャー

産プログラムへすぐに適用させることが容易である。

　しかし，まだバイオスティミュラントの公的規制もなく，認知度も使用経験も少ない日本において，生産者ニーズもはっきりしないまま既存の現場プラクティスへ単純加算的に適用しようとするならば，そこでバイオスティミュラントの効能が発揮できなかった場合，製品の低評価や信頼を失い，かえって普及困難となりかねない。

　後述する日本の農業環境や生産者側のニーズは，バイオスティミュラントの使用が盛んなヨーロッパの国々とは大きく異なっていることから，過去30年以上にわたりヨーロッパが辿ってきたバイオスティミュラント導入の軌跡と，日本でこれから普及し広がっていくプロセスは，かなり異なるものと予測している。

　シプカム・ジャパン㈱（以下，シプカムジャパン）はヨーロッパ出身のメーカーであるが，日本国内における農業現場ニーズは，当然海外と異なったものと捉えている。よってバイオスティミュラント製品の設計や開発プランは日本独自のものを構築し，日本市場に適した製品設計と開発をおこなっている。本稿では，シプカムジャパンが行ってきたバイオスティミュラント開発の軌跡と将来展望について記す。

2　シプカムについて

　シプカムジャパンは，農業製品を取り扱う会社として2014年に東京を拠点として設立された。母体はイタリアのミラノ市郊外に本社を置くシプカムオクソン社（Sipcam Oxon S.P.A）で，その100％出資子会社である。

　イタリアのシプカムオクソン社は75年以上の歴史を持つ，元々は農薬の製造販売会社としてスタートした企業である。その沿革は，まず1946年に農薬販売会社としてシプカム社が，1970年に農薬製造会社としてオクソン社がそれぞれ創立されたのち，2018年に両社合併した。またシプカムオクソン社への合併と同時期に，新たなビジネス戦略の一環として，バイオスティミュラントのベンチャー企業であるスイスのソフベイ社（Sofbey SA）を買収し，以降，本格的にバイオスティミュラントビジネスをグローバル展開し始めた。

　現在のバイオスティミュラントビジネスでは，腐植酸製品の Blackjak®（ブラックジャック）をはじめ，アミノ酸製品の Stilo® Verde（スティロベルデ），海藻製品の Vitamar® Ca（ビタマーカー）といった，世界的に生産者ニーズの高いバイオスティミュラント成分を含有する製品を取り揃えている（図1）。なかでも Blackjak® は，グローバルの年間出荷量が数百万リットルを越え，世界中の生産者に利用されるバイオスティミュラント製品へと成長している。

図1　シプカムのバイオスティミュラント製品

3　日本とヨーロッパ：農業環境と生産者ニーズの違い

　シプカムジャパンは，イタリアで基本設計されたバイオスティミュラントを，日本市場へ最適化したうえで輸入・販売しているが，国内製品化に際しては，日本の生産者ニーズに適合し，日本農業へより多くの貢献ができるよう，バイオスティミュラントの製品規格を最適化するため，さまざまな市場データを集めてきた。

　表1は，バイオスティミュラントに関係する主要な農業環境をいくつかリストし，日本と，代

表1　日本と南ヨーロッパの農業環境や気候の違い

農業環境	日本	南ヨーロッパ*
バイオスティミュラントの農業利用	少ない	多い
耕地平均面積[3,4]	小さい （3ヘクタール）	大きい （17ヘクタール）
主要穀物	水稲	麦類
ブドウの用途	生食用	ワイン用
土壌の pH	弱酸性	アルカリ性
土壌中の有機物量	多い	少ない
降水量	多い	少ない
夏の気温	高い	高い

＊主にイタリアおよびスペインの農業環境や天候を記載

表的なバイオスティミュラント使用地域である南ヨーロッパ（主にイタリアとスペイン）を比較したものである。比較を明確にするため大局的な違いを記載したため，各々を細かく比較すれば必ずしもこのとおりではないことはご容赦をお願いしたい。

ヨーロッパで開発されたバイオスティミュラントは，当然であるがヨーロッパの農業環境に合わせて開発され，ヨーロッパの農業生産者が求めるニーズにあわせて製品化されている。

一方，表1から分かる通り，農業環境の限られた比較だけでも，日本農業はヨーロッパと大きく異なる環境であることがわかる。よって，もしバイオスティミュラントをヨーロッパから導入する場合は，日本の農業環境に合わせた製品仕様に変更しない場合，日本での普及拡大は極めて困難なものになることは容易に想像できる。

4　シプカムジャパンのバイオスティミュラント

シプカムジャパンは，シプカムオクソン社が開発した，世界各地で普及実績のあるバイオスティミュラント製品を日本へ導入している。現在，国内の農業生産者にもっとも広く普及している製品は，腐植酸製品の Blackjak® である。本項では本製品の国内開発の歴史について紹介する。

2010 年代初頭，シプカムオクソン社は腐植酸製品である Blackjak® を，南ヨーロッパのイタリア，スペインを中心に販売開始した。多くの作物において，特に生育初期のストレスを緩和することで作物生長をサポートする価値提案を展開している。その根拠として同社と研究機関が行った共同研究により，本製品を処理したテンサイ幼苗の葉の細胞で，呼吸プロセスや，窒素など各種栄養素の吸収を活性化するプロセスに関与している特定遺伝子の発現が認められたことから，これらの作用，反応が植物の生育初期におけるストレス緩和に寄与する可能性を示唆している[5]。

また農薬会社でもあるシプカムオクソン社は，Blackjak® が農薬と混用して使われることを開発初期段階から想定し製剤処方を最適化した。すなわち現地混用に便利な液体タイプで，原液

pHを弱酸性に調整するなど，農薬との混用が可能となる製剤処方を確立し，製品化した。

　日本における Blackjak® の開発では，製剤スペックは上記のヨーロッパ製が日本市場で求められる製剤ニーズをほぼカバーできることから，製品設計は大きく変更せず，製品性能を最適化するための適用法開発に注力した。

　実用性検証として，イタリアやスペインと同等レベルのパフォーマンスが国内でも発揮できるかを確かめるため，国内試験では，前項の日本農業環境にミートするよう試験プロトコルを設計した。具体的には施用時期や回数，施用量の最適化をおこなった。

　並行してあらゆる方面の市場調査で多くの農業生産者の声を集め，分析から市場ニーズの仮説を得たところ，もっとも高いレベルで，かつ常に安定して抽出された生産者ニーズは，「水稲の健苗育成作業を省力化しながら，より効率的に健苗を得ること」であった。

　日本の水稲栽培では，播種前の準備作業から収穫までの作業とともに，農薬や肥料その他生産資材の適宜適用が必要である。水稲栽培が詳しく記載されたいわゆる「栽培暦」で，その初めの方に必ず記載されているのは，わずか数週間から1ヶ月にしかならない育苗期間であるが，『苗半作』という言葉が示すように，実は育苗期は水稲栽培における極めて重要な時期である。健全な苗の育成が，後の稲の生育や収穫の良否を決める要因だからである。

　一方，農作業において，育苗から本圃移植までの期間は稲作においてもっとも作業が集中する時期であり，市場調査においても，この時期の諸作業を省力化したいという声が生産者から多く得られたことは必然であった。

　こうした市場分析結果を背景に，シプカムジャパンはバイオスティミュラント製品を水稲分野へ導入するため，腐植酸製品 Blackjak® の育苗箱施用に注力し，効果的な使用方法や稲体形質への影響について試験を実施してきた。次項より，2020〜2021年にかけて，日本土壌協会の全面的協力を得て実施した委託試験結果を抜粋して紹介する。なお，2020年のデータは既報からの引用である[6]。

5　Blackjak® の水稲育苗箱施用試験

5.1　試験Ⅰ：2020年 水稲育苗箱施用による水稲苗への施用効果[6]

試験目的：①基本性能評価，②施用量および施用回数設定

試験場所：埼玉県 深谷市 一般水稲生産者施設および圃場

試験方法：

　育苗箱あたりの施用量・回数

　　Blackjak® の施用量と施用回数を変えた3つの区を設置した。すべての区で播種時施用をお

こない，唯一，2回施用となる 0.75 ml 区は1回目の施用から 10 日後に2回目の施用を行った。すべての施用は電動噴霧器による。

(1) 0.75 ml×2回施用

(2) 1.5 ml×1回施用

(3) 3.0 ml×1回施用

施用量と施用回数は，2019 年に実施した社内先行試験（未発表）で良好な結果が得られたものを参考にした。

調査結果：各調査は移植当日に行った。

苗の生育調査

出芽後の苗は，すべての区で良好な生育が認められ，生育経過においていずれも薬害や生育障害はなかった。生育に多少のばらつきはあるものの，Blackjak® を施用した区では草丈，すなわち地上部長が概ね高くなり，また生育が進むほど，施用区においてより高くなる傾向があった（表2）。

苗質調査

移植日には，慣行区と比べてその差が大きくなったが，特に Blackjak® の 1.5 ml 施用区は，地上部乾重をはじめ全ての調査項目において他の区より優っており，地上部長と根長には慣行区と比較し有意な差が認められた（表2および図2）。

根張り調査（マット強度）

根張りの強さを示すマット強度を計測したところ，Blackjak® を施用した全ての区において，慣行区よりも値が高かった（表2および図2）。

また，マットをカットして根の発達を観察したところ，慣行区と比べ，0.75 ml 区と 1.5 ml 区の根量が全体的に多く，また太く発達した根も多いことが視認できた（図3）。

表2　移植当日の苗質調査

	慣行区	Blackjak® 施用量 / 施用回数		
		0.75 ml/2 回	1.5 ml/1 回	3.0 ml/1 回
地上部乾重（g）	2.4	3.2	4.1	2.6
根乾重（g）	1.1	1.5	1.8	1.5
地上部長（cm）	17.6	18.1	19.4*	15.9
根長（cm）	4.4	5.8	6.1*	5.6
マット強度（kg）	1.2	2.9	2.6	2.3

＊慣行区との有意差検定（95％）

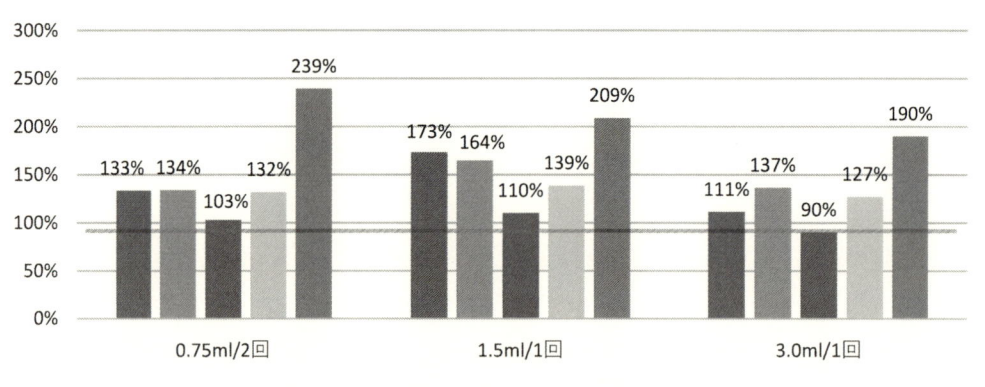

図2　移植当日の苗質調査（対慣行区比較％）

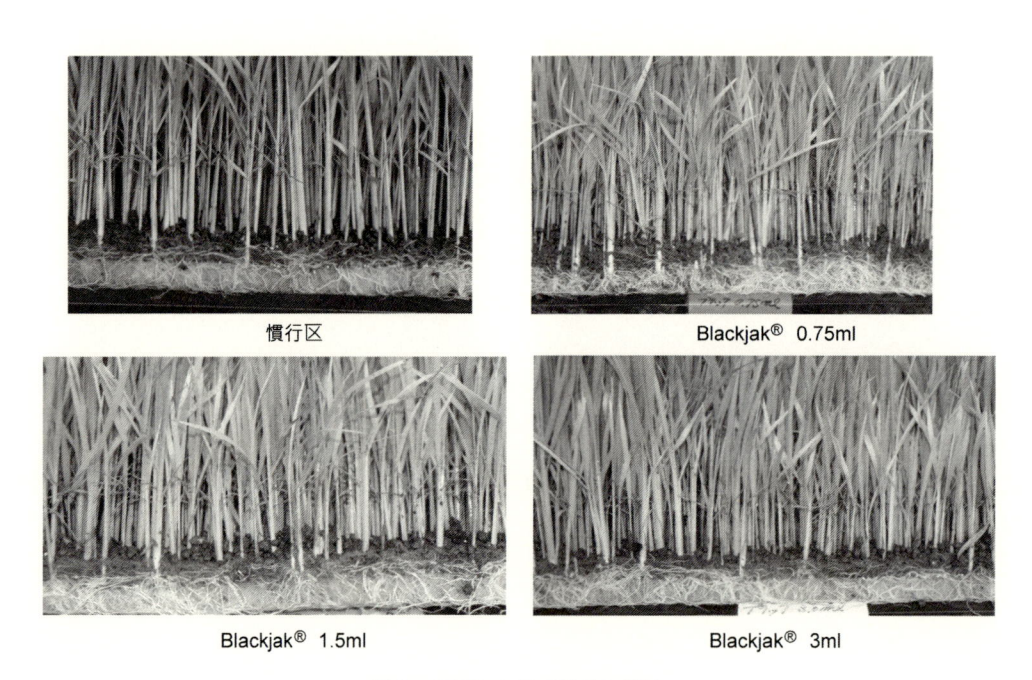

図3　各区における発根の状況

　以上から，水稲苗の生育を良好にする Blackjak® の施用量×施用回数は，1.5 ml/ 箱×1 回が有意に優り（表2），また 0.75 ml/ 箱×2 回および 3 ml/ 箱×1 回も良好であることが確かめられた。

5.2　試験 II：2021 年 水稲育苗箱施用による水稲苗と移植稲への施用効果

試験目的：施用効果の確認　①前年結果の再現，②複数試験圃場における確認。

　前年の結果が安定して再現できるか確かめるため，複数の試験圃場で，ほぼ同一な試験設計で実施した。

　　(1)　施用量・回数：育苗箱あたり 1.5 ml x 1 回

　　(2)　試験圃場数：　3ヶ所（栽培地域変動と品種間差）

　　(3)　調査項目：　　移植時に苗質調査。本田生育期に分けつ数を調査。

試験場所（品種）：以下 3 カ所とも一般水稲生産者施設および圃場。

　　①長野県安曇野市（コシヒカリ）

　　②埼玉県本庄市（彩のきずな）

　　③埼玉県深谷市（彩のかがやき）

試験方法：

育苗箱あたりの施用量・回数（時期，方法）

　1.5 ml×1 回施用（播種 7 日〜11 日後に噴霧器による）

調査結果：

　苗質調査および根張り調査（マット強度）は，移植前日または当日におこなった。分けつ調査は，各圃場において分けつ中期〜最盛期に調査を実施した。すべての結果データは，各試験地における各々の慣行区と比較をおこない図 4 に示した。

苗質調査

　すべての圃場で，Blackjak® を施用した区がおおむね優る傾向が認められた。特に長野県の試験では，地上部乾重，乾根重ともに慣行区より優れた。埼玉本庄と埼玉深谷ではともに地上部乾重は慣行区より優れたが，深谷においては根乾重のみ慣行区よりやや劣った。

根張り調査（マット強度）

　マット強度はすべての試験圃場で慣行区に優った。特に埼玉深谷では対慣行区比 147％と，大きく優っていた。

分けつ数調査

　すべての試験圃場において，本田移植後の生育期に調査した分けつ数は慣行区を大きく優っていた。

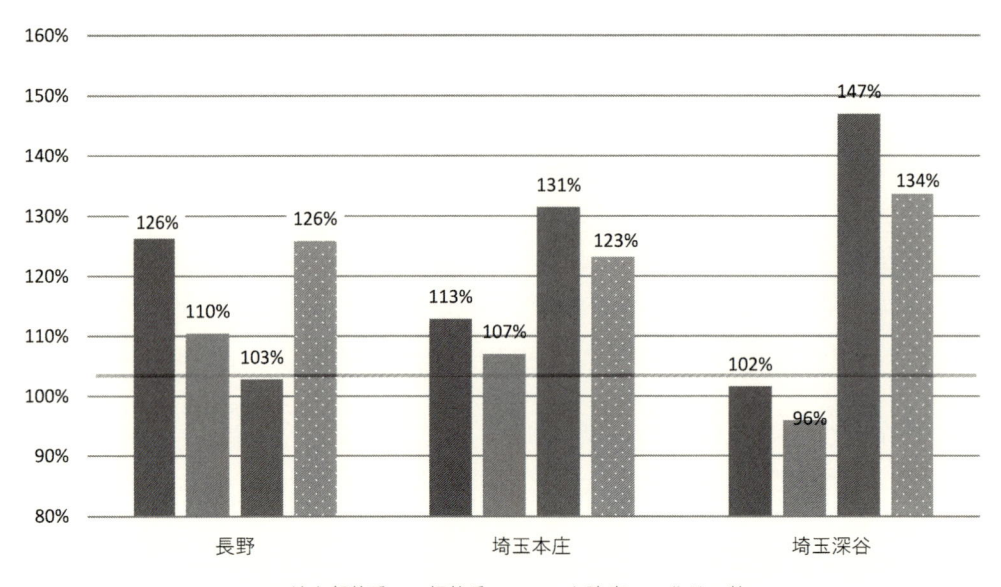

図4　各試験地における苗質，生育の評価（各地の対慣行区比較%）

　これらの結果をまとめると，Blackjak® の施用 1.5 ml/ 箱×1 回により，根と地上部の生育が旺盛となり，前年試験で得られた同様の結果が，翌年の複数圃場で確かめられた。また本田移植後の分けつ調査により，施用区すべてにおいて分けつ数が増加していた。

　以上，試験Ⅰと試験Ⅱの2ヶ年にわたる現地試験を通し，2ヶ年とも，Blackjak® の水稲育苗箱施用により，水稲苗の根および地上部のいずれも生育が良好になる結果が得られた。育苗箱への施用量および回数は，試験Ⅰおよび試験Ⅱから，1.5 ml/ 箱×1 回が最も優れていたが，0.75 ml x 2 回および 3 ml x 1 回においても苗質に良好な影響を与えた。

　また2年目の試験Ⅱでは，3ヶ所でおこなった試験全てにおいて，育苗中の苗質調査の値が良好で，また根張りの強さを示すマット強度の値も同様に高く，おおむね前年の試験Ⅰと同じ結果が認められたことから，本製品が安定して，水稲苗の生育へ良い影響を与えることがわかった。

　同じく試験Ⅱにおいて，本田移植後の分けつ調査では，3ヶ所の試験すべての施用区において，分けつ数が慣行区に対し 20%以上増加していた。

　以上から，腐植酸製品の Blackjak® の水稲育苗箱施用においては，水稲苗の苗質を向上させ，またそこで得られた苗を本田へ移植した場合，分けつ数が増加する結果が得られた。

6　考察

Blackjak® の水稲育苗箱施用は，苗の生長，根群の形成へ有効に作用し，本田移植後の生育期まで効果が持続し，結果として分けつ数増加に寄与したと推測される。これは言いかえると，育苗箱施用により健全な苗が育成され，その苗を移植したことにより，移植後，本田においても生育が良好になったことを示唆すると考えている。2か年にわたる試験で同様の結果が得られたことは，本製品が水稲育苗箱施用において水稲苗の生育に対し安定して効果発現を示すことが言えると考えている。

一方，現在一般の水稲栽培においては，分けつ数は多ければ良いという栽培技術だけではなく，有効分けつがより多く得られるよう，水管理により無効分けつを制御する方法も広く行われている。

よって本試験結果を国内の水稲栽培へ応用する場合には，品種選定やシーズン中の施肥，灌水などの周辺の栽培管理プログラムの最適化も，併せて必要になると判断している。

作物生産へ応用するためには分けつ数の増加だけでなく，最終的に収穫物の品質や量の向上が求められる。既報において，本製品の水稲育苗箱施用により最終的に収量構成要素がどの程度向上するかについて，詳細な検討を行った試験が1例ある[6]。

その試験においては，Blackjak® 施用の苗を移植した圃場において，穂数および精玄米重が増加した結果が得られている[6]。この結果がより安定で，確実であることを確かめるには，今後同様の試験を重ねて実施し再現性を確認する必要があると思われる。

以上，限られたデータではあるが，水稲に対するバイオスティミュラントの効果を論じるならば，健苗育苗が鍵となり，初期生育の確保，分けつ数増加などによる有効性歩合の維持（穂数・もみ数の確保）に有効に作用することが推測される。

これらの試験結果を踏まえて，水稲育苗箱への施用方法として Blackjak® の 1.5 ml/ 箱 ×1 回が健苗な苗の育成，初期生育の促進，適正な生育量の確保に有効であった。

7　おわりに

ヨーロッパでは長い年月をかけ，産官学が一体となり，数多くの試行錯誤を積み重ねた結果，バイオスティミュラントが認知され受け入れられるに至った。現在ではヨーロッパの多くの農業生産において，バイオスティミュラントは生産プログラムの中に組み入れられており，肥料・農薬とともに有用な農業生産資材の一つとして利用されている。

一方，豊富な水資源があり，有機物をたくさん含む弱酸性土壌に恵まれた日本農業は，他の国々と比べ有利な農業環境であると言え，国内で栽培する作物が通常受ける環境ストレスは，海外と比べた場合は，その程度はマイルドなものと思われる。

しかし，将来は自然環境の変化や農業関連の規制変更により，国内農業でも，現行の栽培管理

の変更や，大局で農業生産プログラムが大きく変わる可能性がある。

　そうなった場合，作物が受ける栽培上のストレスは増加すると予想する。現在の気候や既存の栽培管理に対応して育種，育成された各作物各品種は，自然環境の変化であろうと，規制変更による生産プログラムの変更であろうと，現場の栽培管理に変化が生じれば，そこで変化に伴う何らかのストレスを受けることになる。その時，日本の農業生産においてはバイオスティミュラントへの期待がよりいっそう高まると感じる。

　日本農業におけるバイオスティミュラントの導入は，いままだ途についたばかりである。今後，日本でバイオスティミュラントが順調に普及拡大していくためには，適切な研究開発活動によって，すべての製品で技術基盤を強固にし，その性能をあきらかにしながら，並行して生産者のみならず流通，消費者へも正しいメッセージを伝え，社会のバイオスティミュラント認知度と受容度を高めていく必要があると考える。

文　　　献

1) Verified Market Research；https://www.verifiedmarketresearch.com/product/biostimulants-market/
2) 日本バイオスティミュラント協議会編，バイオスティミュラントガイドブック第2版，28-35 (2022)
3) 農林水産省 令和4年農業構造動態調査結果；
   https://www.maff.go.jp/j/tokei/kekka_gaiyou/noukou/r4/index.html#
4) 農畜産業振興機構；https://www.alic.go.jp/content/001192362.pdf
5) H. S. Hajizadeh *et al.*, *High-Throughput*, **8** (4), 18 (2019)
6) 一般財団法人 日本土壌協会，作物生産と土づくり 2022年6・7月号，47-51 (2022)

第7章 森林資源を利用して生産された高分子化合物であるフルボ酸による国内外での環境改善

田中賢治*

1 生態系におけるフルボ酸（腐植）

フルボ酸と聞いて，明確にそれがどのようなものであるかをイメージできる人は多くない。それは，フルボ酸が関連している腐植という分野が日常生活でどのように役に立っているか，正確に理解されていないからではないかと思っている。フルボ酸（腐植）が陸地のどのような場所で形成されるのかを説明するには，生態系における物質循環の仕組みを知る必要がある（図1）。

生態系の物質循環の系を通じて循環する物質経路は2つあり，その物質循環の系の1つは，大気が起源となっている炭素（C）である。炭素は，空気中の二酸化炭素の構成成分として存在しており，その二酸化炭素の濃度は0.04%（400 ppm）程度しかなく，大気中の二酸化炭素は植物の光合成にとっては必須の炭素源である。

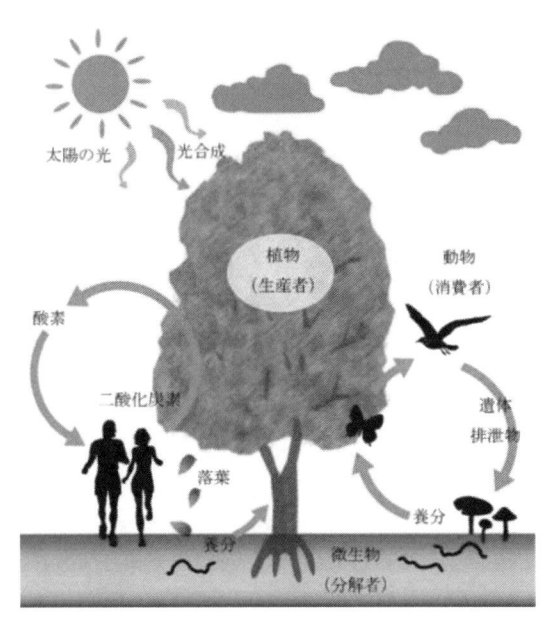

図1　生態系の物質循環

＊　Kenji TANAKA　国土防災技術㈱　本社　事業本部　取締役　事業開発担当

この炭素は，植物の葉で行われる光合成によって植物体内に取り込まれ，有機物を合成する基になっている。炭素が植物の体内に取り込まれる過程で，二酸化炭素から酸素が分離して放出される。植物の体内に取り込まれた一部の炭素は，植物の呼吸によって二酸化炭素として放出され，残りの炭素は植物の体内において有機化合物に合成されることで植物の体となる。また，形成された植物体の一部は草食動物の餌となり，食物連鎖によって高い次元の肉食動物へと順次，補食されて動物の世界へと移行していく。他の炭素については，植物の成長過程における落葉，枯死によって植物を支えている土壌に還元される。

このように土壌に供給された炭素を含んだ有機物は，土壌の表面において土壌中の小動物によって細粒化され，さらに土壌微生物に分解されることによって，再び無機化する。この一連の流れの中で有機物中の炭素は二酸化炭素になり，土壌の呼吸という形で大気中に放出される。

一方で窒素は，大気の成分として78％と著しく多量に存在し，炭素とは異なった循環をする。大気中にある窒素は，土壌中に棲んでいる窒素固定細菌によって，大気から土壌中に固定され，硝酸態窒素かアンモニア態窒素として蓄えられる。また，土壌中の水分に溶け込んでいる硝酸態窒素，アンモニア態窒素を植物が根から吸収して，植物体内で窒素化合物の合成に使用している。そして，土壌断面において，一般的にリターと言われている植物の落葉，落枝の堆積物となって土壌に還される。この土壌に還された有機物は，土壌微生物の働きによって分解されて，再度，硝酸態窒素やアンモニア態窒素となる。

その窒素の一部は，土壌表面から気化して大気中に還元され，雨水によって植物の生育地外に流れ出しており，その流出した箇所で生育している植物の根に吸収されることで植物の生育に役立っている。窒素が植物の生育に用いられている量はごく僅かであるが，大気中における含有量は著しく高く，実は物質循環上では，十分に存在していると考えることができる。

しかし，炭素は大気中の0.04％（400 ppm）程度しか存在していないことから，植物の生育にとって十分にあるとはいえないのが現状である。大量の炭素が存在しているのは，化石化した形で石油，石炭として地中深くに埋蔵されているか，土壌有機物である腐植という形で土壌表面に蓄えられているか，植物体として蓄えられている。

このようにフルボ酸は，炭素の循環を理解することで，土壌中の腐植層に多く存在していることを認識することができる。

2　腐植物質の現状

日本に輸入されているピートモス，ココピート，草炭などの有機質資材（腐植）は，泥炭の形成箇所の区分で考えると高位泥炭に相当することから，植物に有用である塩類が集積していないものが多くなっている。一方で，腐植は塩類などの養分の宝庫であると書いてある文献が多いが，その形成過程の違いによって塩類などの養分の有無が異なっているので注意が必要である。また，有機物を野外で養生して微生物発酵によって製造されているバーク系の資材についても，野

外において雨水によって植物の栄養となる塩類などが流亡して製造されていることから，物理性の改善を目的として農地などに投入することには有効だが，肥料としての利用については効果が少ない現状がある。

　土壌中の有機物は，多岐にわたって存在していることが知られており，例を挙げると以下の三つに分類することができる。

①　土壌中に存在する土壌動物，土壌微生物，植物根

②　未分解の動植物の遺体，分解され易い有機物，さらにその分解過程で生産されたもの

③　微生物などによって分解された結果として安定物質として存在するもの

　図2に示すように，土壌中にある非生物のうち同定可能で除去できる程度の大きな動植物遺体を除いたすべての有機物を土壌有機物とすると，これらは腐植と同義となる。また，これらはさらに非腐植物質と腐植物質に区分でき，非生物中の土壌有機物（腐植）は，腐植物質と非腐植物質に分けられ，弱いアルカリ溶液，または弱い酸の溶液で処理して，溶け出さないものがヒューミン，溶け出すものは腐植酸かフルボ酸となる。

　さらに酸を添加して溶けないものが腐植酸，溶け出すものがフルボ酸である。つまり，pH が酸性であることによって，初めてフルボ酸が溶け出すことになる（図2）。

　フルボ酸の構造については，現時点においても完全に解明されているわけではないが，標準的な構造モデルについての研究発表は多くされている（図3）。

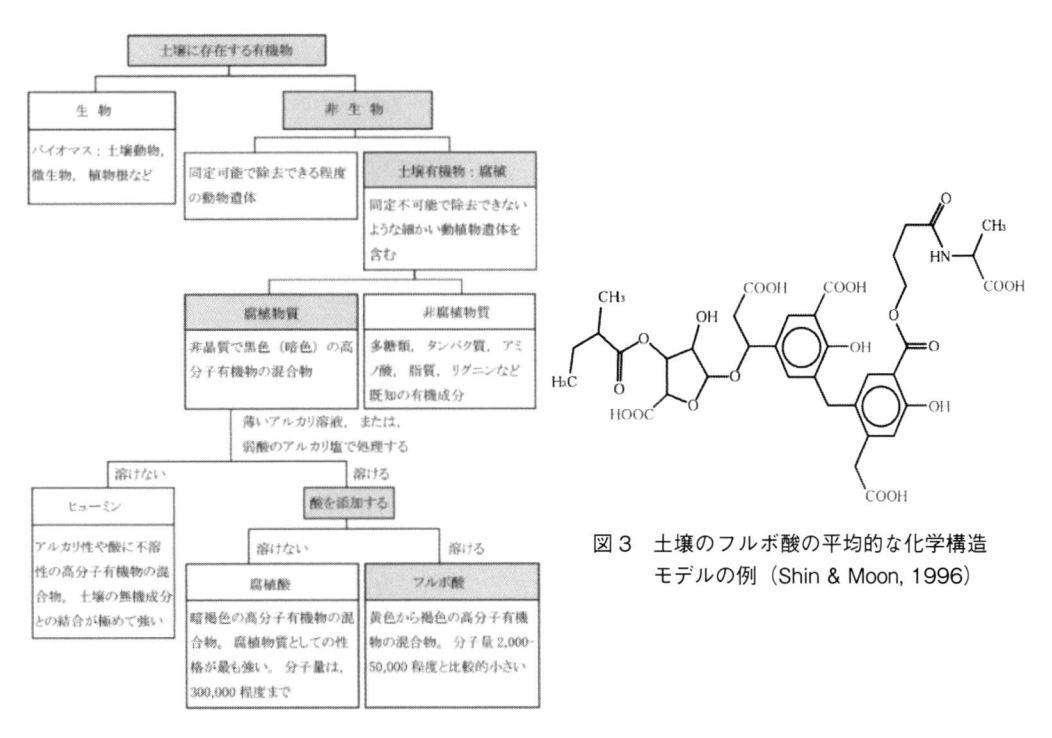

図3　土壌のフルボ酸の平均的な化学構造モデルの例（Shin & Moon, 1996）

図2　土壌有機物の区分

　標準的な化学構造の特徴は，-COOH であるカルボキシル基と-OH のフェノール性水酸基を複数持つことにある。フルボ酸を一言でいうと，植物などが土壌動物や土壌微生物によって分解されることで形成される最終の生成物である腐植物質の中で，酸によって沈殿しない無定形の高分子有機酸と定義することになる（図2，図3）。

3　フルボ酸の働き

　木質系の有機物と有機酸の縮合反応によって製造することが可能となった高純度フルボ酸の働きおよび効果について説明を加える。

3.1　化学的緩衝機能（化学的恒常性）

　土壌中では，有機酸が微生物によって分解される過程で有機酸が生成され，植物の根でカリウムやカルシウムなどのプラスに帯電している養分を吸収するときに，水素イオンを放出することが知られている。このように土壌は，生物の活動によって常に酸性化（pH が低下する）する方向にある。

　しかし，実際には，健全な森林土壌の pH は一定の値に保たれていることが知られている。そこで，森林における土壌の化学的な緩衝能力を調べるために，島根県奥出雲町の森林から土壌サンプルを採取し，その土壌サンプルに対して水酸化ナトリウムと希硫酸を静かに加えながら pH の変化を確認した事例を紹介する。試験に際しては，比較対象とした土壌に対して，水酸化ナトリウムの水溶液 0.01 モル（水酸化ナトリウム 0.4 g に蒸留水を加えて 1,000 ml に希釈した水溶液　pH＝12）と希塩酸（蒸留水に 0.3 ml の濃塩酸を加えて 1,000 ml に希釈した水溶液　pH＝2）を用いてアルカリ，酸の緩衝機能を検証した。

　その結果，図4の未整備のスギ林ではアルカリ性から酸性へと大きく変化したのと比較すると，図5のように整備されてフルボ酸を含んだ腐植に富んだ森林土壌が形成されている箇所では，pH で1弱の変化しか示さないことが確認できている。

　このような試験結果を踏まえて，自然由来の有機物を用いて人工的に製造した高純度フルボ酸にも同様な試験を行った結果，アルカリ性から酸性の pH の振れ幅が 0.24 と著しく低いことが確認できた。

　緩衝機能の働きについては，①陽イオン交換による pH 緩衝能についてフルボ酸単独では液体であるので陽イオン交換容量を持たないと考えることができる。②アルミニウム（Al）や鉄（Fe）の水酸化物による pH 緩衝能については，フルボ酸単独ではアルミニウム（Al）や鉄（Fe）をほとんど含んでいないことから，このような pH 緩衝機能が働いたとは考え難い。③変位荷電の発生や消滅に基づく pH 緩衝能と④土壌有機物に基づく pH 緩衝能については，フルボ酸では変位荷電の発生や消滅の作用があると考えられていることから，事例では③，④の効果があったと判断することが妥当である。フルボ酸には，pH の緩衝能に関わりが強い変異電荷の元になるカ

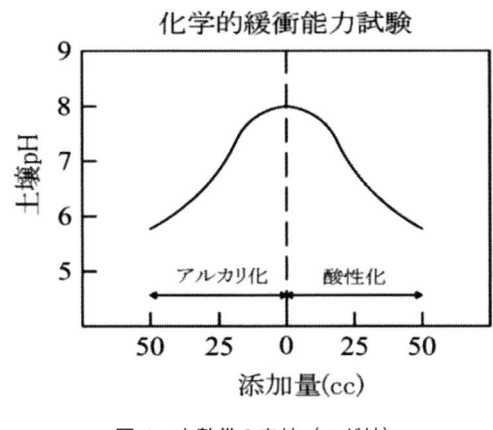

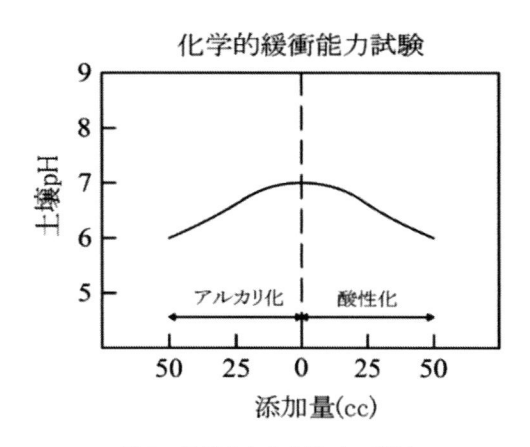

図4　未整備の森林（スギ林）

図5　整備された森林（スギ林）

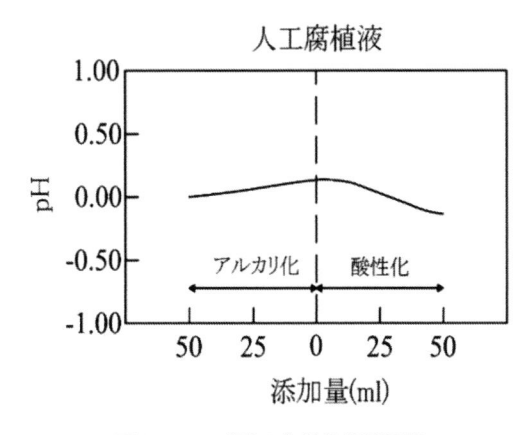

図6　フルボ酸の化学的緩衝機能

写真1　強酸性土壌における緑化事例

ルボキシル基（-COOH），フェノール性水酸基（R-OH）などの官能基が多く含まれている。このため腐植含有量の大きなものは，pHの緩衝能が大きい傾向にある（図6）。

　日本のように火山性の地質では，硫化水素（H_2S）や硫化鉄（FeS），二硫化鉄（FeS_2）が発生し，これが空気中の酸素に触れて急速に酸化され，硫酸となって極強酸性を示す傾向にある。

　このような土壌は，酸性硫酸塩土壌と呼ばれており，pHが4を著しく下回ることから植物が健全に生育することが著しく困難となる。このような箇所に対してもフルボ酸は，植物の生育障害要因であるアルミニウムと結合して，その害を抑制する機能を発揮する。

　また，この作用によってアルミニウムがリンと結合する機会を減らし，リンの肥料効果を高める効果がある。高純度フルボ酸は，酸性を緩和して植物の生育環境を構築できることから，現在，日本全国の荒廃地の復元に有効に活用されている（写真1）。

3.2　植物の成長促進機能

　植物の生長促進機能については，フルボ酸を活用した試験場（国土防災技術㈱）での実験やフィールドで適用した内容について紹介する。最初の事例として，フルボ酸を植生基盤に添加することにより，植物の健康度を知る上で必要な植物の葉に含まれる葉緑素（クロロフィル）量をSPAD-502Plus（KONICA MINOLTA 製）葉緑素計で測定した結果は，バーク系の有機系資材単独で植物を生育させたときのSPAD値が20程度であるのと比較すると，フルボ酸を500倍に希釈した溶液を散布した培地では，イネ科のトールフェスクのSPAD値が倍の40となることが確認できている。

　また，この傾向は，鉄粉等を加えることでさらに高くなる傾向にある。また，フルボ酸（腐植）の濃度を変えてバーク系の有機系資材に添加して，同様にイネ科の植物を播種した場合，フルボ酸に含まれるフェノール類の影響から生育が鈍化することがあるため，フルボ酸の濃度については使用するフルボ酸の1リットル当たりの濃度を確認しておく必要がある。一例ではあるが，河川中のフルボ酸の濃度を計測した結果，10 mg/L 程度であるとの報告がある。自然界のフルボ酸（腐植）の濃度は，思ったほど高くない状態である。

　改善に使用したフルボ酸は，有機酸によって未分解の有機物のリグニンを縮合・重合して作製したものであり，国際腐植物質学会法による分析結果から8,000 mg/L の濃度であることが確認できていることから，生育全般の促進に対しては最低でも160倍程度の希釈をする必要がある。濃度を高めて利用した場合には，逆に生育障害を起こす可能性があるので，利用されるフルボ酸の濃度を確認してから利用されることが求められている。

　次の事例は，パターゴルフ場の匍匐型の夏芝であるティフトンに対して，フルボ酸を利用したものである。確認した時点では，土壌硬度は山中式の土壌硬度計で20 mm 程度，高度化成肥料の使用量も適量となっていた。しかし，その芝生の生育は悪く，病害虫により枯死寸前になっている状態となっていた（写真2）。そのような芝生に対して，フルボ酸を500倍に希釈したもの

写真2　フルボ酸散布前

写真3　フルボ酸散布後

を1平方メートル当たり1リットル程度と適量の肥料を散布してもらい，散布後には写真3のように フルボ酸を散布してから2週間経過した時点で健全な芝生となった。

　フルボ酸が植物の発芽や発根，さらに根や茎の生長を促進する効果を持っていることが推測できる。また，対象地で今まで芝生の肥料として散布されていた肥料が土壌中にたまっている箇所が確認できていたので，このように溶解度の低い状態となっている養分元素が有機物と結合することによって，植物に肥料分が吸収され易くなり，腐植物質が植物に直接吸収されてホルモンと類似する作用を起こして光合成や呼吸の活性やタンパク質・核酸の合成を促進したと推測できる。

3.3　過剰な養分の調整機能

　日本の場合には，降水量と比較して蒸発散量が高い地区がほとんどないことから，ナトリウムなどの塩類の集積で作物を作ることができなくなる土地は少ないが，海外に目を向けると，そのような広大な土地が広がっている箇所がある。

　紹介する箇所では，pHが11〜12，EC（電気伝導度）が8〜10 dS/mと作物の種を播いても発芽から生長しない不毛な大地となっていた。要約して説明すると海水に植物が浸っている状態のようなものである。このような土地に高純度フルボ酸を散布することにより，土壌の粘土に固く吸着していたナトリウムを析出させて土壌表面に浮き出させることに成功している（写真4）。

　このような手法を用いることによって，不毛な大地に作物を生育させることの可能性が広がってきている。こうしたさまざまな物質と結合し易いという高純度フルボ酸の性質は，有害な金属や有害な有機化合物に対しても効果があると考えることができる。

写真4　粘土から析出したナトリウム塩

3.4 再造林地における成長促進

「低コスト再造林プロジェクト」は，再造林のコストを効率的に下げることによって，「植える→育てる→収穫（伐採）する→植える（再造林）」の健全な循環による持続可能な森林・林業経営を目指す取り組みである。プロジェクトでは，2020 年度から 5 年間かけて，全国 3 箇所（長野県（根羽村森林組合）・広島県（三次地方森林組合）・宮崎県（都城森林組合））のモデル施業

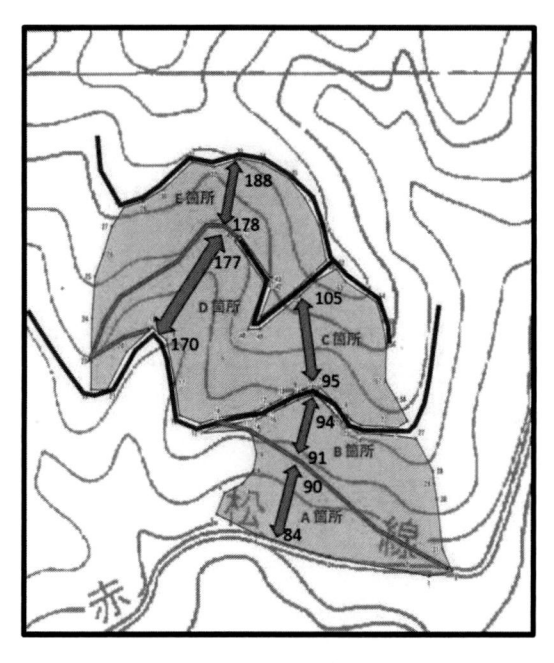

図7　三次森林組合植栽位置図

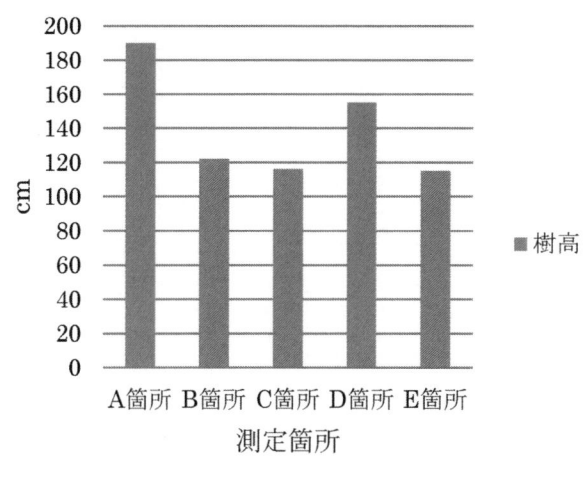

図8　箇所別の中央値樹高

地で実証試験を行い，得られた成果を全国へ波及させることで，主伐後の再造林を促進し，森林の多面的機能の発揮および山村を活性化させることが目的となっている。実証試験では，「コウヨウザン（コンテナ大苗）」の利用による伐採と造林の一体作業や活用等の実証試験に加えて，植林した苗木の初期成長の促進について固形にしたフルボ酸を利用して苗の成長を活性化させる実証試験を行っており，全国3箇所の中で花崗岩地帯である広島県（三次森林組合）においては土壌分析の結果から，以下の土壌の化学性の変化が確認できている。

①酸性が緩和

②EC（電気伝導度）が上昇

③アンモニア態窒素と交換性マグネシウムが消費

④硝酸態窒素，有効態リン酸，交換性カルシウムが上昇

また，成長の違いで見ると下流部のデータを除くと尾根部，中腹部ともに中央値で同様の値となっていることから固形のフルボ酸によって成長促進されたことが推測できる（図7，8）。

4　高純度フルボ酸を利用した海外での環境改善

南米のパラグアイ共和国は，世界の大豆生産量で6位，輸出量で4位となる広大な農地を有している。パラグアイ共和国の農地土壌は，主にテラローシャと言われている赤土となっており（写真5），有機物の含有量が少ないことから土壌の緩衝能力が低く，施肥された塩類を有効的に利用することが難しくなっている。

このような土壌環境であることから，大豆の生産量が低下している箇所に対して，高純度フルボ酸を500倍に希釈して大豆の生産性を高める活動を行ってきた。高純度フルボ酸の散布によって，大豆を収穫する前の葉の成長においても光合成が活性化しており，最終的な大豆の収穫量に

写真5　右列がフルボ酸を散布したテラローシャ
（赤土）に生育するライム

写真6　フルボ酸無散布の大豆農地

写真7　フルボ酸を散布した大豆農地

おいても1.4倍以上となった。日本の森林資源を利用して製造された高濃度「フルボ酸」は日本
の森林・農地だけでなく，世界各地の土壌環境を改善する活動に利用が促進されている（写真6,
写真7）。

参考文献

田中賢治，秋山菜々子，作物生産と土づくり，一般社団法人日本土壌協会（2023）

田中賢治，大自然の生命の力　フルボ酸　環境改善編　Kindle版，栄養書庫（2019）

田中賢治，低コスト再造林プロジェクト紹介，日本森林学会第135回大会，p.140（2023）

第8章 酢酸バイオスティミュラント資材の作用原理と効果的な使用方法

笹原勇太[*1]，金　鍾明[*2]

1　地球沸騰化による異常高温‒乾燥と農業の現状

　2023年「地球は沸騰化の時代に入った」と国連から発表が出された。2024年夏に入り，日本でも各地で連日危険な暑さが続いている。長期予報では高温状況が全国的に継続すると推測されており，既に高温被害は突発的な現象ではなく，「この異常高温が通常」として受け入れざるを得なくなっている。そして既に，農業生産量の大幅な減少の一因として被害が拡大している。しかしながら，国内の農業の現場ではいまだに従来の管理作業をもとにした対策法で酷暑を乗り越えようと右往左往しているとの声も多く聞く。旱魃被害の特に激しい米国は対応策となる先進手法を積極的に導入し続けており，高温対策の有効手段として長年にわたり高温耐性遺伝子組換えトウモロコシやダイズなどの利用が進められてきた。ところが現場では，既に地球沸騰化のインパクトが遺伝子組換え植物の耐性能力を超えており，高価な遺伝子組換え種子を用いたところで安定した収量は期待できなくなってきた。バイオスティミュラントを含む様々な新材およびIT技術の導入なども積極的に進められているが，特に昨今の高温・干ばつに対して際立った成果は上がっていないようだ。また，環境負荷の少ない新技術として期待を集め市場に投入されている多くのバイオスティミュラント資材は，アミノ酸，糖分，生体由来成分および微生物などを中心とする化合物により植物の生理活性を上げると考えられ，その使用効果が期待されている。しかしながら，それら資材のほとんどは植物への作用機序が未だ不明瞭なものが多いという問題点から，必要にかられていても実際の十分な利用にまで結びついていない。さらに，これら資材の効果判断は「収量」をもとにした間接的な評価法によるものがほとんどで，設定された試験条件に依存して再現性のブレも大きいことから，実際の農業現場においてバイオスティミュラントの効果再現が難しいとの意見が多い。これら問題を解消し，異常気象下での安定した農業生産をおこなうためにも，含有される主要作用分子に関するきちんとした作用機序解明とそれに基づく説明づけができるバイオスティミュラントの効果的な利用が必要である。

＊1　Yuta SASAHARA　アクプランタ㈱　事業開発部
＊2　Jong-Myong KIM　アクプランタ㈱　代表取締役社長；
　　　　　　東京大学　大学院農学生命科学研究科　特任准教授

2　植物を乾燥―高温ストレスから守る酢酸植物活性剤の基本作用と
　メカニズム

　これまでに乾燥および高温に対する植物の生理学的・分子生物学的応答に関しては，主にそれぞれ別々の切り口で研究が進められてきた。一般的に乾燥・高温に対する生理的変化について植物体内の水分移動の観点から大まかに述べると，乾燥ストレス下では，植物は体内水分を保持するために植物ホルモンであるアブシジン酸の作用で気孔の閉口を行い，蒸散による体外への水分放出を抑制することが知られている。また同時にプロリンなどの適合溶質が生体内で生合成され，生体内液相の流動性を低下させることにより植物生体内水分の保存-保湿に寄与する。一方で高温に対する応答時には，植物生体内に温度の上昇を抑えるため，根から土壌水分を吸収し体内を通過させて気孔から蒸散によって熱を放出する。土中にたっぷりと水分がある場合には理にかなった放熱のための自然な生理現象である。通常植物はこの二方向の水分の動きをうまく利用して熱と乾燥に対処しながら生存している。しかし農業の現場では一長一短で，生産時の過剰な水分補給により同時に土壌からの栄養分の吸い上げが起こるため肥料成分の不足が生じるとともに，徒長を促進することになる。さらに高温と乾燥が同時に進んだ場合には，これら「保水」と「放出」の相反する水分利用の方向性に軋轢が生じ，双方向でのストレス解消ができなくなる。

　これら植物生理学的作用のより深い解明に関して，植物の乾燥応答と高温応答のクロストークに関する重要性に着目した研究も積極的に進められている。しかしながら，それら研究成果を利用した「乾燥-高温の問題を同時に解決できる革新的な技術」の確立にはまだ至っていない。

　このような中，酢酸植物活性資材「Skeepon（スキーポン）」は超高温と超乾燥から同時に作物を守る最新技術として改良が続けられてきた。現在，日本国内だけでなく米国や韓国，ウガンダなど，世界各地でその利用と実証試験が始まっている。これまでに著者らは，「エピジェネティックに制御された酢酸の生合成を介した新しい植物の乾燥耐性機構」[1]を報告し，「植物のストレス応答機構に関する新しいモデル」を提唱している[2]。スキーポンの作用機構とその効果はこの科学的根拠に基づいている。

　「Skeepon（スキーポン）」の植物の乾燥耐性化に対する基本的な作用機序は次の通りである（図1）。土中である一定量の水分量低下が始まると，植物は酢酸を利用した乾燥耐性への対応を始める。乾燥環境下において解糖系の中間代謝物であるピルビン酸を経て，特異的に体内で酢酸を作り出す。この酢酸が刺激として働き，傷害応答ホルモンとして知られるジャスモン酸の一過的な生合成を促すための安全なシグナルとして体内で利用されることで，下流のジャスモン酸応答遺伝子ネットワークを介した様々なストレス応答遺伝子群を活性化する。また同時に，植物の乾燥耐性化機構には，酢酸，ジャスモン酸およびそのシグナルネットワークが必須であることが明らかとなっている[1]。

　またさらに酢酸は，酢酸分子を由来とするアセチル基（CH_3CO-）を，エピジェネティックな制御因子として機能するヒストンタンパク質のアセチル化（ヒストンアセチル化）として染色体

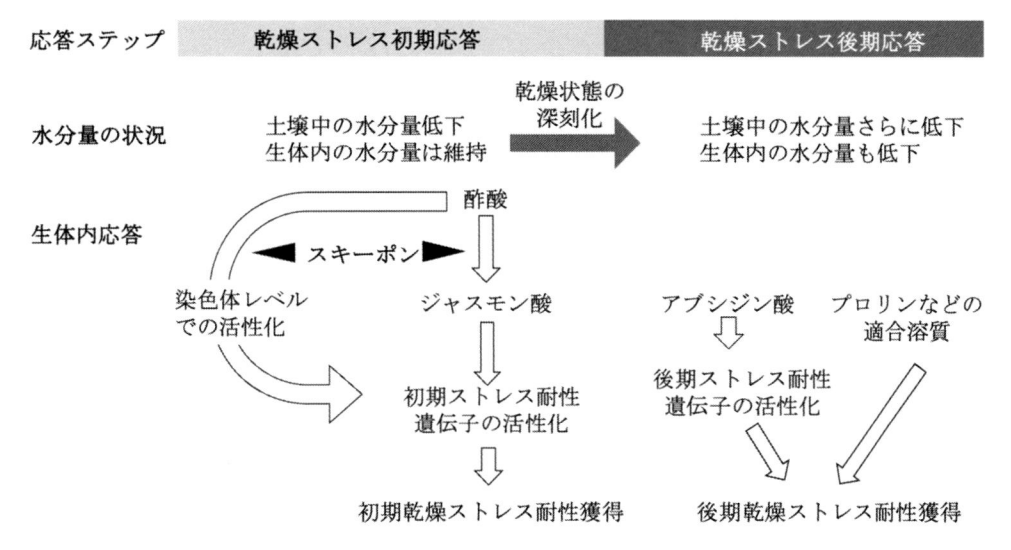

図1　植物の乾燥応答ツーステップモデルと酢酸バイオスティミュラント
　　　「Skeepon（スキーポン）」の作用点

中へ取り込むことで，乾燥ストレスに応答するジャスモン酸シグナル伝達ネットワーク下流遺伝子群の遺伝子コード領域などを標的化する。このヒストンアセチル化の上昇により，酢酸—ジャスモン酸シグナル経路の標的となる遺伝子上の染色体高次構造が弛緩しやすくなり，さらに遺伝子発現が活性化される。このように酢酸は（1）遺伝子ネットワークを活性化する体内刺激物質として，（2）標的遺伝子の染色体構造を緩め遺伝子の活性化を促す因子として作用することで，自然界において植物の乾燥耐性能の獲得に寄与している。

　このメカニズムは，これまでに知られているアブシジン酸の生合成を介した乾燥耐性メカニズムと生体内の遺伝子発現ネットワークおよび植物ホルモンなどの化合物連携のシステムと大きく異なる。上述したように，植物は乾燥時に水分を体内から逃がさないようにするため，アブシジン酸を生合成し，気孔の閉口が生じることが知られている。また，生体内の水分流動性を低下させ，体内の水分保持を行うため，プロリンなどの適合溶質が合成されることも知られている。しかし，酢酸による乾燥耐性活性化誘導時には，基本的にアブシジン酸もプロリンも生合成されず，これら物質合成と応答に関連する遺伝子の活性化も起こらない。したがって，酢酸による乾燥耐性機構は従来から知られているアブシジン酸等を介した機構とは独立したものと考えられる。さらに外部から植物に酢酸を投与することで乾燥に耐性化したシロイヌナズナでは，さらなる乾燥状態が継続した場合でも，アブシジン酸がアブシジン酸等に応答する遺伝子群が遅れて発現することも分かっている。このことから，植物の乾燥耐性機構は大きく2ステップから構成されると考えられる（図1）。またこの機構において，スキーポンの投与は，初期乾燥応答ステップにおける生体内での酢酸合成以降のパスウェイに作用し，染色体構造の緩和と遺伝子発現の活性化を促し，植物の乾燥耐性化を誘導するものである。

3 酢酸植物活性剤「Skeepon（スキーポン）」使用の実際

酢酸植物活性資材「Skeepon（スキーポン）」は，外部から安全に酢酸を植物体に吸収させながら，乾燥初期に連動するストレス耐性化遺伝子群の機能を効率よく活性強化することができ，さらに植物体内の水分量を長く保持させることから，植物に強い乾燥耐性化および高温耐性化を実現する画期的な資材である。また，この作用メカニズムは単子葉類から双子葉類まで幅広く進化的に保存されているため，あらゆる植物種（野菜から樹木まで）に利用可能である。

ここからは，「Skeepon（スキーポン）」を用いた事例を紹介する。まずは「Skeepon（スキーポン）」の使用方法について解説したい。

① 使用方法について

使用方法はいたってシンプルである。液体資材であるスキーポンを水で250～500倍に希釈し植物に与える。この際，根からたっぷり成分を吸収させる必要がある。したがって，苗物の作物であれば，定植前に灌注処理やどぶ漬け処理を行うことが望ましい（表1）。

② 使用上の注意点

（ア） 必ず本葉2葉期以降に使用すること。

（イ） 老化苗や弱っている苗に使用すると，黄化，落葉の恐れがあるので，健全な苗で使用すること。

（ウ） 処理前に予備灌水を行い，苗が元気な状態にしてから施用すること。

（エ） 定植直前での使用は控え，定植12～24時間前までを目安に処理を行うこと。

上記注意点を守ることで，より乾燥・高温耐性が発揮されやすい状態となるので，必ず遵守して頂きたい。

セルトレーやポット生育苗にはジョウロやスプリンクラーなどでの灌注，施設栽培では点滴灌漑や畑かんなどの設備，また屋外圃場および大型育苗施設などではスプレイヤー等を用いた施用など，多様な方法を利用して簡単に利用できる。直播により生産するエダマメやトウモロコシなどの作物では，発芽後の本葉2枚展開以降の時期に，植物体上面から直接ジョウロなどを使って地表面から深さ3cm程度浸透するぐらいの水量で施用すると良い。また，既に圃場で生育している定植後の植物体についても，1回目の施用のあと2～4週間程度後にもう一度同様の追加施用を行うことで，乾燥高温耐性を継続することができる。この場合には，雨の後，または十分に

表1 「Skeepon（スキーポン）」の処理手順の違いによる使用法

使用方法	希釈倍率	水量	使用時期
苗への灌注	250～500倍＊	128穴セルトレイ1枚あたり1L 9cmポット1個あたり30～50mL	本葉2葉展開以降
どぶ漬け		根部がしっかりと浸漬する水量	
土壌散水		100~300L/10a	

＊：植物種および品種によって上記の範囲内で使用濃度が異なる。（表2参照）

表2　「Skeepon（スキーポン）」使用時の希釈濃度と活用実績

作物	希釈倍率	期待ができる効果
ブロッコリー	500倍	定植時の高温・干ばつ対策 ／ 欠株防止 ／ 花蕾揃いを良くする。
キャベツ	500倍	定植時の高温・干ばつ対策 ／ 欠株防止
レタス	500倍	定植時の高温・干ばつ対策 ／ 欠株防止
ハクサイ	500倍	定植時の高温・干ばつ対策 ／ 欠株防止
トマト/ミニトマト	250〜500倍	定植後の萎れ対策 ／ 生長点の焼け症状緩和 ／ 高温期の花落ち対策 ／ 節水
ナス	250〜500倍	定植後の萎れ対策 ／ 生長点の焼け症状緩和 ／ 高温期の花落ち対策
キュウリ	500倍	定植後の萎れ対策 ／ 生長点の焼け症状緩和 ／ 高温期の花落ち対策
ピーマン	250〜500倍	定植後の萎れ対策 ／ 生長点の焼け症状緩和 ／ 高温期の花落ち対策
ネギ	500倍	定植時の高温・干ばつ対策 ／ 欠株防止
玉ねぎ	250倍	定植時の高温・干ばつ対策 ／ 欠株防止

予備灌水した後に，「Skeepon（スキーポン）」を施用することを強く推奨する。

　さらにこれまでに従来から知られている農業のための酢酸の一般的な利用法は，除虫や防除などを目的とするものである。しかし，これらを目的とした高濃度の酢酸の利用は，植物体の損傷または枯死を伴うことや[3]，配管パイプの腐食や損傷の可能性があることなど多くの懸念点を抱えている。この点において，「Skeepon（スキーポン）」の酢酸投与による植物および施設への被害が出ないように考慮しながら，植物体に上面から直接散水しても安全に植物が天然に有するストレス耐性機構を効率よく活性化できるように設計・開発されている。

　続いて，「Skeepon（スキーポン）」が実際に使用されている作物を紹介する。現在，「Skeepon（スキーポン）」が多く使用されている作物として，苗を移植するような作物（路地野菜：キャベツ，白菜，ブロッコリー，ナス等や施設野菜：トマト，ナス，きゅうり等）で多く使用されている（表2）。「Skeepon（スキーポン）」を使用して，期待できる主な効果として，定植直後の干ばつや高温に耐え，定植時のストレスによる欠株率を減らし，高温による様々なストレスを軽減するなどが挙げられる。

4　ブロッコリーでの事例

　ここからは，実際の事例を紹介していく。

　本試験は北海道で行った試験事例である。2021年5月以降極度の旱ばつに見舞われた試験農地では，定植約24時間前に「Skeepon（スキーポン）」を500倍希釈で灌注処理を行う区，慣行区として無処理区を同一圃場に設置し，定植後の生育観察を行った。試験結果より，慣行区では多くの欠株や生育のばらつきが目立っているのに対し，「Skeepon（スキーポン）」処理区では生育がそろっていた[4]。同北海道内における別地での試験においては，スキーポンの使用により明らかな収穫時の花蕾サイズ向上が確認できた（図2）。これらの試験結果から，「Skeepon（スキーポン）」の使用により葉菜類定植後の干ばつ時の対策，および安定的な生産物のサイズ向上に貢

図2 「Skeepon（スキーポン）」使用によるブロッコリー花蕾サイズの向上
圃場への定植前日に苗トレー上のブロッコリー苗（2-3葉期）に500倍希釈を1L/トレーにジョウロで灌注し，翌日本圃に定植を行った。対照区は水のみを灌注。2ヶ月後の収穫と同時に，花蕾の直径を計測した。写真は収穫時のブロッコリー花蕾の様子。$p = 0.002$, Student's t-test, n = 10

献することが明らかとなった。また同時に，補植や水やりの手間軽減だけでなく，生産不良に対する心理的負荷の軽減にも寄与している。

　本事例以外にも，ブロッコリーはもちろん，様々な葉菜類（キャベツやレタス等）でも「Skeepon（スキーポン）」が使用されている。灌水設備を持たず，天水に頼るしかない圃場や，灌水設備があったとしても，干ばつや高温の影響にさらされてしまう圃場等，様々な場面で活用されている。

5　ミニトマトでの事例

　夏秋トマト栽培において，「暑さ」は非常に課題となる。高温による花落ちや落果による収量低下は産地にとって大きな課題となっている。そこで，「Skeepon（スキーポン）」を使用することで，酷暑時の萎れ防止だけではなく，花や果実へのポジティブな影響が試験方法として，2023年静岡県内のハウス栽培農家において，植付前のミニトマト（品種：プチルージュ）に「Skeepon（スキーポン）」500倍の希釈液灌注処理を行った。本試験実施農場では通常は夏場のハウス内温度が異常高温になるため，夏秋時期の栽培は行っておらず，本試験のために敢えて栽培を行っていただいた。定植後，着果数を無処理区と比較調査を行った。その結果，「Skeepon（スキーポン）」処理により，これらすべての項目で優位に生育および生産性が向上することが分かった（図3）。また，一般的にトマトでは40℃以上の気温が継続すると，花落ちによる収量低下を生じることが知られている。しかし本資材の使用により，ハウス内の最高気温が45℃に到達する過

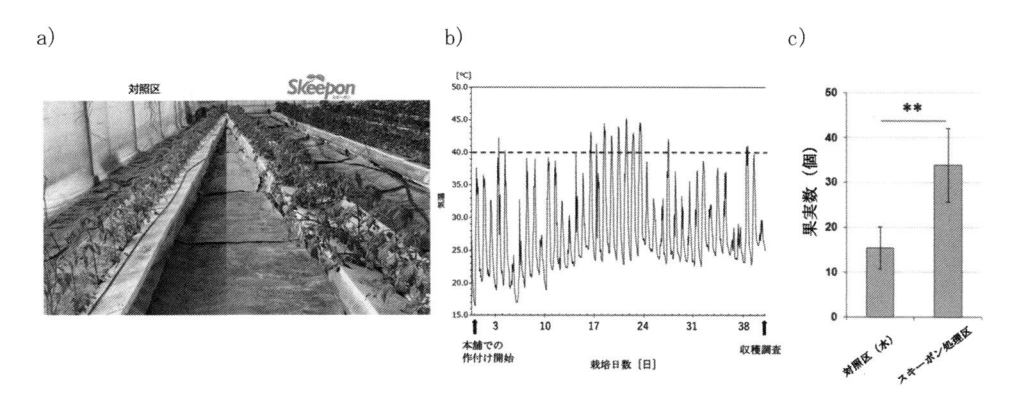

図3　高温環境下でのトマト栽培における「Skeepon（スキーポン）」の効果
a) ハウス栽培本圃での栽培と成長の様子：水処理対照区（左列）に比べて，スキーポン処理区（右列）の個体は大きく成長していることがわかる。b) 試験実施時のハウス内温度の変化：グラフ中の点線は40℃ハウス内温度を示す。c) 収穫時の果実数：最高気温が40℃を超えるビニールハウス内で定植42日におけるミニトマトの着果数。着果数は第一花房から第三花房までの合計値。**p＜0.0001 in Student's T-test, n＝8

酷な栽培条件に暴露されても着花とその後の栽培が可能になり，約2倍の収量向上に繋がったという評価を頂いている。

　トマトはもちろん，果菜類については，高温に対する課題感が大きい。今回は，ミニトマトの花落ちや落果を中心とした試験事例を挙げたが，近年の事例で，強烈な暑さ，日差しによる，芯焼け，芯どまりの発生を防ぐといった効果も期待できることが分かっている。夏秋栽培での果菜類の安定した収量確保と栽培機会の拡大に寄与できると考える。

6　まとめ

　スキーポンの作用が生育と収量の向上に結びつく理由として，植物体に対する環境ストレス緩和の観点から考察する。元来植物は，生育中に様々なストレスを受けている（図4）。概ね生育期間中のストレスが全くフリーな状態であれば，右肩上がりで成長していくと仮定する。一方で実際の農地では，①育苗時および定植作業時の定植操作による物理的なストレスと乾燥，②乾燥や水管理の失敗よる水不足，③生育期間中の高温への暴露，④高温条件下での生産時のなり疲れなど，生育過程において様々なストレスが植物に襲いかかる。これらのストレスに晒された時，植物は代謝および遺伝子発現を駆使してストレスに対抗しようとするため，多くの場合には成長が抑制気味になり，ひどい場合には枯死する。たとえ，強度のストレスを乗り切ったとしても植物体内のエネルギーは消耗しており，成長再開に必要なエネルギーを確保するまでに成長は停滞・遅延する。さらに，停滞・遅延が生じた植物体では，細胞の柔軟性が失われ細胞構造が不可塑的に硬化する。たとえその後ストレスからの回復状況に入ったとしても，成長の遅延と停滞に

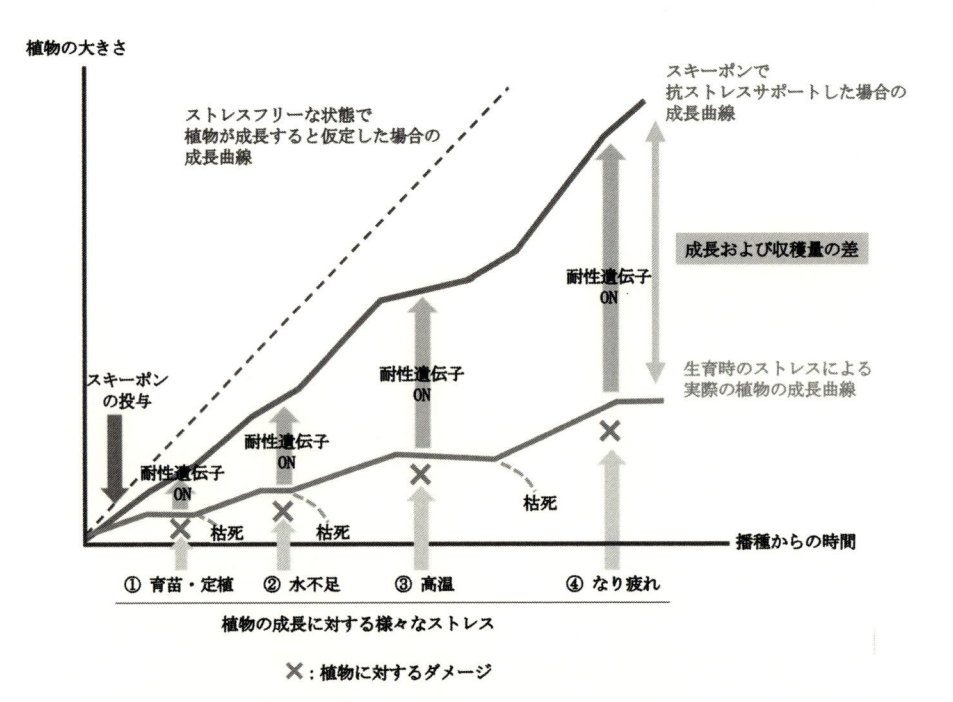

図4　乾燥および高温ストレス下での植物の成長曲線と「Skeepon（スキーポン）」の
　　　効果点に関する概略図

よるストレスを受けた細胞では細胞壁などの構造が決定されそのまま形として固着するため，そ
れ以上の大きさに成長肥大しにくくなる。したがって，通常これらストレスに数多く晒された場
合には，ストレス応答を細胞および組織レベルで繰り返すことにより，植物は本来もつ細胞サイ
ズ増大のキャパシティーよりも小さく個体を形成することになると考えられる。

　これに対してスキーポンを施用した植物では，これら発生過程で受ける環境ストレスに応答す
る遺伝子群を速やかに活性化させ，早期にストレスに対応させることにより無駄なエネルギーの
消耗を防ぎ，細胞と組織が可塑化する前にスムーズに生長を回復させることできる。これにより，
無駄な成長遅延や停滞を回避し，さらには早期回復することにより植物本来のストレスフリーな
状況での成長曲線により近い生育の向上とサイズおよび収量の増大につながるものと推察してい
る。これがスキーポンの効果であり，植物の成長に対するストレスを緩和し，乾燥や高温時でも
十分な生育・収量を確保しながら，植物が本来持つ成長曲線へ生育を近づけることができるよう
になる一つの理由と考えている。

7　おわりに

地球沸騰化による平均気温上昇と持続的な酷暑が世界中でさらに深刻化することは間違いない。今後，農業現場において異常な高温と乾燥に対する施策として，作付時期や品種の変更，新規設備の導入など，あらゆる手段を駆使して農業生産体系自体を変更する必要性も避けられない。このままでは日本国内の夏野菜供給だけでなく，世界的な食料供給と流通に歪みをつくり大きな影を落とすことになるだろう。現代の農業は，品種改良等を中心に様々な困難を乗り越えてきたが，気候変動のスピードは予想以上に速く，食料生産を守るためには，よりスピーディーな対応が必要となっている。前述紹介した事例でも挙げたように，「Skeepon（スキーポン）」にはこれらの問題を解決できる大きなポテンシャルがある。また，使用方法も簡易であることから，導入へのハードルも非常に低い。またすでに，米国内で最も規制の厳しい州の一つとして知られているカリフォルニア州においては「科学的データに基づいた作用機序が明らかな農業資材」として登録済みであり，その技術と効果の高さが受け入れられている。我々はこの技術を軸に，世界中の気候変動に対する食料および環境問題を解決するため，日本，アメリカ，ブラジル，韓国，オーストラリア，ウガンダ，中東など様々な国々での活動を展開している。「Skeepon（スキーポン）」の効果とその利用は，農業を守り，食料の安定的な生産を図るだけでなく，森林の保全および生物多様性の維持の面でも重要なツールの一つと考えられており，世界中の国々で弊社技術の拡大が大いに期待されている。

謝辞

本稿に関する調査および研究等は，食品産業技術振興協会（JATAFF）「農林水産省中小企業イノベーション創出推進基金（フェーズ3）」，新エネルギー・産業技術総合開発機構（NEDO）（JPNP20011）の支援を受けて行った。

文　　　献

1)　Kim JM *et al., Nature Plants*, 3, 17097（2017）
2)　T. Kudo *et al., Stress Biology*, 3（1），15（2023）；doi:10.1007/s44154-023-00094-1.
3)　工藤徹，金鍾明，バイオスティミュラントハンドブック「酢酸バイオスティミュラント剤の意義と利用法」，㈱エヌ・ティー・エス（2022）
4)　金鍾明，笹原勇太，作物生産と土づくり，55（574），39（2023）

第9章　腐植物質の化学構造と植物生育に関わる機能

1　はじめに

　腐植物質は，環境（土壌，天然水，堆積物）中で生物の遺体や代謝産物から二次的に生成する暗色（明褐色〜黒色）無定形有機物の総称である。pH による溶解性の違いに基づいて 3 画分に分けられ，アルカリ可溶性・酸不溶性画分をフミン酸（または腐植酸），アルカリ・酸可溶性画分をフルボ酸，アルカリ・酸不溶性画分をヒューミンと呼び，いずれも無数の分子からなる混合物として存在する。また，分解過程にあるリターや堆肥中，亜炭中に含まれる類似の物質も一般的に腐植物質とみなされている。フミン酸とフルボ酸はどちらも構造中にカルボキシ基やフェノール性水酸基を含み，酸としての性質を示す一方，フルボ酸はフミン酸よりも平均分子量が小さく，窒素（N）含量や糖含量が低いといった特徴がある[1]。ヒューミンは，それらよりも極性が低いあるいは分子量が大きいためにアルカリに対する溶解性を持たないと考えられるが，実際に土壌等の固体試料から腐植物質を抽出・分画する際には，粘土鉱物等への強い吸着のために固相から抽出されない可溶性腐植物質もヒューミンとして扱われる。

　腐植物質の植物生育に対する効果には，①土壌団粒，特に微小団粒の形成と安定化に寄与し，通気性，保水性等の土壌物理性を改善する，②構造中に N，リン，硫黄等の養分元素を含み，分解に伴って植物に供給する，③配位結合による微量金属元素の保持や静電的相互作用による陽イオンの吸着により，それらの植物利用性を向上させる，④抗酸化能をもち活性酸素によるストレスを軽減する，⑤植物ホルモンと類似した作用を示す，等が挙げられる[2〜5]。しかしながら，画分間のみでなく，同じ腐植物質画分であっても，分離した土壌等の違いによって構造に差異があるため，機能性にも差がある。

2　腐植物質の化学構造と給源

　腐植物質は構造中に芳香族部位と脂肪族部位をもつが両者の割合は多様である。^{13}C 核磁気共鳴（NMR）法（図1）に基づく全炭素（C）に占める芳香族 C の割合は，概ねフミン酸 15〜76%，フルボ酸 7〜43%，ヒューミン 12〜49% である[6〜10]。芳香族成分はリグニン，タンニン，キノン，メラニン，炭化物等に由来し，陸域起源の腐植物質に多い。フルボ酸の芳香族 C 含有率の下限が小さいのは，湖水や海水中のフルボ酸の値が低いことによる。また，フミン酸の中で

＊　Akira WATANABE　名古屋大学　大学院生命農学研究科　教授

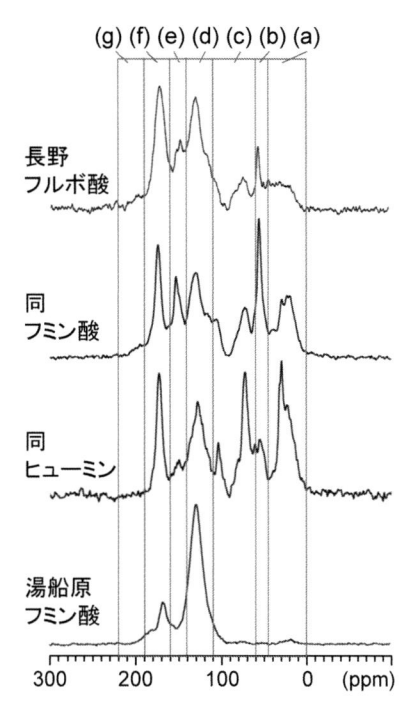

図 1　長野灰色低地土（水田作土層）腐植物質 3 画分および湯船原埋没黒ボク土
（VIIA 層）フミン酸の PASS 法による ^{13}C CPMAS NMR スペクトル。
（Ikeya *et al.*（2020）[8] および Sugiura & Watanabe（2023）[9] を改変。）
(a) アルキル炭素，(b) メトキシ炭素（アミノ酸 α 炭素をブロードなシグ
ナルとして含む），(c) 炭水化物炭素，(d) 芳香族炭素（C-H，C-C），
(e) 芳香族炭素（C-O），(f) カルボキシ炭素，(g) ケトン炭素。

も熊田の分類[11] において P 型とされるものは，糸状菌等に由来するペリレンキノン誘導体を多
く含み，アルカリ性で緑色を示す[11, 12]。

　植物の木質成分であるリグニンは，フェニルプロパン単位から構成される高分子であり，土壌
中では限られた種の微生物によって分解されるため，植物成分の中で相対的に分解（無機化）速
度が遅い。担子菌等が分泌するリグニン分解酵素（ラッカーゼ，ペルオキシダーゼ，マンガンペ
ルオキシダーゼ）は，リグニンを切断，脱メチル化し，アルデヒド基をカルボキシ基に変換し，
芳香環を開裂する[13, 14]。芳香環の開裂部位にもカルボキシ基が形成される（図 2）。フェノール
のキノンへの酸化は，その後の自己縮合や他の化合物とのカップリング反応を促進し[15]，フミン
酸やフルボ酸の形成に寄与する。環境試料に適用できるリグニンの定量法がないため，量的な把
握は難しいが，^{13}C NMR スペクトル（図 1）中にメトキシ C とフェノール C（芳香族 C-O）の
両方のシグナルが顕著に認められる場合，それらの成分はリグニンに由来すると推察される。腐
植物質に対するリグニンの寄与はフルボ酸で高く，ヒューミンで低い。このことは，リグニンは
不溶性のままあるいは土壌鉱物に結合して安定に残留するわけではないことを示唆している。ま

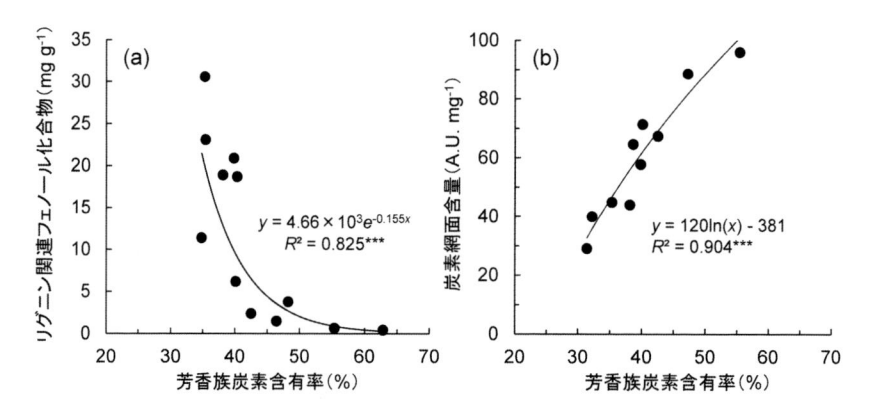

図2 Leenheer（2003）[14]によって提案されたリグニンの生物分解過程の一部。

図3 フミン酸の芳香族炭素含有率と（a）熱的支援加水分解およびメチル化-ガスクロマトグラフィー/質量分析におけるリグニン関連フェノール化合物の収量および（b）X線回折プロファイル解析による相対炭素網面含量との関係。（Ikeya *et al.*（2004）[8]および Ikeya *et al.*（2011）[6]より作図。試料は（a）と（b）で一部異なる。）
***，$P<0.005$。A.U.，任意単位。

た，フルボ酸では芳香族 C 含有率が高いほどリグニンに関連するフェノール化合物が多く検出される。一方，フミン酸では芳香族 C 含有率が高いほどリグニン由来と考えられる成分が少なくなり（図3a），併せて脂肪酸等のアルキル成分，糖類，含 N 化合物の含有量も低下する。アミノ酸やペプチドのキノンとの縮合やアミノカルボニル反応は，かつては腐植物質の主要生成経路のひとつと考えられていたが，腐植物質の N 含量は，フミン酸で1〜6%，フルボ酸で<1〜4%と特にフルボ酸で低い。また，N 含量が高く，C/N 比が10に近いフミン酸では，多く（〜90%）の N はペプチド結合中にあるため[16]，比較的分解されやすいと推察される。

芳香族 C 含有率が高いフミン酸は，構造中に縮合芳香環を多く含む（図2b）[17,18]。縮合芳香環

含量の違いは，フミン酸の紫外可視吸収スペクトルの傾きと単位 C 濃度当たりの 600 nm の吸光度から求められる黒色度[1,19]と対応する。黒色度が高いフミン酸は芳香族 C 含有率だけでなく有機フリーラジカル含量も高く[20]，フルボ酸の有機フリーラジカル含量はフミン酸より低い。このことは，腐植物質中の安定なラジカルに縮合芳香環が寄与している可能性を示唆している。環境中における縮合芳香環の難分解性は，黒ボク土断面において古い層ほど縮合芳香環の相対含量が高い[21]ことから明らかであり，フミン酸の場合，脂肪族成分はほとんど失われ（図1），カルボキシ基やケトン基等をもつ縮合芳香環構造が大部分を占めるようになる。一方，植生からの有機物の供給によって常に新しい腐植物質が生成する表層土壌にあっては，縮合芳香環構造の増加は腐植物質含量の増大をもたらし，フミン酸中のリグニン由来成分，各種脂肪族成分の相対含量を低下させる。縮合芳香環の給源については，環境中における生成[11,22]，土壌微生物が産生する多環キノン[11,12]，炭化物の風化（酸化分解）[23,24]が考えられる。構造的に炭化物に近い亜炭の中にも酸化の進んだ多量のフミン酸を含むもの（レオナルダイト）が存在する[25]。

　ヒューミンは，^{13}C NMR スペクトル（図1）上の炭水化物 C およびアルキル C のシグナルが強いことで特徴づけられる[9]。炭水化物成分については，糖組成からセルロースやヘミセルロース等の植物中の多糖に由来するものが多いことが推定されている[26]。アルキル成分については，熱的支援加水分解およびメチル化-ガスクロマトグラフィー/質量分析によって炭素数 6〜34 の脂肪酸類，炭素数 4〜30 のジカルボン酸類等が検出されている。同じ方法によってフルボ酸から検出される脂肪酸，ジカルボン酸はそれぞれ最長炭素数が 20，12 であり[10]，溶解性の違いと対応した構造特性の違いのひとつといえる。また，黒ボク土やチェルノーゼムのヒューミンには，フミン酸同様，炭化物の影響が認められる[9]。近年，ヒューミンの表面官能基が遷移金属の化学的還元[27]や微生物の生化学反応における電子伝搬[28〜30]に関わっていることが示され，不溶性の媒体として注目されている。

3　腐植物質の植物生理活性作用[31]

　表1に腐植物質の植物成長効果の例[2]を示す。古いデータではあるが，土壌フルボ酸の添加濃度の増大に伴って植物長，植物重，葉数および個体あたりの各種元素含量が増大し，高濃度になりすぎると効果がなくなるか無添加よりも低くなる（2,000 mg L^{-1} における根長）ことが分かる。腐植物質による根の伸長促進や側根の形成促進については，主にフルボ酸，フミン酸について調べられており，オーキシン様活性，ジベレリン様活性，サイトカイニン様活性等が報告されてきた[32〜34]。オーキシンによる細胞膜プロトンポンプ（H$^+$-ATPase）の活性化は，カルシウムイオン（K$^+$），マグネシウムイオン（Mg^{2+}），カリウムイオン（Mg^{2+}）等のカチオン，硝酸イオン，リン酸イオン，硫酸イオン等のアニオン，ショ糖，アミノ酸等の有機物の細胞内への取り込みを促進する[35]。そのため，土壌フルボ酸[2]やフミン酸[36]の添加による必須元素の吸収促進との関連が推察される。腐植物質がオーキシン様活性を示す理由として，微生物や植物が生産した

表1 水耕栽培におけるキュウリの成長および1個体あたりの茎中養分元素含量に対する
ポドゾルフルボ酸の影響

添加量 (mg L^{-1})	茎長 (cm)	根長 (cm)	茎重 (g)	根重 (g)	葉数	N	P	K ----------(mg)----------	Ca	Mg	Cu	Fe ------(μg)------	Zn
0	22.3	37.0	0.08	1.0	10.0	55	16	62	49	8	10	199	38
50	29.0	53.0	0.14	1.2	13.0	75	19	83	64	10	17	179	57
100	<u>40.3</u>	<u>48.3</u>	<u>0.18</u>	<u>2.1</u>	<u>14.3</u>	<u>111</u>	<u>34</u>	<u>143</u>	<u>102</u>	<u>17</u>	<u>31</u>	<u>317</u>	<u>98</u>
300	<u>38.6</u>	<u>51.6</u>	<u>0.18</u>	<u>2.3</u>	<u>14.3</u>	<u>129</u>	<u>36</u>	<u>153</u>	<u>109</u>	<u>18</u>	<u>38</u>	<u>286</u>	<u>89</u>
500	<u>34.3</u>	<u>48.6</u>	0.13	1.6	13.0	82	25	103	71	12	18	266	<u>74</u>
1000	<u>34.3</u>	<u>48.3</u>	0.12	<u>1.7</u>	13.3	<u>95</u>	25	<u>109</u>	74	<u>14</u>	26	236	66
2000	26.0	21.6	0.07	1.0	11.0	50	15	58	37	9	12	149	32

Rauthan & Schnitzer（1981）[2]より抜粋。
下線の付いた数値は添加量 0 mg L^{-1} との間に 1% 水準で有意差有（$n=3$）。

インドール酢酸（IAA）そのものがファンデルワールス力や水素結合により腐植物質の超分子構造中に保持されており，pH やイオン強度が変わると，腐植物質の分子状態が変化して放出されるという仮説が提案されている[33]。一方，IAA その他既知の植物ホルモンが検出されなかった亜炭フミン酸を添加した際にも地上部および地下部の成長促進，H$^+$-ATPase 活性および根中のIAA，エチレン，一酸化窒素の一時的な増加が観察されたという報告も存在する[37,38]。その際，IAA 移動阻害剤，IAA 活性阻害剤，脱一酸化窒素剤等を添加しても根の発達が対照区を上回ったことから，フミン酸中の何らかの成分が植物ホルモンと協調または独立して植物成長促進に関わっていると結論された。また，ミミズ堆肥から抽出したフミン酸の水耕液への添加が，トウモロコシ幼苗の根重，茎重を増加させるとともに，根からの糖，有機酸，アミノ酸等多くの有機化合物の滲出速度を増大させたとの報告もあり[39]，それらが基質として根圏微生物の種類や活性を増大させ，オーキシンやジベレリンの生成を促進している可能性もある。亜炭から水抽出したフルボ酸のダイズへの添加では，根滲出物の組成の変化，根圏微生物群集構造の変化とともに根粒の増加が認められており，フラボノイドの合成促進，分泌促進との関係が示唆されている[40]。

　メタ解析を用いた抽出源が異なる腐植物質の植物成長に対する影響の比較では，亜炭および泥炭に由来する腐植物質よりも土壌および堆肥に由来する腐植物質の方が茎重，根重の増大効果が大きかった[41]。腐植物質画分間で植物成長促進効果を直接比較した例は少ないが，García et al.[42]による泥炭土壌から分離したフミン酸とフルボ酸の水稲幼苗への施用では，フルボ酸の方が効果が大きかった（より低濃度でフミン酸と同等の効果が得られた）（図4）。一方，Canellas et al.[43]は，土壌フミン酸のトウモロコシの根の成長および細胞膜 H$^+$-ATPase 活性に対する効果が，黒色度，フリーラジカル含量が高く，カルボキシ基含量，平均分子量が低い試料ほど大きい傾向があることを見出した。土壌フミン酸の黒色度は，一般的に黒ボク土やチェルノーゼムで高く，褐色森林土で中程度，赤黄色土，低地土，泥炭土で低い[11]。土壌フミン酸のトウモロコシ根の面積および細胞膜 H$^+$-ATPase 活性に対する影響[32]，水稲のカチオン吸収に対する影響[36]を調

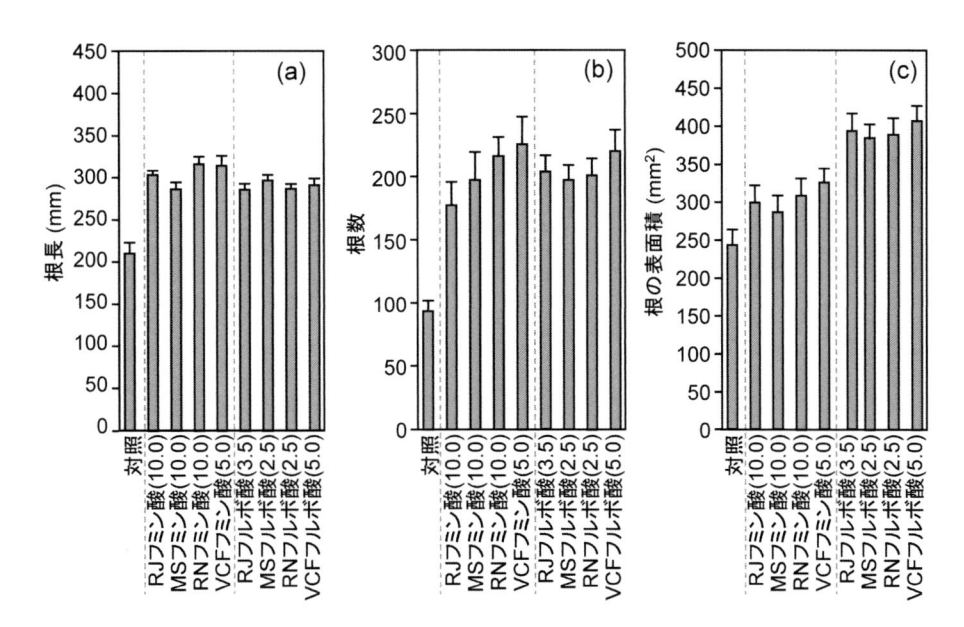

図4　3種の泥炭土壌（RJ，MS，RN）またはミミズ堆肥（VCF）から抽出したフミン酸
またはフルボ酸の水耕液への添加が水稲幼苗の根の（a）長さ，（b）数，（c）表面積
に及ぼす影響（Garcia *et al.*（2016）[42]を改変）。
（　）内は腐植物質濃度（mg C L^{-1}）。各処理5個体×5連。
処理開始から10日後の値。いずれも対照区との間に有意差有（$P<0.05$）。

べた研究においても，効果の大小は土壌分類から予想されるフミン酸の黒色度と対応していた。
なお，Canellas *et al.*[43]が認めた傾向のうち，フミン酸とフルボ酸の比較においても概ね当てはまるのは平均分子量（フミン酸＞フルボ酸）だけである[1]ため，フミン酸とフルボ酸で植物生長促進機構に違いがあるかもしれない。

　ところで，腐植物質の植物生理活性に関する研究の多くは水耕で行われ，そのままではほとんど水に溶けないフミン酸はK$^+$やNa$^+$との塩（humate）にして用いられている。圃場にhumateを土壌に添加した際には，粘土鉱物や既存の土壌有機物との相互作用によってその一部あるいは全てが不溶化すると予想される。ヒューミンの場合[27~30]と同様，フミン酸表面における電子やイオンの授受に関しては依然として期待できるものの，吸着や立体構造の変化によって表面官能基の一部が活性を失うため，水耕液中と同様の効果は得られない可能性が高い。土壌に触れない方法として，腐植物質溶液を葉面散布したときの効果についても調べられている[40,41,44]。亜炭フミン酸のキュウリへの散布[45]では，茎および根の乾重の増加，IAA濃度の増大が確認された一方，側根形成やH$^+$-ATPase活性の増大が認められなかったことや，アブシジン酸濃度が減少したことから，根圏への施用とは作用機作が異なることが示唆された。

4 その他の機能

　腐植物質は構造中にカルボキシ基やフェノール性水酸基を多く含むことで高い錯形成能を示す。フルボ酸と鉄（Fe），亜鉛（Zn），銅（Cu），マンガン（Mn）等微量元素との水溶性錯体の形成は，特に中性以上のpHにおいて植物や水生生物の生育を維持する腐植物質の重要な機能である[46,47]。N含量が相対的に高いフミン酸やヒューミンではアミンや複素環等含N官能基も錯形成に有意に寄与していると想定され，また，それら固相中の腐植物質に保持された微量元素の多くも植物にとって利用可能と考えられている[48]。一方，酸性環境下において過剰の重金属イオンが存在する場合には，不溶性錯体の形成により土壌溶液中の濃度が減少することで毒性が軽減される。腐植物質との錯体として添加した微量元素の植物による吸収は，水耕だけでなく土壌−植物系においても確認されているが，植物成長への効果は土壌や植物種によって異なる[49]。リン酸も，多価カチオンを介してフルボ酸と複合体を形成することで水溶性が維持され，かつ植物によって吸収が可能であることが報告されている[47]。さらに，腐植物質は微量元素吸収に関わる植物遺伝子の発現にも影響を与えており，亜炭フミン酸の添加ではFe(III)-キレート還元酵素遺伝子，Feトランスポーター遺伝子のアップレギュレーション[50~52]，Cu，Mn，Znの根からの吸収と地上部への移動に関わるトランスポーター遺伝子のアップレギュレーション[53]等が観察されている。その他，植物成長に関わる作用として，キュウリ幼苗の根を低濃度の土壌フミン酸を含む溶液に浸漬した結果，糖代謝と呼吸に関わる7種の酵素活性が増大したこと等が報告されている[54]。

　抗酸化能も腐植物質が一般的にもつ機能のひとつであるが，その強さは試料間で最大5～10倍程度差があり[10,55]，強いものでアスコルビン酸やビタミンEと同程度である[55]。様々な泥炭土壌から調製したフミン酸についてラジカル消去活性を比較した研究[56]ではフェノール性OH含量および有機フリーラジカル含量との間に正の相関が認められている。また，C＝C結合が多い[57]，N含量が低い[55]，メトキシ基が少ない[55]等腐植化の進行を示唆する構造特性と抗酸化能との正の相関も示されている。一方，最近の研究では，活性を示す主成分ではないが，副次成分として糖鎖の寄与も示唆されている[55]。腐植物質自身の抗酸化能とは別に，腐植物質の添加によりアスコルビン酸ペルオキシダーゼやスーパーオキシドディスムターゼといった抗酸化酵素の活性増大等を通して植物の抗酸化活性が増大することも報告されている[44,57]。

5 おわりに

　本稿では腐植物質の構造と植物生育に関わる機能について概説してきた。各種機器分析の発達によって腐植物質の化学構造に関する解析も進み，構造・構成成分の分析から給源との関係に関する知見も増えた。しかし，質量分析[1,8]で検出される数千のピークもおそらく成分の一部に過ぎず，偏りもあると思われる。生成・分解過程，植物生育促進機構の詳細とともにさらなる解明

が待たれる。バイオスティミュラントとしての利用においても考えるべき点は多い。既に腐植物質あるいは腐植物質を有効成分として配合した資材は世界的に多数販売されているが，土壌に施用しても期待した効果が現れないことも少なくない[58]。原因としては，土壌構成成分との相互作用による干渉，pH等の環境条件，元々土壌中に含まれている腐植物質や養分元素の量および形態による施用量の過不足等が予想されるが，そもそも資材に含まれている腐植物質の実体が不明なことも多い。6種の亜炭由来資材についてフミン酸含量を測定した結果，販売元推奨施用量では面積あたりのフミン酸供給量に4〜250倍の差が認められ，その量では2種でしか効果が見られなかったとの報告もある[58]。適正な施用条件を見極める方法の開発は今後の課題である。

　資材として腐植物質を用いるには多量の調製が必要であり，そのためには原料の安定的な供給が重要となる。亜炭フミン酸，ミミズ堆肥フミン酸，泥炭からの水抽出腐植物質はその代表例と言える。水溶性であることや分子量が小さい点でフルボ酸の方が望ましいことも多いと考えられるが，土壌，泥炭，堆肥，亜炭いずれにおいてもフルボ酸はフミン酸よりも少なく，調製にはより手間がかかる。人工フルボ酸として開発された炭水化物由来フルボ酸（CHD-FA）は，糖液を酸素存在下で加熱することで生成され，抗炎症作用，抗菌作用等をもつことが知られている[59]。重金属等の混入がないことや組成が一定であること等が天然物と比較した利点とされているが，公表されているデータ[60]を見る限りフルボ酸にはあまり似ていない。土壌フルボ酸に近く，多量に生産できる可能性がある原料としてキノコの栽培に用いられる菌床（おが屑を固めたもの）が挙げられる。シイタケの菌床栽培では，菌糸の成長に伴って褐色の溶液が浸出する。浸出液中の着色物質はシイタケがおが屑を分解する過程でリグニン，タンニン等から生成したと考えられ，森林土壌中でリターから腐植物質が生成するのと類似した反応が菌床内で起こっていることを示唆する。そこで，常法に則ってフルボ酸に相当する画分を精製分析した結果，浸出液中に土壌フルボ酸と類似した構造と抗酸化能をもつ物質が高濃度で含まれていたことが明らかになった[61]。その他，泥炭湿地を流れる河川水も，特に熱帯地域でフルボ酸濃度が高い（100〜150 mg L^{-1}に達する[62]）ため，原料として有効かもしれない。なお，腐植物質かどうかを判断する単一の方法，簡便な方法は今のところ存在しない。腐植物質の研究によく用いられる^{13}C NMR等の分光化学分析，質量分析等[1]複数の手法を用いて化学的性質を総合的に検証することが必要である。腐植物質の活用については，農業分野以外にも環境（レメディエーション），水産業，医療・健康分野等様々な分野で高いポテンシャルが示されており，課題を解決しつつ発展していくことが期待される。

文　　献

1) 渡邉　彰ほか編著, 腐植物質分析ハンドブック―標準試料を例にして（第2版）, 194, 農文協（2019）

2) B. S. Rauthan & M. Schnitzer, *Plant Soil*, **63**, 491-495（1981）

3) Y. Chen, *Soil Sci. Plant Nutr.*, **50**, 1089-1095（2004）

4) R. R. Weil & F. Magdoff, "Soil Organic Matter in Sustainable Agriculture", 1-43, CRC Press（2004）

5) M. Shahid *et al.*, *Biol. Fertil. Soils*, **48**, 689-697（2012）

6) K. Ikeya *et al.*, *Org. Geochem.*, **35**, 583-594（2004）

7) J. Xu *et al.*, *J. Agric. Food Chem.*, **67**, 8107-8118（2019）

8) K. Ikeya *et al.*, *Rapid Commun. Mass Spectrom.*, **34**, e8801（2020）

9) Y. Sugiura & A. Watanabe, *Humic Sub. Res.*, **19**, 1-8（2023）

10) 千古晴菜, 土壌・天然水中のフルボ酸の化学構造特性と生態系保全機能との関係, 148, 名古屋大学大学院生命農学研究科修士論文（2024）

11) 熊田恭一, 土壌有機物の化学（第2版）, 304, 学会出版センター（1981）

12) A. Watanabe *et al.*, *Eur. J. Soil Sci.*, **47**, 197-204（1996）

13) W. Horwath, "Soil Microbiology, Ecology, and Biochemistry", 339-382, Academic Press（2015）

14) J. A. Leenheer *et al.*, *Appl. Geochem.*, **18**, 471-482（2003）

15) M. E. Essington, "Soil and Water Chemistry: An Integrative Approach, 129-181, CRC Press（2004）

16) T. Abe & A. Watanabe, *Soil Sci.*, **169**, 35-43（2004）

17) K. Ikeya *et al.*, *Eur. J. Soil Sci.*, **58**, 1050-1061（2007）

18) K. Ikeya *et al.*, *Org. Geochem.*, **42**, 55-61（2011）

19) 渡邉　彰, 土壌腐植物質の定量・定性分析, ぶんせき, 2018年11月号, 490-491（2018）

20) A. Watanabe *et al.*, *Org. Geochem.*, **36**, 981-990（2005）

21) G.-Y. Lu *et al.*, *Org. Geochem.*, **140**, 103957（2020）

22) D. C. Waggoner *et al.*, *Org. Geochem.*, **82**, 69-76（2015）

23) 渡邉　彰, 池谷康祐, 土と炭化物―炭素の隔離と貯留, 103-132（2013）

24) 渡邉　彰, *Humic Sub. Res.*, **15**, 1-9（2019）

25) G. Ricca *et al.*, *Geoderma*, **57**, 263-274（1996）

26) K. Itoh *et al.*, *Soil Sci. Plant Nutr.*, **53**, 7-11（2007）

27) Z. Xiao *et al.*, *J. Environ. Manage*, **310**, 114793（2022）

28) Z. Xiao *et al.*, *J. Biosci. Bioeng.*, **122**, 85-91（2016）

29) P. Guo *et al.*, *Environ. Pollut.*, **234**, 107-114（2018）

30) M. Laskar *et al.*, *Int. J. Environ. Res. Public Health*, **17**, 4211（2020）

31) 渡邉　彰, *Humic Sub. Res.*, **18**, 15-25（2021）

32) D. B. Zandonadi *et al.*, *Planta* **225**, 1583-1595（2007）

33) S. Nardi *et al.*, *J. Plant Nutr. Soil Sci.*, **180**, 5-13（2017）

34) L. Zanin *et al.*, *Front. Plant Sci.*, **10**, 675（2019）

35)　A. Hager, *J. Plant Res.*, **116**, 483-505（2003）

36)　米林甲陽ほか，土肥誌 . **86**, 167-174（2015）

37)　V. Mora *et al.*, *J. Plant Physiol.*, **167**, 633-642（2010）

38)　V. Mora *et al.*, *Environ. Exp. Bot.*, **76**, 24-32（2012）

39)　L. P. Canellas *et al.*, *Chem. Biol. Technol. Agric.*, **6**, 3（2019）

40)　X. Qiu *et al.*, *J. Agric. Food Chem.*, **72**, 6133-6142（2024）

41)　M. T. Rose *et al.*, *Ad. Agron.*, **124**, 37-89（2014）

42)　A. C. García *et al.*, *Sci. Rep.*, **6**, 20798（2016）

43)　L. P. Canellas *et al.*, *Soil Sci.*, **173**, 624-637（2008）

44)　M. Nikoogoftar-Sedghi *et al.*, *BMC Plant Biol.*, **24**, 241（2024）

45)　D. De Hita *et al.*, *Front. Plant Sci.*, **11**, 493（2020）

46)　S. Cesco *et al.*, *J. Plant Nutr. Soil Sci.*, **163**, 285-290（2000）

47)　M. Olaetxea *et al.*, *Appl. Soil Ecol.*, **123**, 521-537（2018）

48)　Y. Chen *et al.*, "Soil Organic Matter in Sustainable Agriculture", p. 103-129, CRC Press（2004）

49)　J. M. Garcia-Mina *et al.*, *Plant Soil*, **258**, 57-68（2004）

50)　E. Aguirre *et al.*, *Plant Physiol. Biochem.*, **47**, 215-223（2009）

51)　N. Tomasi *et al.*, *Biol. Fertil. Soil*, **49**, 187-200（2013）

52)　L. Zanin *et al.*, *Physiol. Plant.* **154**, 82-94（2015）

53)　V. Billard *et al.*, *J. Plant Growth Regul.*, **33**, 305-316（2014）

54)　S. Nardi *et al.*, *Soil Biol. Biochem.*, **39**, 3138-3146（2007）

55)　O. I. Klein *et al.*, *Polymers*, **13**, 3262（2021）

56)　M. V. Zykova, *et al.*, *Molecules*, **23**, 753（2018）

57)　J. Vašková *et al.*, *Like*, **13**, 971（2023）

58)　K. R. Little *et al.*, *Crop Pasture Sci.*, **65**, 899-910（2014）

59)　L. Sherry, *BMC Oral Health*, **13**, 47（2013）

60)　I. L. Jordan, "Synthesis, characterisation and properties of fulvic acid, derived from a carbohydrate", 161, PhD thesis, North West University（2019）

61)　A. Watanabe *et al.*, *Bioresour. Technol. Reports*, **25**, 101710（2024）

62)　A. Watanabe *et al.*, *Chemosphere*, **88**, 1265-1268（2012）

第10章 バイオスティミュラントとしての トリコデルマ菌の利用

田中栄嗣*

キーワード：バイオスティミュラント，トリコデルマ，トリコデルマ ハルジアナム，
Trichoderma harzianum，T-22株，ボタンタケ科，トリコデルマ属，子嚢菌

1 はじめに

トリコデルマ（Trichoderma）は，ボタンタケ科トリコデルマ属の子嚢菌，糸状菌の総称である。森林土壌など，腐葉土の多い環境に多く見られ，枯れ木や朽ち木などにもよく繁茂する。現在，250種以上が認められており，一部の種類は農業資材として利用される。無性世代では緑色の胞子を形成することからツチアオカビの名で呼ばれることもある。枯れ木などに，白緑色から深緑色の塊の形で見られ，菌糸は素早く成長するため，実験室では寒天培地上を覆いつくすほど成長は旺盛である。そのような場合，他のカビの出現が制限される現象は容易に観察できる（図1）。一方，有性世代では球形の子実体（キノコ）を作りボタンタケと呼ばれる。森林土壌などに普通に見られる糸状菌であるが，キノコ栽培に被害を与えることが報告されている[1]。

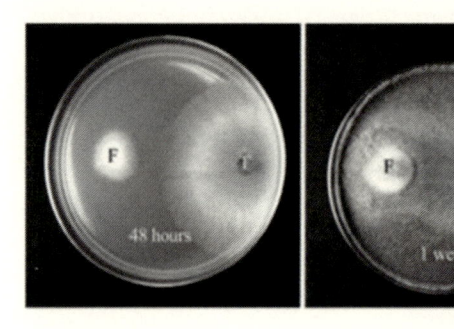

T： トリコデルマ　　　　　左： 対峙培養開始 48 時間後
F： フザリウム　　　　　　右： 対峙培養開始 1 週間後

図1

＊ Eiji TANAKA　アリスタ ライフサイエンス㈱　マーケティング本部　本部長

これは，トリコデルマが他の菌との間に棲息スペースや栄養の奪い合いに勝利した結果（拮抗作用）であり，また他の菌を妨げる物質を分泌する，いわゆる他感作用の発現であるとも言われている。そのため，時にキノコ栽培において，このカビが発生すると，キノコの菌糸の成長に害を与える。シイタケ栽培等においては害菌として扱われ，シイタケのトリコデルマ病や茎膨れ病などと呼ばれるものは，いずれもこの菌によるものである。逆に，この性質を利用し，他のカビによる病害を防ぐことも考えられる。植物病害を防ぐ目的で作物の根元にトリコデルマを接種する方法も海外では実用化されている。

2　バイオスティミュラントとしてのトリコデルマ菌の利用

ここでは，日本におけるバイオスティミュラント剤（有用微生物入り土壌改良資材）としてのトリコデルマ菌の利用について，考えてみる。

2024 年 5 月 14 日に開催された日本バイオスティミュラント協議会委員会の中で提案された『JBSA 効能表記ポジティブリスト案』を基に，弊社で販売している「トリコデソイル（トリコデルマ ハルジアナム T-22 株剤）」を本案の効能に当てはめてみると，4 項目の効能表記（ポジティブリスト案）に該当することが確認できる。

〈土壌・根圏環境の改善〉
　-養分吸収改善
　-水分吸収の改善
〈生育の改善〉
　-樹勢改善と生長促進
　-発根促進と植物根圏改善

上記該当した効能表記に対して，「トリコデソイル」がどのような機能を持っているかを改めて解説する。

2.1　養分吸収改善

トリコデソイル（有効成分：トリコデルマ ハルジアナム T-22 株）（以下，トリコデソイルの菌）については，シャーレ試験において，水に溶けにくい（不可給態）肥料やミネラル成分を可溶化していることが近年の研究で明らかになっている。可溶化のプロセスは，①土壌の酸性化，②キレート性のある代謝物への変換，③酸化還元反応の 3 ルートであると考えられる。

具体的には，二酸化マンガン，亜鉛，リン酸カルシウム結石をショ糖・酵母培地でトリコデソイルの菌と同時に培養すると，それらの金属酸化物の状態のものが可溶化していることが機器分析で確認することができる（図 2）。また，液体培養においては，トリコデソイルの菌は，三価

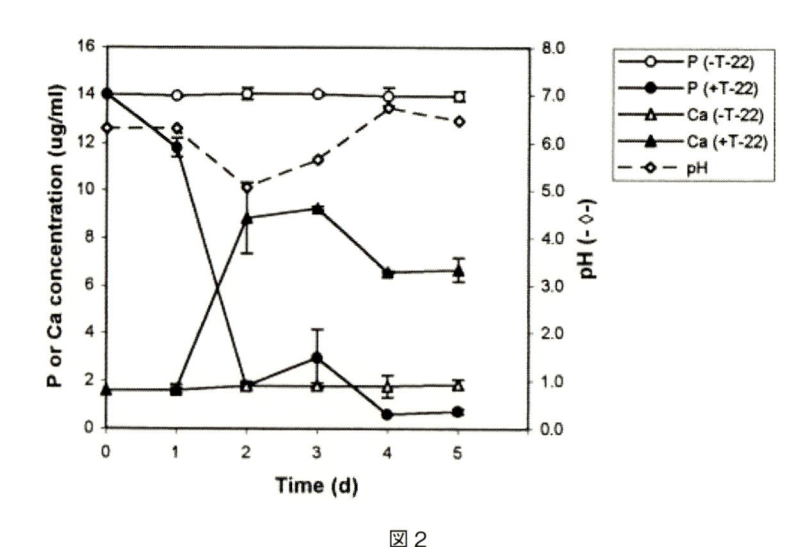

図2

出典（文献[2]）：C. Altomare *et al.*, *Appl. Environ. Microbial.*, **65**（7），
2926-2933（1999）

の鉄イオンや二価の銅イオンを還元し，拡散性のあるナトリウムやフェニール基などから構成される代謝物をつくっていることが確認されている[2]。

リン酸カルシウム結石の可溶化，SY培地中のPおよびCaの濃度を，トリコデソイルの菌（T-22）の存在下（＋）または非存在下（－）で示す。エラーバーは，3回の反復測定の標準偏差を示す。

これらの可溶性に関する試験結果は，トリコデソイルの菌が植物の成長に関与する作用があるということを示していると言える。

金属酸化物の可溶化は，それら微量物質のキレート化と還元（脱酸素）などによりもたらされる。微生物によるキレート化と還元作用（リダクション）が，様々な環境条件において，適切な栄養供給の実現に役立っていることが解明されている。上記のようにこれまでの研究の中で，トリコデソイルを施用することで不可給態の成分を植物が吸収可能な形態に変換できることが解ってきた。特に関東地方などに広く存在する「黒ボク土」においては，そのアルミナ成分がリン酸肥料を吸着するため，リン酸不足に陥りやすいのが一般的である。また畑の土に存在する鉄のほとんどは植物が吸収することのできない三価の鉄であると言われている。

トリコデソイルは，これらの問題を軽減，解決できる微生物のパワーが秘められている。

2.2　水分吸収の改善，発根促進と植物根圏改善

トリコデソイルの菌は，より多くの植物の根毛を形成させることで根圏を改善し（図3），水と栄養分をよりよく吸収できるようにする。このことにより，より均一な作物の収穫を実現する。特に植物がストレスを受けている場合にこの現象は顕著である。

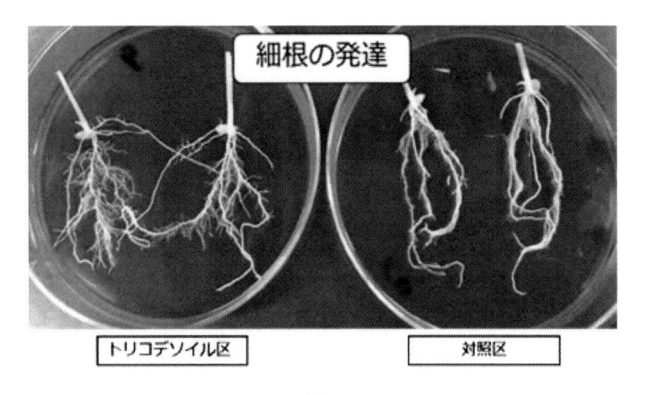

図3

図4　トリコデソイルの菌によって促進された作物の根
（A）トリコデソイルの菌を種子に処理または処理していない種子から育てたスイートコーン
　　の根。トリコデソイルの菌が定着した区はより根量が多い。但し，この試験では，処
　　理に関係なく収量は同等であった。
（B）トリコデソイルの菌を種子に処理または処理していない種子から育てた大豆植物の根。
　　この試験では，トリコデソイルの菌処理した区の収量が123％増加した。
出典（文献[5]）：G. E. Harman, *Plant Dis.*, **84** (4), 377-393 (2000)

　また，別の文献でもトリコデソイルの菌が根の成長と植物の発育を促進することが報告されて
いる。トリコデソイルの菌による根のコロニー形成は，植物の成長と生産性に大きな影響を及ぼ
す可能性がある[3,4]。コロニー形成された根はトリコデソイルの菌によって病気から保護される
だけでなく，より大きく丈夫になることが多い（図4）。また，トリコデソイルの菌はおそらく
植物の代謝にも直接影響する。限られた研究で，市販のホルモン製剤で見られるような挿し木の
基部にカルス組織は形成されなかったものの，トマトの挿し木の発根を誘導する上でトリコデソ
イルの菌は市販の発根ホルモンと同等の効果があることが観察された。さらに，トリコデソイル
の菌の開発に使用された親株の１つであるT-95株は，無菌条件下でも植物の成長を増加させ

た[6]。また，無菌水耕栽培で育ったキュウリは，T. harzianum T-203 株が存在する区は，存在しない区に比べ大きく成長した[7]。したがって，トリコデソイルの菌は，他の同様の Trichoderma 株と同様に，有害な根の微生物叢の排除と制御，およびまだ特定されていない生化学物質による植物への直接的な影響の両方によって，根の成長と植物の発育を促進すると考えられる。

2.3　樹勢改善と生長促進

　トリコデソイルの有効成分と同じ種類の菌で系統の異なるトリコデルマ ハルジアナム T-203 を商業用に生産されている育苗培土に施用することで植物の生長を促すことが文献[8]で報告されている。

　きゅうりとピーマンの苗の生長応答を評価した試験である。きゅうり（図5および図6）では，未処理の苗と比較して，測定した各パラメータ（植物の高さ，葉面積，植物の乾燥重量，茎径，クロロフィル含有量）の大幅な増加が確認された。トリコデルマを処理した苗は，未処理の対照区に比べ植物の高さが2倍，葉面積が2倍，クロロフィル含有量が増加した（対照区の絶対値，つまり100％＝高さ 2.5 cm，葉面積 28.8 cm，乾燥重量 0.26 グラム，茎径 4.3 mm，クロロフィル 35.3 SPAD 値[※1]）。ピーマン（図7および図8）では，クロロフィル含有量を除くすべての測定パラメータの大幅な増加が確認された。クロロフィル含有量（SPAD 値[※1]）は，トリコデルマを

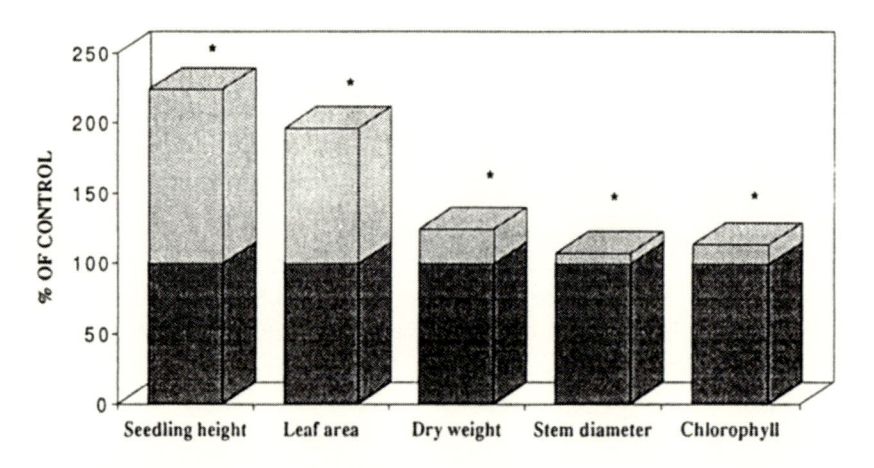

図5　育苗培土（ピートふすま）に施用したトリコデルマ ハルジアナムによって刺激された
　　　きゅうりの苗（品種「Hasan」）の生長反応
播種後 18 日目に，苗の高さ，葉面積，植物の乾燥重量，茎径，葉のクロロフィル含有量を測定し，未処理の苗と比較した。
＊：有意差あり（P＝0.05）。
出典（文献[8]）：J. Inbar *et al*, *European Journal of Plant Pathology*, **100**, 337-346（1994）

※1：葉緑素含量を示す値

図6　きゅうりの苗，対照区（左：CONTROL／慣行育苗培土），試験区
　　（右：TRICHODERMA／育苗培土にトリコデルマ ハルジアナムを処理）
出荷を想定した播種後18日目の苗を確認したところ，試験区の苗は，対照
区の苗に比べ2倍の高さに生長し，葉面積が大きく，大きく生育し活力が
あるように見えた。
出典（文献[8]）：J. Inbar *et al, European Journal of Plant Pathology*, **100**,
　　　337-346（1994）

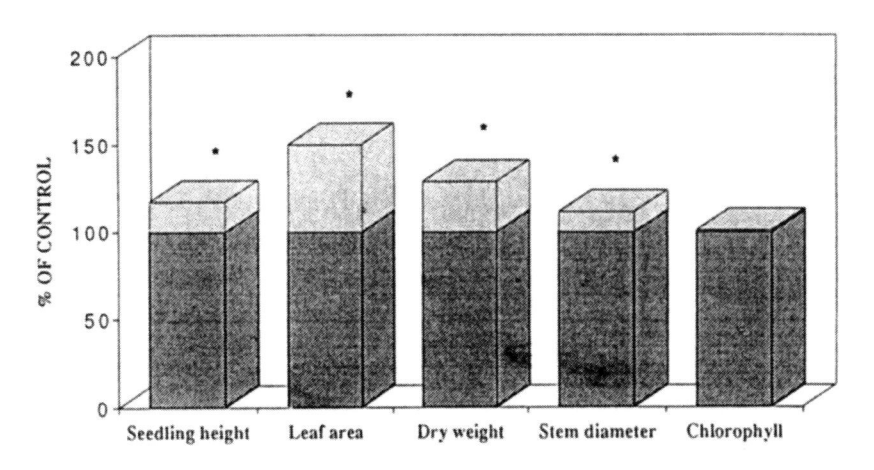

図7　トリコデルマ ハルジアナムによって刺激されたピーマンの苗の生長応答
出荷日に苗の高さ，葉面積，植物の乾燥重量，茎径，葉のクロロフィル含有量（SPAD 値[※1]）
を測定し，未処理の苗と比較した。
＊：有意差あり（P＝0.05）。
出典（文献[8]）：J. Inbar *et al, European Journal of Plant Pathology*, **100**, 337-346（1994）

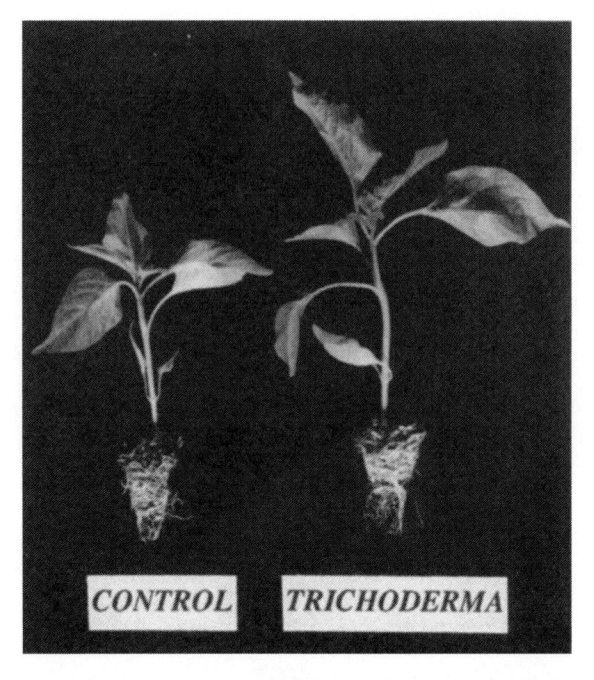

図8　播種後30日目のピーマンの苗，対照区（左：CONTROL／慣行育苗培土），
　　　試験区（右：TRICHODERMA／育苗培土にトリコデルマ ハルジアナムを処理）
トリコデルマを処理した苗は，対照区の苗に比べ葉面積と茎径が増加し，草丈が高く，
より生長しているように見える。
出典（文献[8]）：J. Inbar *et al, European Journal of Plant Pathology*, **100**, 337-346（1994）

処理したピーマンの植物で対照区よりもわずかに高くなっているが，有意はなかった。トリコデルマを処理したピーマンの苗は17.2％高く，葉面積は50％増加した。根と葉のいずれにおいても，N，P，K含有量に処理間の有意差は認められなかった。処理済みおよび未処理の苗木の根におけるN，P，Kの平均値は，それぞれ2.8％，0.5％，3.7％（乾燥重量）で，葉ではそれぞれ3.9％，0.7％，5.3％（乾燥重量）であった（対照区の絶対値対比），つまり100％＝高さ10.2 cm，葉面積54.3 cm^2，乾燥重量0.35グラム，茎径3.3 mm，クロロフィル44.5 SPAD値[※1]）。

3　農業におけるトリコデルマ菌の可能性

　冒頭でも話題に触れた通り，トリコデルマ菌は，海外では植物病害，特に土壌伝搬病を防ぐ目的で作物の根元にトリコデルマを接種する方法が実用化されている。トリコデルマ菌は，その強力な拮抗作用と菌寄生性を通じて，土壌中の植物病原菌を阻止し，植物病害の軽症化に寄与することは古くから研究されており，生物農薬としての可能性を持っている。ただし，日本において生物農薬としての利用には，農薬登録が必要である。農薬登録を行う上では，有効成分となる菌

の種類や系統を特定し，作用機作を明確にし，対象とする作物で十分な効果をガイドラインに沿って確認する必要がある。ここでは，トリコデソイルの製造元であるオランダのコパート社が持っているトリコデルマ菌の作用機序を紹介する（図9）。一部は，前文で紹介している植物刺激剤としての作用機作であるが，植物病原菌の増殖や感染の抑制につながる作用機作も紹介され

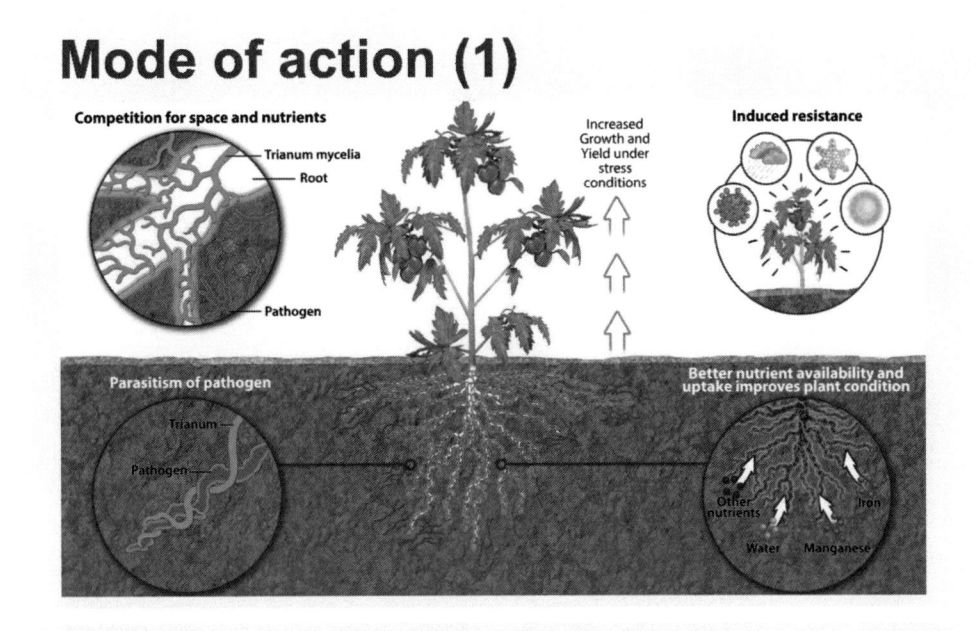

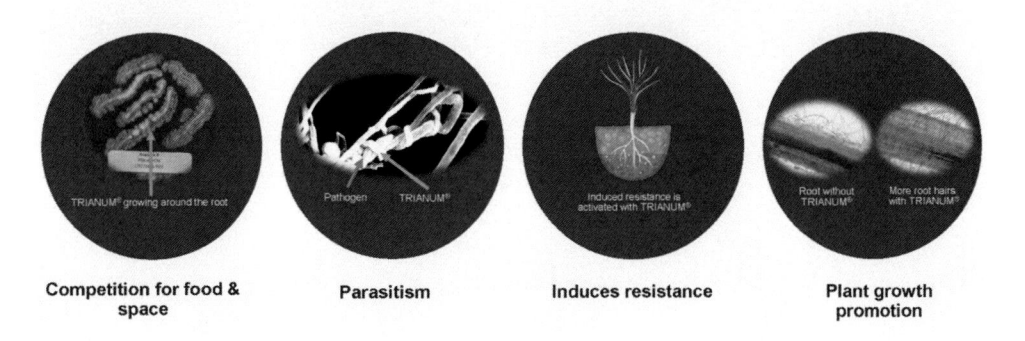

図9　Mode of Action（作用機序）
1. 根における栄養競争による病原体との拮抗／Competition for space and nutrients
2. 病原体への寄生／Parasitism of pathogen
3. 抵抗性誘導／Induce resistance
4. 植物生育促進／Plant growth promotion

出典：Trianum Product Presentation, Koppert

ている。また，抵抗性誘導に関する研究が進んでおり，トリコデルマは植物の地上部の防御メカニズム，すなわち誘導全身抵抗（ISR：Induced Systemic Resistance）を強化することが報告されており，灰色かび病への抵抗力増進などの研究成果がある[9]。また，近年，トマトの根にトリコデルマ ハルジアナムが定着することで，トマトの二次代謝産物の合成と防御関連酵素の活性を高めることで，ネコブセンチュウに対する抵抗性を誘導することも報告されている[10]。

　実際にコパート社は，トリコデルマ菌製剤を生物殺菌剤として販売しており，年間販売実績は，スペイン 18.1 トン，イタリア 3.2 トン，カナダ 4.5 トン，米国 5.2 トンである。また，世界 30 か国[※2]で微生物殺菌剤として登録されている。

　日本国内においても，既にトリコデルマ菌を有効成分とした微生物殺菌剤が農薬として登録されている。今後，より研究が進み，作用機作や微生物農薬として高い薬効が見込める相性の良い作物が明確化されることで，微生物農薬としての利用価値が高まることが想定される。

文　　献

1)　下川利之，シイタケほだ木を侵かすトリコデルマ菌類の被害と発生環境 岡山県林業試験場研究報告 (5), 31-39, 1985-01
2)　C. Altomare *et al., Appl. Environ. Microbial.*, **65** (7), 2926-2933 (1999)
3)　R. Baker *et al., Phytopathology*, **74**, 1019-1021 (1984)
4)　Y. -C., Chang *et al., Plant Dis.*, **70**, 145-148 (1986)
5)　G. E. Harman, *Plant Dis.*, **84** (4), 377-393 (2000)
6)　M. T. Windham *et al., Phytopathology*, **76**, 518-521 (1986)
7)　I. Yedidia *et al., Appl. Environ. Microbiol.*, **65**, 1061-1070 (1999)
8)　J. Inbar *et al., European Journal of Plant Pathology*, **100**, 337-346 (1994)
9)　J. Nawrocka *et al., Biological Control*, **67**, 149-156 (2013)
10)　Y. Yan *et al., Biological Control*, **158**, 104609 (2021)

※ 2：カナダ，米国，英国，スウェーデン，フィンランド，オランダ，ベルギー，スペイン，ポルトガル，イタリア，クロアチア，エルサルバドル，ハンガリー，ルーマニア，ロシア，トルコ，韓国，ケニア，エチオピア，ポーランド，マレーシア，チリ，エクアドル，メキシコ，アイルランド，テネシー，チェコ共和国，エストニア，リトアニア，デンマーク

第11章 バイオスティミュラント資材 「まめリッチ」の開発

小島克洋[*1]，堀口享平[*2]，
見城貴志[*3]，佐藤 孝[*4]

1 背景

バイオスティミュラント資材は，化成肥料や有機肥料に代わり，作物生育に貢献できるものとして近年提案された資材であり，植物から抽出された天然物質や様々な環境から単離された微生物などを活用した資材が多数開発されてきている。本報告で紹介するバイオスティミュラント資材「まめリッチ」は，農業生産者による活用事例に基づいて開発を行っているため，生産圃場での適応性が高いことが最大の特長である。まめリッチの開発は，25年大豆を連作しても連作障害がおきず，高収量（250 kg/10 a）を維持している秋田県大館市の生産者の事例に端を発している。まめリッチの共同開発者である秋田県立大学の佐藤孝教授は，上記生産者圃場における肥培管理や土壌の理化学性を調査し，高収量を得られる圃場と低収量の圃場では施用されている特定の乾燥鶏ふんの有無以外に大きな違いはなく，乾燥鶏ふん中に含まれる微生物の存在が，高収量の維持に貢献していることを明らかにした。一方，ダイズの土壌伝染性病害が全国的に蔓延し，大豆低収の要因として大きな問題となっている。高収量圃場で使用されている乾燥鶏ふんから単離された微生物（*Bacillus* 属細菌）は，ダイズ黒根腐病菌（*Calonectria ilicicola*）の増殖を抑制することや，本菌株接種によりダイズ黒根腐病の発病が軽減されることが明らかになったため，単離された微生物を鶏ふん堆肥に導入し，機械散布が可能な成型処理を行い，まめリッチを開発した。このように，バイオスティミュラント資材を現場に適応させるためには，生産圃場における現象や課題から資材を開発することが必要であると考えている。本報告では，単離された有用菌株の資材化およびその利用特性について紹介する。

2 ダイズ黒根腐病菌に対する増殖抑制効果を示す菌株の単離

はじめに，上記の高収量圃場で使用されている乾燥鶏ふんを入手し，ダイズ黒根腐病菌

＊1 Katsuhiro KOJIMA 朝日アグリア㈱ 購買部 購買課
＊2 Kyohei HORIGUCHI 朝日アグリア㈱ 営業四部 技術営業課
＊3 Takashi KENJO 朝日アグリア㈱ 営業三部 技術営業二課 課長代理
＊4 Takashi SATO 秋田県立大学 生物資源科学部 生物環境科学科 教授

（*C. ilicicola* AP12株）とともにポテトデキストロース寒天培地（PDA）上に塗布し，25℃暗所条件下で5日間対峙培養を行った。その結果，乾燥鶏ふんにより黒根腐病菌の増殖抑制が示された。乾燥鶏ふん資材をオートクレーブ滅菌すると黒根腐病菌の増殖抑制効果が失われたことから，乾燥鶏ふん中の微生物が増殖抑制に関与しているものと考えられ，乾燥鶏ふんから微生物（特に細菌）を単離することとした。上記乾燥鶏ふん資材を粉砕して滅菌水に懸濁し，Luria-Bertani寒天培地（LBA）に塗布して30℃・7日間培養した。培地上に形成されたシングルコロニーから16菌株を分離し，各菌株と黒根腐病菌を対峙培養した結果，3菌株（W01株，O02株，T03株）において増殖抑制効果が認められた（写真1）。

　この3菌株について対峙面を顕微鏡で観察すると，単離菌株が黒根腐病菌の菌糸にそって増殖し，菌糸を溶解しているような様子が見られた（写真2左）。このことから，単離3菌株には，黒根腐病菌の細胞壁を分解する菌対外酵素等の関与が示唆された。一般に，キチン分解酵素は作物病害の原因となる糸状菌の増殖を阻害するため，糸状菌由来の土壌伝染性病害を軽減すると言われている[2]。そこで，単離3菌株についても，培地に添加されたキチンを分解するか否かを観

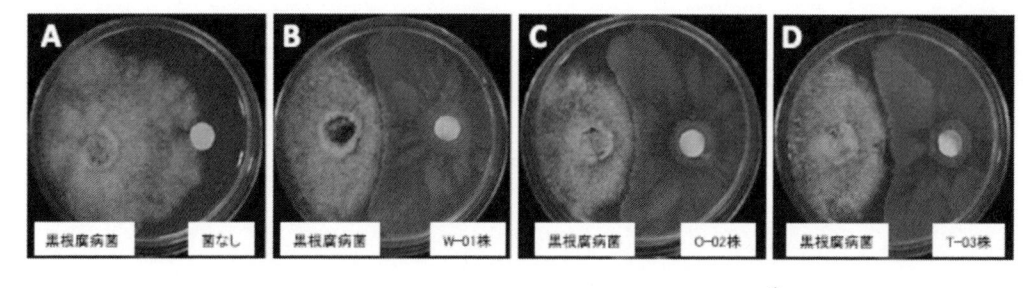

写真1　単離3菌株とダイズ黒根腐病原因菌との対峙培養（文献[1]より転載）
（A：黒根腐病菌のみ　B：黒根腐病菌・W01株　C：黒根腐病菌・O02株　D：黒根腐病菌・T03株）

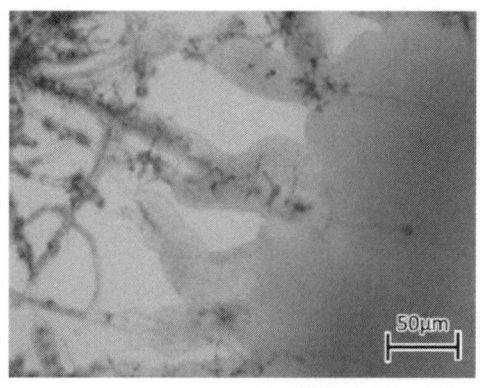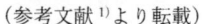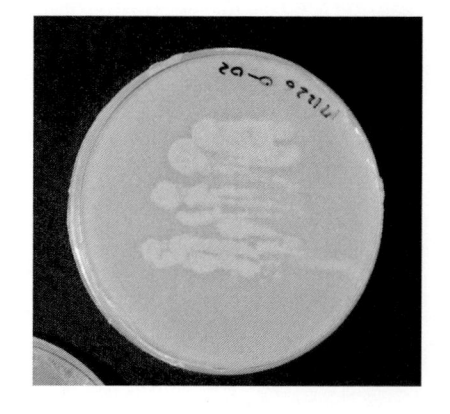

（参考文献[1]より転載）

写真2　O02株と黒根腐病菌の対峙面の顕微鏡観察（左）とO02株のキチン分解能（右）

察することにより，キチナーゼ活性の有無を検討した。キチン粉末を添加した LBA に各菌株を塗布し，白色のキチンが透明化する程度を評価した結果，いずれの菌株も培地中のキチンを分解することが示された（写真 2 右）。以上の結果から，キチナーゼ活性を有することが黒根腐病菌の増殖を抑制する要因のひとつである可能性が示唆された。

　単離 3 菌株については，16S-rRNA 遺伝子の塩基配列を解読することで種の同定を行った。その結果，3 菌株とも *Bacillus subtilis* と高い相同性を示した（DDBJ Accession No.：W01 株；LC520134，O02 株；LC520135，T03 株；LC520136）。従来から *Bacillus* 属細菌は植物生育促進，病害抑制，臭気低減などの特性を有する有用菌であることが知られている[3]。また，*Bacillus* 属細菌は芽胞を形成し，耐久性を有することから，資材化の点からも有用であると考えられた。

3　資材化のための検討

3.1　使用菌株の基本性質に関する検討

　資材の製造工程では成型や乾燥で高温状態にさらされる。また，資材施用後は栄養体となって増殖するため，資材 pH 等の影響を受ける。そこで，単離した 3 菌株について，温度や pH の影響を検討した。

　温度の影響については，単離 3 菌株をそれぞれ LB 培地で培養し（35℃暗所条件下で 12 時間），菌液（約 1×10^7 cfu/mL）に 60℃，80℃，100℃の 3 段階の熱処理を 30 分または 60 分間実施した。加熱処理後の培養液中の菌数を希釈平板法によって測定した結果，選抜 3 菌株については，80℃，1 時間の処理でも 10^5 cfu/mL オーダーを維持可能であり，製造における加熱処理にも耐えうると考えられた（表 1）。

　資材の施用タイミングを知るうえで，低温条件での増殖活性についても検討した。LB 培地と寒天を蒸留水に溶解後（pH7.8），オートクレーブ滅菌した後，プレートを調製した。調製されたプレートに菌株をそれぞれ塗布し，暗所，25℃，15℃，10℃の条件で培養し，コロニーが検出さ

表 1　各種高温条件下での選抜 3 菌株の菌数の変化

処理温度 （℃）	処理時間 （分）	菌数（cfu/mL）		
		W01 株	O02 株	T03 株
（処理前）	0	4.0×10^7	3.8×10^7	1.5×10^7
60	30	5.7×10^7	1.2×10^7	1.6×10^7
	60	4.7×10^7	1.1×10^7	1.8×10^7
80	30	5.3×10^7	3.9×10^6	2.6×10^6
	60	2.4×10^7	2.5×10^5	1.3×10^6
100	30	4.3×10^3	ND	ND
	60	2.1×10^3	ND	ND

ND：コロニーなし

（文献[1]より一部改変して転載）

表2 低温に対する選抜3菌株の増殖性

菌株	10℃	15℃	25℃
W01 株	−	+	+ + +
O02 株	−	+ +	+ + +
T03 株	−	+ +	+ + +

表3 異なる pH に対する選抜3菌株の増殖性

菌株	pH					
	5.0	6.0	6.5	7.0	8.0	9.0
W01 株	−	+ +	+ +	+ + +	+ + +	+ +
O02 株	+	+ +	+ + +	+ +	+ + +	+ +
T03 株	−	+ + +	+	+ + +	+	+

れる日数を評価した。低温条件での増殖性については，コロニー形成がないものを−，培養2日以内にコロニーを形成したものを＋＋＋，5日以内にコロニーを形成したものを＋＋，6日以内にコロニーを形成したものを＋と示した。その結果，いずれの菌株も15℃の条件では6日以内の培養でコロニーが検出された（表2）。特に，O02株とL05株は5日以内で検出され，低温感受性が高い可能性が示された。また，25℃の条件ではすべての菌株が2日以内に検出され，増殖性が高いことが示された。

　pHの試験では，LB培地と寒天を蒸留水に溶解後，塩酸と水酸化ナトリウムでpHを5.0〜9.0に調整し，オートクレーブ滅菌した後，プレートを調製した。調製されたプレートに菌株をそれぞれ塗布し，35℃，12時間の培養を行った。培養後のコロニー数を計数し，増殖性（実測値／理論値）を評価した。増殖性については，コロニー形成がないものを−，＜0.5であるものを＋，$0.5 \leqq x < 1$であるものを＋＋，1＝であるものを＋＋＋と示した。その結果，3菌株ともpHごとの増殖性が異なることが示された（表3）。特にW01株はpH7.0〜9.0とアルカリ側で増殖性が高く，T03株はpH6.0と7.0と特定のpHで増殖性が高くなっていた。また，O02株はpHが6.0〜9.0と適性範囲が広い特徴を有していた。また，いずれの菌株もpHが6.0以下では増殖性が低い結果となった。以上の結果から，ダイズの生育至適pHである6.0〜6.5の範囲では増殖性が高いことが示唆され，資材化に際してはpH6.0〜9.0の範囲に調整することとした。

3.2　資材化のための担体資材および成型方法の検討

　担体資材の検討では，発酵鶏ふん，ゼオライト，緑色擬灰岩，米ぬかを用いた。資材化に際しては，様々な土壌環境においても効果を発揮させるために，単一菌株ではなく複数種の混合を想定していた。そこで，担体資材単独，または特定の割合（発酵鶏ふん：各種担体＝7：3）で組み合わせた混合物に，選抜3菌株の混合菌液（6.8×10^6 cfu/mL）を重量比で40％添加し，約

60℃，10時間の乾燥処理を行った。得られた資材の菌数を計数した結果，担体資材単独の試験では，発酵鶏ふん，ゼオライト，緑色擬灰岩では同程度の菌数を示し，米ぬかでは10^4 cfu/g オーダーまで生菌数が減少することが示された。また，担体資材の組み合わせによる評価では，発酵鶏ふん単独よりも，他の資材を組み合わせることにより生菌数が増加することが示された（表4）。

　資材の形状として，ペレット資材（押出成型）と粒状資材（転動成型）が考えられた。押出成型では，機器を通過する際に摩耗熱が発生したり，添加できる水分量が制限されたりするが，乾燥負荷が少なく，生産効率が低下しにくい。一方，転動成型では，摩耗熱は少なく，比較的水分を多く添加可能だが，乾燥負荷が高く生産効率が低下する場合がある。そこで，成型方法の違いによって，菌数がどのように変化するかを検討した。押出方式では，担体資材を発酵鶏ふん：ゼオライト：米ぬか＝6：1：3あるいは6：4：0で配合し，混合菌液を重量比で2.5%添加した。転動方式では，発酵鶏ふん：ゼオライト＝7：3で配合し，混合菌液を重量比で40%添加した。添加菌液の菌密度は$3.2×10^7$ cfu/mL で，どちらの方式も成型後に約100℃，30分間の加熱処理を行った。得られた資材の生菌数を計数し，成型方法による影響を評価した。その結果，押出成型では10^4 cfu/g オーダー，転動成型では10^6 cfu/g オーダーで菌を封入可能であることが示された。また，押出成型方式において，ゼオライトの配合割合が高いと菌密度が減少し，米ぬかの配合割合が高いと比較的菌密度が高く維持されることが示された（表5）。この結果は，造粒機の通過性の違いによる温度変化が影響したものと推定された。

　最適な資材化条件で調製した資材については，物理性や化学性，長期保管性を検討し，問題がないことを確認している。以上の結果から，実際の農業生産者の使用に耐えうる資材製造が可能となり，土壌伝染性病害の軽減効果を安定化させることが可能と考えられた。

表4　菌に対する担体資材の影響

担体資材	菌数（cfu/g）
発酵鶏ふん	3.4 x 10^5
ゼオライト	5.0 x 10^5
緑色擬灰岩	1.3 x 10^5
米ぬか	2.7 x 10^4
発酵鶏ふん＋ゼオライト	2.7 x 10^6
発酵鶏ふん＋緑色擬灰岩	1.6 x 10^6

表5　菌に対する成型方式の影響

成型方式	菌数（cfu/g）	
	成型後	乾燥処理後
押出成型（6：1：3）	2.1 x 10^4	5.1 x 10^4
押出成型（6：4：0）	4.5 x 10^3	4.3 x 10^3
転動成型	1.8 x 10^6	2.7 x 10^6

4 資材施用によるダイズ黒根腐病軽減効果の検証

4.1 ポット試験

試験機によって最適な条件で製造した資材について，初めにポット試験における黒根腐病の軽減効果を検討した。供試植物はダイズ品種リュウホウ（*Glycine max*（L.）Merr. cv. Ryuho）を用いた。土壌は青森県の砂質壌土を用い，ダイズ黒根腐病菌を 10^8 cfu/mL オーダー濃度で添加し，感染区を設定した。選抜3菌株を同一重量比で混合した微生物資材の施用の有無によって処理区を設け，70％エタノールと次亜塩素酸ナトリウムで表面殺菌した種子を播種した。播種後，明期 16 h（28℃）：暗期 8 h（18℃）の条件下で栽培し，生育の観察により混合菌液のダイズ黒根腐病に対する効果を検討した。その結果，選抜3菌株の混合菌液を接種しない処理区では，ダイズ黒根腐病菌の感染によって，ダイズの発芽および初期生育が著しく抑制された。一方，混合菌液接種区では生育が良好に進行し，ダイズの発芽，初期生育に対するダイズ黒根腐病菌の影響を軽減することが示された（写真3）。

写真3　ダイズ黒根腐病菌によるダイズ生育抑制に対する微生物資材の軽減効果
（文献[1]より一部改変して転載）

4.2　圃場試験

　ポット試験において良好な結果が得られたため，続いては圃場試験を実施し，生育後半の病徴や収量性についても検討した。圃場試験は，青森県の水田転換畑（砂質壌土，ダイズ2作目）において2016年に実施した。供試植物はダイズ品種おおすず（*G. max*（L.）Merr. cv. Ohsuzu）を用い，処理区については，慣行区（化成肥料（N-P$_2$O$_5$-K$_2$O（%）：14-18-14），6月6日施用），担体区（発酵鶏ふん200 kg，4月25日施用），資材区（微生物成型資材200 kg，4月25日全層施用）を設けた。播種は6月7日に畝間72 cm，株間14 cm，2粒播きで行った。

　三葉期（7月8日），開花期（7月29日），最大繁茂期（以下最繁期とする）（9月2日）において，ダイズ黒根腐病菌の感染率を評価した。ダイズ根からDNAを抽出し，糸状菌のβ-tubulin遺伝子をターゲットとしたダイズ黒根腐病菌特異的プライマーでPCRを行い，アガロースゲル電気泳動でバンドの有無を確認した。感染株率を計算した結果，慣行区，担体区では開花期以降感染株率が増加していく中で，資材区においては最繁期まで感染が抑えられていることが示され（表6），微生物成型資材がダイズ黒根腐病の軽減効果を有することが明らかになった。

　各時期における生育調査については，開花期までの乾物重に各処理区間で有意差が認められなかったが，最繁期になると資材区で慣行区よりも有意に増加していることが示された（図1）。そして，最繁期の生育差が収量に結び付き，資材区の収量が慣行区，担体区に比べ有意に増加することが示された。

表6　生育各期におけるダイズ黒根腐
病菌の感染株率（%）

試験区	三葉期	開花期	最繁期
慣行区	0	40	50
担体区	0	20	20
資材区	0	0	0

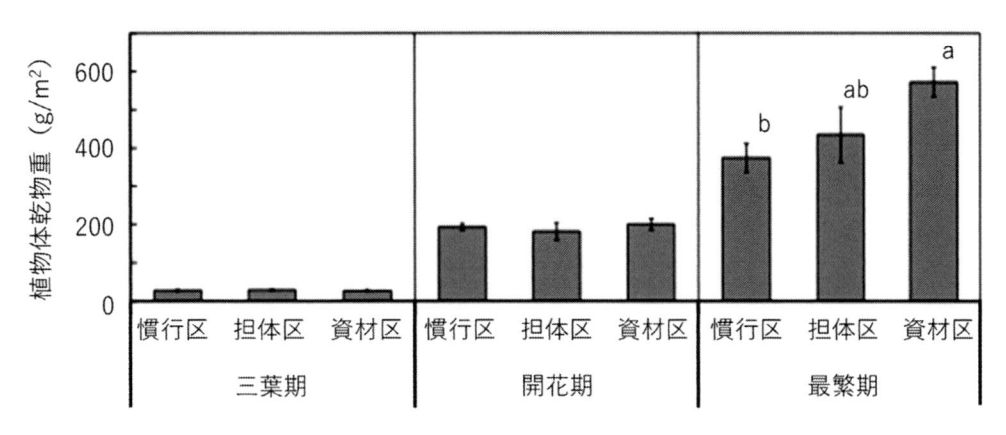

図1　異なる生育段階における各処理区の地上部乾物重の推移

以上の結果から，微生物成型資材はダイズ黒根腐病菌に対する抑制効果を有し，病気の発病を軽減することで，ダイズの生育や収量を増加させることが明らかとなった。青森県では2016年以降継続して圃場試験を実施しているが，資材施用区ではダイズ黒根腐病の発病が軽減される傾向を示し，収量性についても，対照区に比べて増加傾向を示している。

5　資材施用による土壌微生物叢の改善効果

資材効果に関する圃場試験は，複数の県において実証試験を実施してきた。ここでは，秋田県における圃場試験について，まめリッチ施用が土壌微生物叢（特に糸状菌叢）に及ぼす影響について検討したので，それについて紹介する。

本試験地においては，まめリッチ施用と緑肥のすき込みを混合して2年間試験しており，処理区としては，無処理区（現地慣行区），緑肥区（2年連用），混合処理区（単年施用），混合処理区（2年連用），まめリッチ区（単年施用），まめリッチ区（2年連用）を設けた。緑肥についての効果は，文献[4]を参照されたい。各処理区の土壌をサンプリングして全DNAを抽出し，糸状菌を対象としたARISA解析（Automated Ribosomal Intergenic Spacer Analysis）[5,6]により微生物叢を解析した。主成分分析により処理区間の比較を行った結果，まめリッチを施用することで菌相が変化し，連用することによってさらに変化することが示された（図2）。これらのことから，まめリッチを使用し続けることで，ダイズ黒根腐病に発病しにくい土壌微生物叢へと改善されていることが推定された。

一般に微生物農薬として知られる *Bacillus* 属細菌の菌密度は 10^9 cfu/mL オーダー程度と比較的菌密度の高い剤が多い[7]が，まめリッチの資材菌数はおおよそ 10^5～10^6 cfu/g オーダーのため，全層施用する場合は，ダイズ根やダイズ黒根腐病菌と接触する菌密度としては低いと思われる。また，まめリッチ菌は翌年には土壌から検出されず蓄積されることはないことから，ダイズ黒根腐病の軽減については，まめリッチ菌の菌対外酵素による増殖・感染の抑制といった直接的な効果だけでなく，土壌微生物叢の改善による発病の間接的な軽減効果の寄与が大きいと考えられる。この土壌微生物叢の改善による発病軽減や増収効果という点がバイオスティミュラントの効果と考えられるため，まめリッチは微生物農薬ではなく，特殊肥料として流通されている。キチナーゼによる微生物の増殖抑制や土壌微生物叢改善に対して病原菌が耐性を持つようになることは極めて限定的と考えられるため[8]，まめリッチを連用し健全な土壌に改良していくことが，環境負荷を低減し，生産力の向上と持続性を両立させるためには効果的である。また，これらの効果はダイズ黒根腐病だけでなく，ダイズ茎疫病や他品目の土壌伝染性病害に対しても有効と考えられ，ネギの黒腐菌核病やメロンのホモプシス根腐病などについても効果が明らかになりつつあり，検討を進めている。

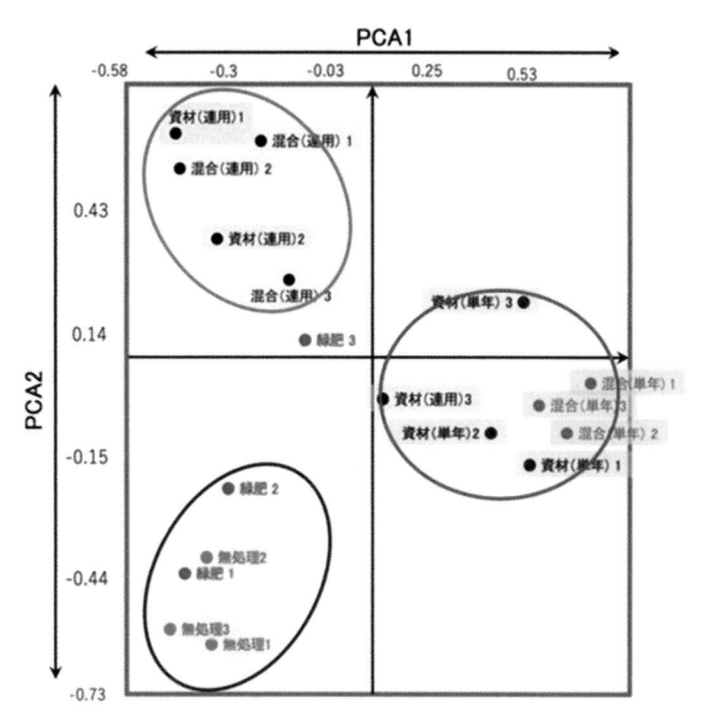

図2　各資材処理による土壌微生物叢（糸状菌）の変化

6　今後の展望

　バイオスティミュラント資材は，現在まで農業現場で活用されていなかった天然物質や微生物を活用することから，それらの効果の安定性や資材の信頼性の認知については未だ課題があると考えられる。今回紹介した「まめリッチ」は，生産者が生産現場の課題に対して，成功した事例を商品化したものであるが，このようなバイオスティミュラント資材を化成肥料や農薬と同様に現場に受け入れられやすくするためには，生産現場の課題を抽出し，現在までの資材では解決できない新規資材を開発していくことが最も重要なことであると考えられる。また，バイオスティミュラント資材を開発するには，通常の肥料開発よりも開発費用や時間がかかるため，各メーカーが積極的な開発ができない状況もある。バイオスティミュラント資材の性質上，大学等の試験機関と共同開発するケースが多くなると考えられ，その品質や性能を規定する法律の整備も早期に設定される必要があると考えられる。

　最後に，農業生産現場に受け入れられ，生育や収量にいち早く貢献できる技術を各メーカーが提供できることを期待する。

文　　献

1) 鶴見拓哉ほか，土と微生物，**74**, 13 (2020)
2) 宮下清貴，「農業技術体系」土壌施肥編，第 1 巻，土壌と根圏 IV + 156 の 8 (1996)
3) T. Tsotetsi *et al., Plants*, 11, 2482 (2022)
4) 佐藤孝ほか，微生物資材と燻蒸植物を利用した土壌微生物相改善によるダイズ安定栽培技術，7, ダイズ土壌病害抑制技術コンソーシアム (2021)
5) M. M. Fisher & E W. Triplett, *Appl. Environ. Microbiol.*, **65**, 4630 (1999)
6) L. Ranjard *et al., Appl. Environ. Microbiol.*, **67**, 4479 (2001)
7) 令和 6 年度　静岡県農薬安全使用指針・農作物病害虫防除基準　総合的病害虫・雑草管理（IPM）の推進　I 生物的防除法　9.生物農薬の掲載一覧表；https://www.s-boujo.jp/kihon/file/02kouri/0209.pdf
8) T. Taira & T. Takashima, *Glycoforum*, **26**, A4 (2023)

第12章　葉圏C1細菌−植物間相互作用と　　バイオスティミュラント機能の開発

由里本博也[*1]，阪井康能[*2]

1　はじめに

　農作物を安定的に生産するためには施肥や農薬の使用が有効であり，歴史的にみても人類は，化学肥料の使用量を増加させることによって農作物の収量を飛躍的に向上させてきた。しかしながら，化学肥料の製造は多大なエネルギー投入とCO_2排出を伴うだけでなく，過剰量の施肥はN_2Oなどの温室効果ガスの排出や，土壌，地下水，河川や海洋などの環境汚染を引き起こす。これらの諸問題に加えて，資源の枯渇や生産コストの上昇なども含めた様々な問題を解決するために，施肥量や農薬使用量を低減する持続可能かつ環境保全型の新しい農業技術の開発とその普及が多方面で進められており，バイオスティミュラントの利用がこれらの諸問題の解決策の一つとして有望視されている。バイオスティミュラントには特定の化合物だけでなく，植物生長促進作用や病害防除効果など作物増収に対して正の効果をもつ微生物も含まれる。これまでに多くの農業用微生物製剤が開発されているが，その多くは根粒菌や菌根菌等のように土壌中（根圏）での効果を期待したものである。一方，葉面などの植物地上部表層（葉圏）にはメタノールを単一の炭素源・エネルギー源として利用するメタノール資化性細菌（C1細菌）が優占種として棲息し，植物からメタノールなどの栄養源を得て増殖し，植物ホルモン等を生産することによって植物生長促進効果をもたらすことが知られるようになってきた。本稿では，葉圏C1細菌と植物との生物間相互作用に関する研究と，葉圏C1細菌のバイオスティミュラントとしての機能開発の現状について，筆者らの研究成果を中心に紹介する。

2　微生物棲息環境としての葉圏とそこで優占化するC1細菌

　葉圏（phyllosphere）には，光合成の場である植物葉だけでなく茎や花などの植物地上部表層が含まれるが，その面積は葉が最も大きい。地球上の全ての植物葉の表面積は，表裏合わせて地球の表面積の2倍に匹敵する$10^9 \, km^2$と見積もられ，葉圏の平均的な微生物数を$10^4 \sim 10^7 \, cells/$

＊1　Hiroya YURIMOTO　京都大学　大学院農学研究科　応用生命科学専攻　制御発酵学分野　　　　　　　　　　　　准教授

＊2　Yasuyoshi SAKAI　京都大学　大学院農学研究科　応用生命科学専攻　制御発酵学分野　　　　　　　　　　　　教授

cm^2 と仮定すると，地球上の葉圏には最大約 10^{26} cells にも達する膨大な数の微生物が棲息している[1]。葉圏微生物のほとんどは細菌であるが，糸状菌や酵母も棲息し，これらの中には植物の生長に対して正の効果を与えるもの，病原菌など負の効果を与えるものも含まれ，植物の生長，農業においては作物収量に少なからぬ影響を与えている。それにもかかわらず，葉圏は微生物の棲息環境として永年看過され，植物病原菌以外の葉圏微生物についてはその膨大な数や地球環境に与えるインパクトにもかかわらず，根圏微生物に比べて研究が進んでいなかった。2000 年前後からは非培養法による微生物群集解析技術などの進展により，葉圏が微生物の棲息環境として注目されるようになってきた。

微生物が棲息する環境としての葉圏は，根圏と比較すると，昼夜あるいは日照条件による温度変化，紫外線，乾燥，浸透圧，活性酸素種，貧栄養あるいは栄養飢餓など様々な環境要因の変動に曝されている。このように大きな環境変化の中で優占化している微生物種の一つが *Methylobacterium* 属細菌であり，植物種によっては葉面細菌叢の数十％を占める[1,2]。*Methylobacterium* 属細菌は，メタノールを唯一の炭素源・エネルギー源として生育できるメタノール資化性細菌（methylotroph, C1 細菌）であり，コロニーがピンク色を呈することから PPFM（pink-pigmented facultative methylotroph）とも呼ばれる。現在，PPFM は α-プロテオバクテリアに属する *Methylobacterium* 属もしくは *Methylorubrum* 属に分類されており，メタノールやメチルアミンなどの C1 化合物のほかに，コハク酸などの有機酸も炭素源として利用できる通性メタノール資化性のグラム陰性細菌である。

C1 細菌が葉圏で利用する主要な炭素源の一つと考えられるのが，植物が生産するメタノールである。植物からは様々な揮発性有機化合物（VOC）が放出されているが，メタノールが植物葉から直接放出されていることは 1995 年に報告され[3]，その放出量は主要な VOC であるテルペンやイソプレンに次ぐ年間 1 億トン以上と見積もられている[4]。植物が生産するメタノールは，植物細胞壁構成成分であるペクチンのメチルエステル基に由来する。ペクチンの基本構造はガラクツロン酸が直鎖状に重合したポリガラクツロン酸である。ガラクツロン酸のカルボキシル基がメチルエステル化された状態で細胞壁に運ばれ，ペクチンメチルエステラーゼ（PME）の作用により露出した複数のカルボキシ基と Ca^{2+} が相互作用して架橋構造が形成されることにより細胞壁が硬化する[5]。また，別の PME の作用により脱メチルエステル化することでポリガラクツロン酸主鎖が分解されやすくなり，細胞壁が軟化する。このように PME によってペクチン中のメチルエステル化度が変化して細胞壁の堅さが調節され，その際にメタノールが生じる（図1）。

植物葉からのメタノール放出量は温度や光，気孔開閉の影響を受ける。メタノール放出量と気孔の開度に強い相関が観察されたことから，メタノールは主に気孔からの蒸散によって放出されると考えられる[6]。一方，葉圏 C1 細菌は大気中に放出されたメタノールを利用するのではなく，葉面表層あるいは気孔内腔表層に存在するメタノールを利用していると考えられる。葉からのメタノールの放出量は，密閉容器内で一定時間後の気相中のメタノール濃度を測定することで求められるが，葉面に微生物が利用可能なメタノールがどの程度の濃度で存在するのかは不明であっ

た。筆者らは，メタノール資化性酵母（C1酵母）のメタノール濃度依存性遺伝子発現[7]を利用し，メタノール誘導性の*DAS1*プロモーター支配下に蛍光タンパク質を発現するメタノールセンサー細胞を用いて，葉面のメタノール濃度を直接計測することに成功した（図2）[8]。明暗（昼夜）サイクル条件で栽培した発芽後数週間の若いシロイヌナズナでは，葉面メタノール濃度が明期（昼間）に低く暗期（夜間）に高くなり，約0.01〜0.3%の間で昼夜で大きく変動することがわかった。一方，葉から気相中に放出されたメタノール量は，気孔が開口する日中に高く，葉面メタノール濃度の変動パターンとは逆になる。気孔が閉口する夜間はメタノールが蒸散されずに植物内に蓄積するため，表層に浸出してくる可能性も考えられ，気孔内腔や葉面表層に浸出したメタノールをC1細菌やC1酵母が利用すると考えられる（図3）。

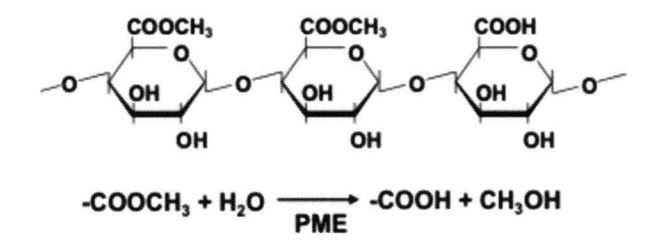

図1　ペクチンの構造とペクチンメチルエステラーゼ（PME）

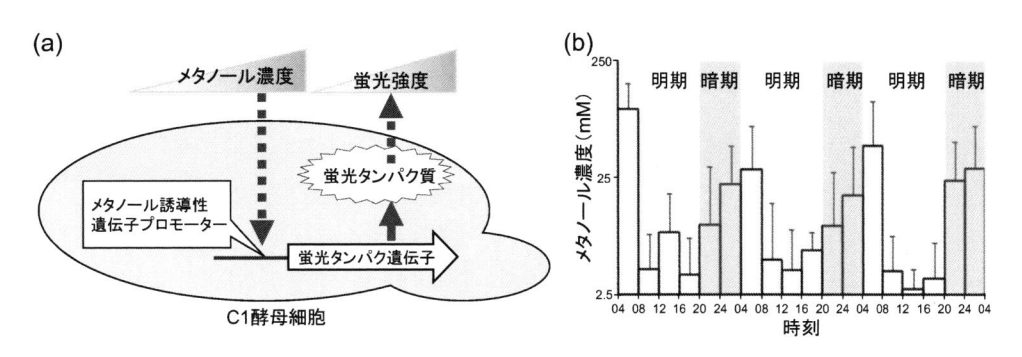

図2　メタノールセンサー酵母（a）と葉面メタノール濃度の日周変動（b）[*]
[*]文献[8]より改変転載。

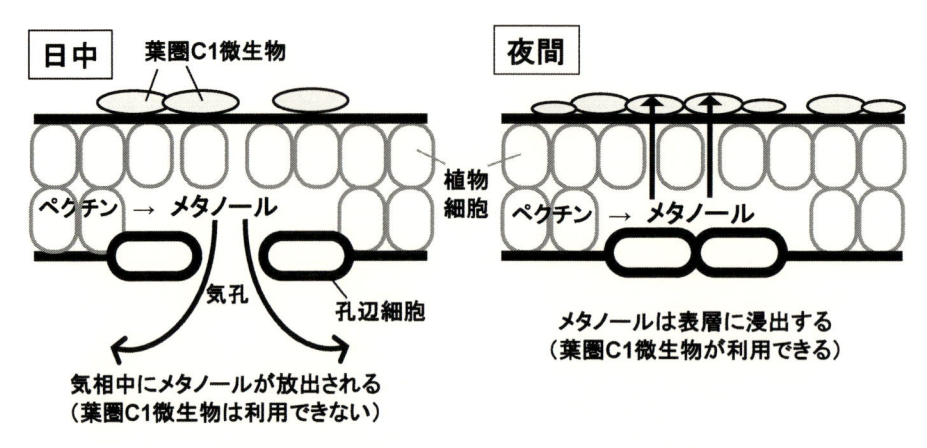

図3　日中と夜間の気候開閉に伴うメタノールの挙動

3　C1 細菌の葉圏での生存に必要な生理機能

　C1 細菌の中でも *Methylorubrum extorquens* AM1 株は，メタノール代謝やメタノールからの有用物質生産に関する研究のモデル菌株として 1960 年代から利用されてきたが，C1 細菌と植物との共生関係が注目されるようになってからは，様々な植物試料から多くの菌株が分離され，植物に対する生育促進効果，植物上での生育に必要な生理機能に関する研究が進められてきた。本節では C1 細菌の葉圏での生理・生態と生存戦略について紹介し，C1 細菌による植物生長促進効果については次節で述べる。

　M. extorquens AM1 株では，メタノール代謝の初発反応を触媒するメタノール脱水素酵素遺伝子（*mxaF*）の破壊株の植物定着能が野生株より弱まったことから，メタノールを葉面での主な炭素源の一つとして利用していることが示された[9]。また，植物上に生育した *M. extorquens* AM1 株のプロテオーム解析や，遺伝子破壊株と野生株との競合試験により，ストレス応答性の転写因子（PhyR）が葉面での生育に関わっていることが報告された[10,11]。*phyR* 遺伝子破壊株は，熱，紫外線，活性酸素種など幅広い環境ストレスに対する耐性が野生株と比較して減少し，植物定着能も著しく悪化したことから，PhyR に制御される一般ストレス耐性が葉面での生育に重要な役割を果たすことが示唆された。

　上述のように葉面環境は微生物にとっては様々なストレスに曝される環境であるが，光や温度だけでなく，主要な炭素源であるメタノール濃度が日周変動することから，筆者らはシアノバクテリアにおいて時計遺伝子として働く KaiC タンパク質のホモログ遺伝子を *M. extorquens* AM1 株に見出し，その機能解析を進めた[12]。シアノバクテリアにおいて KaiC は 24 時間周期で自己リン酸化・脱リン酸化のサイクルを刻む時計遺伝子として働き，LabA などの下流の転写因子を通してグローバルな遺伝子発現制御を行う[13]。KaiC のホモログ遺伝子はシアノバクテリア以外

の細菌やアーキアにも保存されており，AM1 株には *kaiC1, kaiC2* の 2 つの遺伝子が存在する。これらの単独および二重遺伝子破壊株や *labA* 遺伝子破壊株では，野生株よりもシロイヌナズナへの定着能が低下した[12]。さらに単独および二重遺伝子破壊株の各種ストレス条件下での生存率を調べたところ，*kaiC1, kaiC2* が温度依存性 UV 抵抗性（temperature-dependent UV resistance；TDR）を制御することが明らかになった。野生株では培養温度の上昇に伴って UV 耐性が上昇したが，*kaiC1* 破壊株では UV 耐性が下がり，*kaiC2* 破壊株では逆に上昇した。つまり，KaiC1 は TDR における正の因子として，KaiC2 は負の因子として働くことがわかった。温度や日照条件が変動する葉面環境に適応するために，KaiC1 と KaiC2 がバランスをとりながら最適な生育のための遺伝子発現制御を行っていると考えられる。

　また，筆者らは様々な植物試料から多数の C1 細菌を単離してきたが，興味深いことに多くの菌株がパントテン酸（ビタミン B5）要求性を示すことがわかった。アカシソから単離した *Methylobacterium* sp. OR01 株もその一つで，OR01 株はパントテン酸合成の前駆体である β-アラニンの生合成ができず，最少培地への β-アラニン添加により生育が回復した[14]。シロイヌナズナ葉の表層には β-アラニンがパントテン酸の 100 倍量程度存在したことから，OR01 株は葉圏で主に β-アラニンを獲得して生育することが示唆された。このように葉圏で獲得可能な化合物は C1 細菌自身は生合成を行う必要がなく，その合成に必要なエネルギーコストを節約できるため，葉圏環境に適応する過程で多くの C1 細菌がパントテン酸要求性となったと考えられる。このような生物間相互作用に依存する栄養要求性の例は，腸内細菌にも多く見られる。

　葉圏における C1 細菌の優占化が報告されてからしばらくの間は，葉圏における C1 細菌の種類や数は土壌や周辺環境からの水平伝播による地理的要因が大きく影響すると考えられていた[15]。しかし，筆者らが同一圃場（10 m x 10 m）で同時期に栽培中の様々な蔬菜葉面から C1 細菌を分離し，分離菌株の 16S rDNA 系統解析を行った結果，蔬菜種により C1 細菌の菌数と分離菌株の最近縁種が異なることがわかった[16]。さらに，筆者らは C1 細菌菌数が多かったアカシソに着目し，日本各地で栽培した葉や種子から分離した C1 細菌菌株の 16S rDNA 配列を決定したところ，そのほとんどが上述の *Methylobacterium* sp. OR01 株と同一の配列であった[17]。これらの結果は，植物と C1 細菌の間には種レベルでの特異性があり，その特異性が地理的要因に左右されないことを示している。また，抗生物質耐性マーカーを保持させた OR01 株をアカシソ種子に接種し，これを栽培して得られた葉と種子から同菌株が検出されたことから，C1 細菌が植物の生長とともに種子より地上部・葉上へと棲息範囲を広げ，さらに次世代の種子へ垂直伝播すると考えられる[17]。

4　葉面散布バイオスティミュラントとしての C1 細菌

　冒頭でも述べたように，微生物を含むバイオスティミュラントや土壌改良材については，根粒菌や菌根菌，枯草菌を利用する例があるが，効果を発揮する場所が土壌中（根圏）などに限定さ

れ，さらには生きた菌を使用しなければならないため，菌体の大量培養，製剤化や品質管理が難しく，生態系への影響など環境安全面でのリスクも懸念される。これらの技術的課題を克服する新技術として，葉圏で優占化して植物に対する生長促進効果をもつ C1 細菌を葉面散布バイオスティミュラントとして利用することが期待できる。

　ここで，改めて葉圏と根圏を比較してみたい。根圏には微生物の栄養源となる様々な化合物が豊富に存在し，土壌中の微生物数も根に近いほど多くなる。土壌環境は場所や圃場によって大きく異なり，それぞれの環境での微生物叢も多様である。これまでに開発されてきた微生物バイオスティミュラントは，生菌体を土壌に施用するものがほとんどであるが，多種多様な微生物種との競争に打ち勝ってそれぞれの微生物が根圏に定着して効果を発揮できるかどうかは土壌環境や作物種に依存する。一方，葉圏は根圏に比べて貧栄養環境と想定されるが，例えば細胞壁成分であるペクチンやその分解物であるメタノールを炭素源として利用できる微生物にとっては，生存に有利な環境である。また根圏と比較すると葉圏微生物叢に含まれる微生物種は限定的で，元来葉圏に棲息している葉圏微生物をバイオスティミュラントとして利用する場合には定着して効果を発揮しやすいと考えられる。

　C1 細菌による植物生長促進効果のメカニズムについては，これまでに複数の要因が明らかにされており，シデロフォア産生による植物の鉄の吸収促進や，難溶性リン酸の可溶化酵素の生産，窒素固定など根圏で発揮される機能も知られているが，ここでは主に葉圏で発揮される機能について述べる（図4)[18, 19]。C1 細菌による植物生長促進効果の主要な要因は，植物ホルモン生産であると考えられている。C1 細菌はサイトカイニンの一種であるゼアチンとオーキシンの一種であるインドール酢酸（IAA）を合成することができ，様々な *Methylobacterium* 属細菌のゲノム

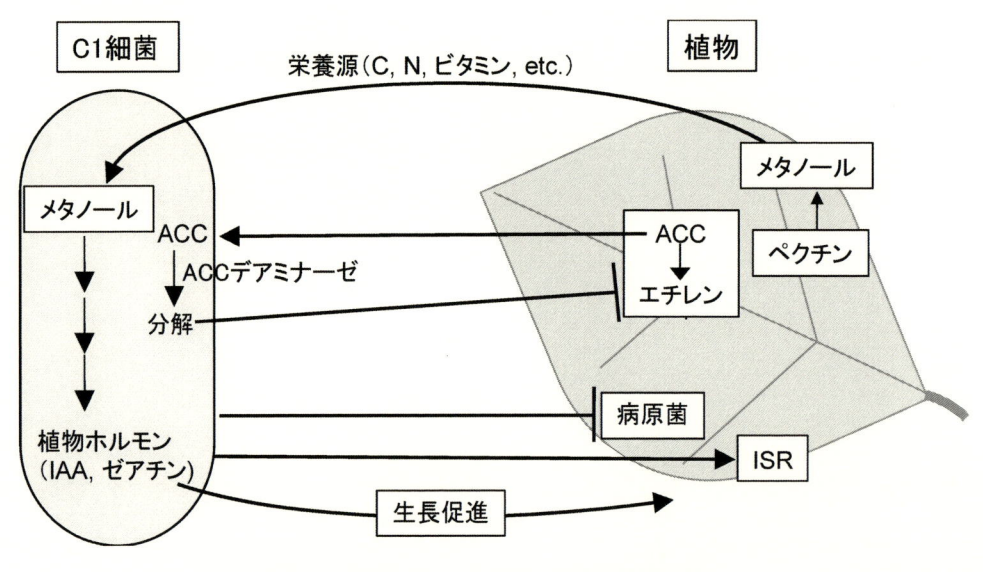

図4　葉圏における C1 細菌と植物の相互作用

にはゼアチン合成や IAA 合成に関わる一連の酵素遺伝子群が存在する。また，C1 細菌自身はエチレンを合成することはできないが，植物のエチレン合成を抑制することで生長促進効果を与える。植物細胞内ではエチレンは 1-アミノシクロプロパン-1-カルボン酸（ACC）を経て合成されるが，C1 細菌には ACC デアミナーゼをコードする *acdS* 遺伝子をもつものがあり，エチレンの前駆体である ACC を分解することによって，エチレンレベルを低下させ植物の生長を促進していると考えられる。一方，C1 細菌接種により植物の病原抵抗性が向上することも報告されており，病原菌と栄養源を競合的に奪い合うことで病原菌の増殖を抑えたり，植物の全身誘導抵抗性（Induced Systemic Resistance；ISR）を誘導する化合物を生産したりすることにより，植物病原菌の感染を阻害すると考えられている。

5　C1 細菌葉面散布による米収量の増大：商業圃場での増収効果の実証

葉面に散布する微生物製剤としては枯草菌や乳酸菌を含むものが既に上市されているが，主に病虫害防止を目的とするものであり，明確な作物生長促進効果をもつバイオスティミュラントは少ない。近年，葉圏 C1 細菌の植物生長促進効果によるバイオスティミュラント資材の開発が国内外で進められており，特に初期生長期での促進効果として評価しやすい蔬菜類をターゲットとしての農業への積極的利用が試みられるようになってきた。海外のベンチャー企業からは，ダイズやトウモロコシなどの穀類を対象とする C1 細菌製剤も販売されているが，土壌中で作用させるものがほとんどである。イネも含めた穀類の収量増大に関する研究は，幼苗段階の初期生長を指標にした報告や，ポット栽培のような小スケールでの試験研究の報告はあるものの，圃場試験評価には半年以上の期間が必要で再現性の検証にさらに数年かかることもあり，大規模商業圃場での安定的かつ顕著な増収効果は報告がなかった。そこで筆者らは，葉圏 C1 細菌を利用した米増収のためのバイオスティミュラントの開発を 2010 年頃から開始し，商業圃場での増収効果の実証に成功した[20]。

上述のように，筆者らは葉圏 C1 細菌と宿主植物との間に種レベルでの特異性があることを見出していたため，イネをはじめとする様々な植物試料から単離した C1 細菌の中から，イネ幼苗に対する生長促進効果をもつ菌株の探索を行った。各菌株の IAA 生産性など植物生長促進効果に関する特性も調べて菌株を選抜するとともに，様々なイネ品種に対する幼苗生長促進効果を比較し，ポット栽培や試験圃場での収穫量調査も行った結果，イネから分離した C1 細菌が酒造好適米（酒米）品種に対して顕著な増収効果をもたらすことを見出した。そこで，白鶴酒造㈱とその契約農家の協力を得て，白鶴酒造で独自に育種された酒米（白鶴錦）を対象とした 5 年以上に渡る商業圃場でのフィールド試験を行い，C1 細菌の選抜や接種法の最適化を進めた。

C1 細菌接種によってクロロフィル含有量が増加することが知られており，実際に白鶴錦の種子に C1 細菌を接種した場合には苗の緑化が認められた。しかし，C1 細菌の種子への接種や苗へのスプレー散布を施した場合には米の収量が低下してしまったため，栽培初期の生長促進は穀

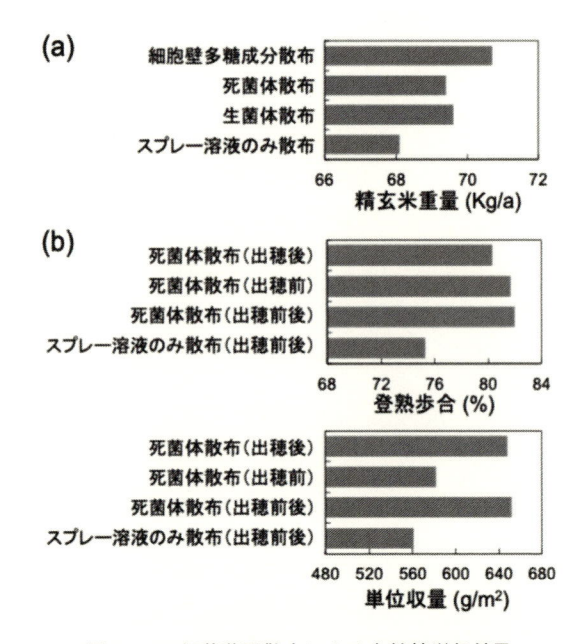

図 5　C1 細菌葉面散布による白鶴錦増収効果
(a) C1 細菌とその細胞壁多糖成分による増収効果。
(b) C1 細菌死菌体散布時期の最適化。
文献[20]より改変転載。

物増収に対しては負の影響をもたらすことが示唆された。そこで C1 細菌の葉面散布時期を検討した結果，出穂前後の時期に葉面散布することで単位面積当たりの精玄米重量が増加し，しかも生菌体だけでなく，死菌体や細胞壁成分の散布によっても増収効果が認められた（図 5a）。さらに，出穂前後の両方あるいはどちらか一方の死菌体葉面散布による影響を調べたところ，出穂後 1 回のみの散布で最大 7 ％の登熟歩合の向上と 16 ％の単位収量増加が認められた（図 5b）。イネ 1 株あたりに散布した C1 細菌の菌体重量は僅か 0.6 mg であり，単位収量が 16 ％向上した場合には約 5 g の精玄米重が増加したことになり，バイオスティミュラントとして優れた機能をもつことがわかった。C1 細菌による増収効果のメカニズムについては今後解明していく必要があるが，死菌体や細胞壁成分でも効果があったことから，C1 細菌が生産する植物ホルモンによる効果ではなく，C1 細菌の細胞壁リポ多糖（LPS）がイネ葉面に付着することが何らかの刺激となり，植物の光合成や免疫系が活性化され，出穂期以降の転流が促進されたのではないかと考えている。

　土壌中での効果を期待する微生物バイオスティミュラントの場合は，生菌が根圏に定着して効果を発揮するまで長時間作用させる必要がある。一方，葉面散布バイオスティミュラントの場合は，光合成の場である葉に直接作用できるので即効性が高く，微量でもその効果が期待できる。さらに，筆者らの実施例では死菌体の葉面散布でも効果が認められており，微生物製剤としての

保存性や流通における簡便性に優れ，環境・生態系への影響も最小限にできるという利点がある。出穂後 1 回のみの散布でも効果が認められたことから，散布のタイミングを管理しやすく，農薬等と混合してドローンで広範囲に散布することも可能であり，酒米以外のイネ品種や他の穀類でも同様の効果が期待できる。

6　おわりに

　本稿では，葉圏 C1 細菌の特性や葉面散布バイオスティミュラントとしての利便性・優位性を紹介した。C1 細菌を微生物製剤として普及するためには，菌体生産に関する技術開発も必要であるが，C1 細菌ではメタノールを炭素源とする高密度培養（200 g dry cell weight/L）が可能である[21]。さらに，メタノールは食糧と競合しない炭素資源であり，バイオマスや CO_2 からカーボンニュートラルにも供給可能で，低炭素・資源循環型社会の基幹物質として注目されている。メタノールを原料として大量生産可能な微生物製剤を用いて食糧増産を可能にする葉圏 C1 細菌バイオスティミュラントは，メタノールから様々な有用バイオ製品を生産する「メタノールバイオエコノミー」の好例である。葉圏 C1 細菌は，地球上のほぼ全ての植物上に棲息し，二大温室効果ガスであるメタンと CO_2 との間のメタンサイクルだけでなく，植物の CO_2 固定能の増強にも寄与しており，作物増収と温室効果ガス削減を同時に達成できる技術としても今後の用途拡大が期待される。

文　　献

1)　J. A. Vorholt, *Nat. Rev. Microbiol.*, **439**, 187（2012）

2)　C. Knief *et al.*, *Appl. Environ. Microbiol.*, **74**, 2218（2008）

3)　M. Nemecek-Marshall *et al.*, *Plant Physiol.*, **108**, 1359（1995）

4)　J. Laothawornkitkul *et al.*, *New Phytol.*, 183, **27**（2009）

5)　S. Wolf, *et al.*, *Mol. Plant,* **2**, 851（2009）

6)　R. MacDonald & R. Fall, *Atmos. Environ.*, **27**, 1709（1993）

7)　K. Inoue *et al.*, *Mol. Microbiol.*, **118**, 683（2022）

8)　K. Kawaguchi *et al.*, *PLoS ONE*, **6**, e25257（2011）

9)　A. Sy *et al.*, *Appl. Environ. Microbiol.*, **71**, 7245（2005）

10)　B. Gourion *et al.*, *Proc. Natl. Acad. Sci. USA*, **103**, 13186（2005）

11)　B. Gourion *et al.*, *J. Bacteriol.*, **190**, 1027（2008）

12)　H. Iguchi *et al.*, *Environ. Microbiol. Rep.*, **10**, 634（2018）

13)　C. H. Johnson *et al.*, *Nat. Rev. Microbiol.*, **15**, 232（2017）

14)　Y. Yoshida *et al.*, *Biosci. Biotechnol. Biochem.*, **83**, 569（2019）

15) C. Knief *et al.*, *ISME J.*, **4**, 719（2010）

16) M. Mizuno *et al.*, *Biosci. Biotechnol. Biochem.*, **76**, 578（2012）

17) M. Mizuno *et al.*, *Biosci. Biotechnol. Biochem.*, **77**, 1533（2013）

18) M. N. Dourado *et al.*, *Biomed. Res. Int.*, **2015**, 909016（2015）

19) 由里本博也，阪井康能，光合成研究，**25**（2），92（2015）

20) H. Yurimoto *et al.*, *Microb. Biotechnol.*, **14**, 1385（2021）

21) D. Riesenberg *et al.*, *Appl. Microbiol. Biotechnol.*, **51**, 422（1999）

第13章 園芸植物における菌根菌共生機能利用および環境ストレス耐性

松原陽一*

　アーバスキュラー菌根菌は一般土壌に普通に存在し植物と共生する糸状菌（カビ）の一種である。菌根菌は植物の根に共生し，共生した植物のリンや無機養分の吸収を助け，植物成長を促進する[1]。「共生」の意としては，宿主植物へリンといった無機養分供給を行う見返りに，宿主植物からは自らのエネルギー源となる有機物（光合成産物）を受け取る関係を成立させていることがある。菌根菌は地球史の中で植物が陸上に進出する段階から植物根と共生しており，現在でも種子植物の80％程度が菌根菌と共生しているといわれている[2]。このように，菌と植物根が一緒になって養分吸収を行っている形態は「菌根」といわれる。菌根菌が陸上植物の大部分に共生するという点では，植物の多くは一人で生きているわけではないといった見方もでき，反面，「共生」は「共倒れ」と紙一重でもあり，リスクを併せもった関係にもみえる。植物の根に菌が感染するという点では病害をイメージしそうであるが，菌根菌に関しては，むしろそれが植物の自然本来の姿だとも考えられる。一方，植物の中には菌根菌の共生が苦手なタイプ（アブラナ科・アカザ科植物）も存在する[2]。この点で，菌根菌に頼らない植物があるにも関わらず，それらが植物界を席巻するようなことはなく，大部分の陸上植物が菌根菌との共生関係を維持している事実は，菌根菌との共生が今なお植物の生存にとって重要な意味を持っているからかもしれない。

　植物に共生する微生物としては，教科書にも必ず登場するマメ科植物等に共生する根粒菌が知られている。根粒菌は空気中の窒素を利用（窒素固定）し，アンモニア態窒素に変換して植物に供給しており，この機能において根粒菌は植物への窒素肥料の代わりになると考えられる。これに対し，2019年から高校生物の教科書にも掲載されるようになった菌根菌は，主に土壌中のリンを宿主植物に供給する。このことから，農業面では1996年に地力増進法によりリン供給能改善を主効果とする土壌改良資材として菌根菌は政令指定されている。作物へのリン施肥面では過剰症が現れにくく，以前はリン肥料の価格も安価であったことから，これまで我が国では作物に過剰のリン酸が施用されてきた。一方，リン酸質肥料の原料であるリン鉱石は数十年程度で枯渇すると試算されており[3]，リン酸質肥料を多量に施用した土壌の周辺河川・湖沼のリン濃度が上昇し富栄養化といった環境問題も生じている。これらの問題に対応するためには，リン酸質肥料の施用量の削減技術を開発し，作物のリン酸吸収能の向上，リン酸資源の循環が必要になる。こ

＊　Yoh-ichi MATSUBARA　東海国立大学機構　岐阜大学　応用生物科学部
園芸植物栽培学研究室　教授

れらの背景において，菌根菌活用は今後，リン肥料対策の一手法となることが期待される。

　筆者はこれまでに，主に野菜（薬用植物含）における菌根菌共生機能の利用と相互作用に関する検討を行ってきている。ここでは，園芸植物における菌根菌の接種効果について，環境ストレス耐性誘導を含めた検討事例を紹介する。

1　植物体成長促進効果

　分類学上の8科17種の野菜実生への菌根菌（*Glomus* sp., *Gigaspora* sp.）接種検定を行った結果，菌根菌感染は大部分の野菜で認められ，共生個体の多くで葉数，茎数，葉面積，根数の増加等を伴う乾物重増大といった植物体成長促進効果が確認された（図1，図2)[4]。これらの接種効果はユリ科野菜（アスパラガス，ネギ，タマネギ等）など，特に側根数が少なく根系分布範囲が狭いため養分吸収が制限されやすいタイプで顕著になることが示唆されている。また，菌根菌の感染部位は側根に限られており，ニンジン等の根菜類でも食用となる主根部位に定着はみられ

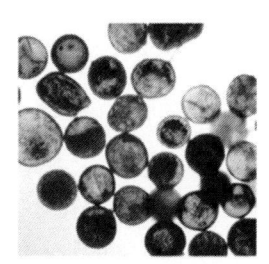
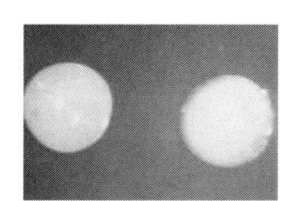

| *Glomus* sp. | *Gigaspora* sp. | 感染状態 |

図1　菌根菌胞子と感染状態

| アスパラガス | 茶 | オタネニンジン |

図2　菌根菌による植物体成長促進
左：無接種区，右：菌根菌接種区

ず，これには根の組織化学的形質（細胞壁・中層におけるペクチン質および繊維成分）の関連が示唆されている[5]。一方，感染率・成長促進効果には宿主・菌種の組合せによる差異が生じ，感染率と成長促進程度に相関性はみられなかった。また，野菜以外への菌根菌接種効果については，果樹ではリンゴ実生[6]・カキ実生[7]，花卉ではシクラメン[8]・サンダーソニア[9]，その他，チャ[10]，薬用植物（オタネニンジン）[11]において同様に確認している。このように，菌根菌共生による成長促進効果は，育苗に長期間を要する作物の期間短縮，収量性の高い健苗の育成，減肥料（リン肥料削減等）を図る上で有効となることが基本的効果として考えられる。

　収量性における菌根菌接種効果の事例として，促成栽培イチゴのポット耕による高設栽培において，菌根菌をランナー採苗時に接種し，高設ベンチへ移植後の収量性評価を行った[12]。イチゴでは，菌根菌接種区で無接種区より成長が促進され，総収量についても果実重・果実数ともに菌根菌区で増大する結果が得られている（図3，図4）。この場合，接種区では，特に促成栽培にお

図3　ポット耕によるイチゴの高設栽培および菌根菌による植物体成長促進
左：無接種区，右：菌根菌接種区

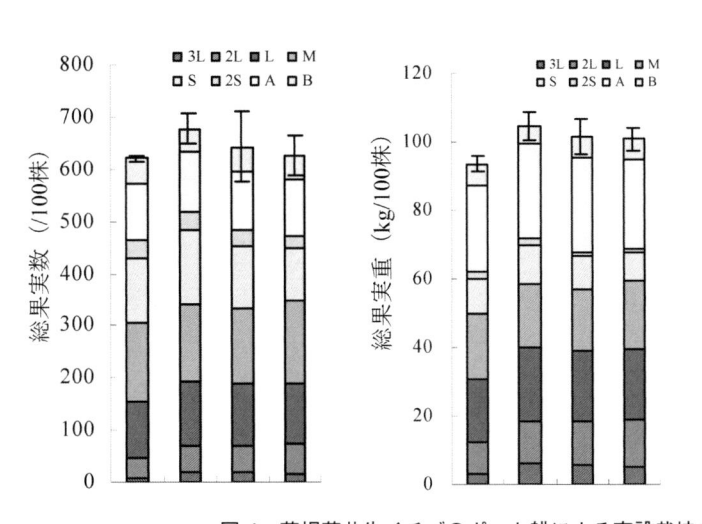

図4　菌根菌共生イチゴのポット耕による高設栽培での収量性
C, 無接種区；GM, *Gigaspora margarita*; Gm, *Glomus mosseae*; Ga, *Glomus aggregatum*

ける果実単価の高いクリスマスシーズンに向けた 11 月下旬〜12 月における大果収量が増大しており，接種区における初期収量性の向上が収益性増加に貢献していると評価された[12]。

　菌根菌による接種効果の増強法について検討した結果，床土への炭化剤添加により，ネギでは菌根菌単独接種区よりも成長促進効果が増強され，根系における菌根菌感染部位の増加および感染域の拡大が確認されている[13]。一般に炭化剤粒子は多孔質であり，通気性・保水性といった物理性，塩基の放出といった化学性，微生物の増殖・活性を高めるといった生物性が総合的に効果へ関連することが知られている[14]。近年，間伐材を利用したバイオ炭の農業利用も温暖化対策として検討され始めていることから，それら炭化剤と菌根菌との併用も有効であると考えられる。一方，炭化剤以外にも，コーヒー粕堆肥が菌根菌による効果を向上させることも示唆されていることから[15]，産業廃棄物性資材の併用による菌根菌効果増強も有効と考えられる。

2　内生成分変動

　菌根菌共生野菜では，植物体における無機成分含量の増大がみられ[16]，その他，遊離糖の増大[17]，遊離アミノ酸の増大[18,19]，トリテルペノイドサポニン類といった薬効成分増大（キキョウ[20]）などが確認されている。茶では，菌根菌接種により発根率や機能性アミノ酸（GABA）含量増大が確認されており[10]，成園化に長期間を要する作物の苗養成期間短縮・機能性成分増大が期待できると考えられている。このように，菌根菌による植物体成長促進といった量的効果とともに，内生成分変化による質的効果も付加価値化・高機能化といった側面で期待できることが示唆されている。

3　環境ストレス耐性誘導

3.1　耐病性

　忌地現象・連作障害は，園芸植物生産において定植・改植後に生育不良，収量減少が発生する症状であり，野菜・薬用植物栽培では国内外産地において深刻化している[21]。忌地現象発生因子としては病害，アレロパシーといった生物的・化学的因子が主に示唆されているが，病害防除・植物生育改善を軸とした忌地現象軽減対策についての研究事例は少ない。菌根菌による作物病害の生物防除について国内では耐病性機構も含め知見が少ないが，ここでは，忌地現象・連作障害を背景とした筆者らの園芸植物における検討事例について紹介する。イチゴでは，菌根菌共生体で萎黄病菌増殖抑制効果を有する共生特異的数種遊離アミノ酸増大（GABA：γ-aminobutyric acid およびアルギニン）により，誘導抵抗性を伴う萎黄病・炭疽病耐性がみられている（図5）[22〜24]。同様の現象が菌根菌共生アスパラガスにおける立枯病耐性においても確認されている[25]。また，菌根菌共生による耐病性誘導と抗酸化機能（抗酸化酵素 SOD・APX 活性，抗酸化物質，DPPH ラジカル捕捉能）増大との関連がイチゴ炭疽病[26]，アスパラガス立枯病

図 5　菌根菌共生イチゴにおける炭疽病耐性
左：無接種区，右：菌根菌接種区

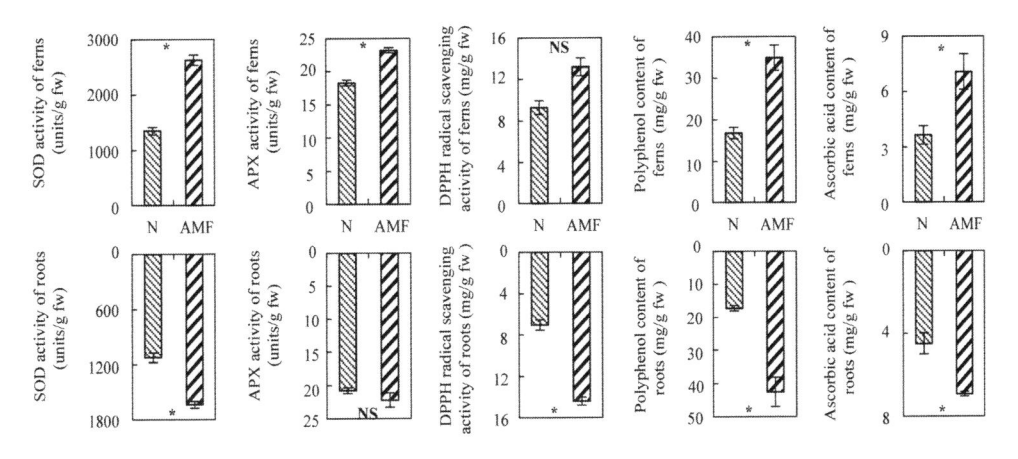

図 6　立枯病菌接種 8 週間後におけるアスパラガスの抗酸化機能（SOD・APX 活性，
　　　DPPH ラジカル捕捉能，総ポリフェノール・アスコルビン酸含量）に及ぼす
　　　菌根菌共生の影響
　　　N, 無接種区；AMF, 菌根菌接種区

（図 6）[27, 28]，シクラメン炭疽病・萎ちょう病[29]において報告されている。また，アスパラガスでは，菌根菌共生により病原菌接種下での数種 SOD アイソザイムの活性化も確認されている[30]。一方，組織学的側面として，アスパラガス根では菌根菌菌糸およびフザリウム菌は複相外皮（表皮直下の組織）の短細胞（passage cell）のみへ侵入する。これにより，菌根菌先接種による短細胞の優占化がフザリウム菌感染を抑制し，耐病性因子に関わることが示唆されている[31]。また，長細胞では短細胞より早期にスベリン化が進行して細胞壁が強固になり，菌根菌等の菌糸侵入が短細胞に制限されることが明らかになっている（図 7）[32]。一方，圃場試験による実証試験では，菌根菌接種によりナス半身萎凋病防除効果，収量増，奇形果発生率低下，リグニン化促進[33]，多

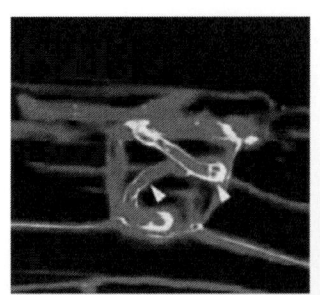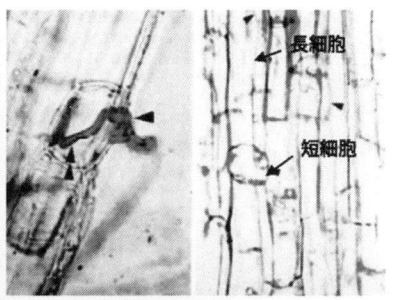

複相外皮の短細胞における菌根菌菌糸侵入

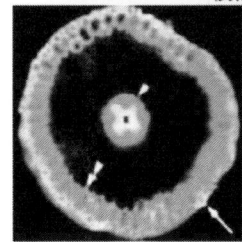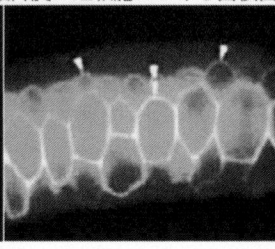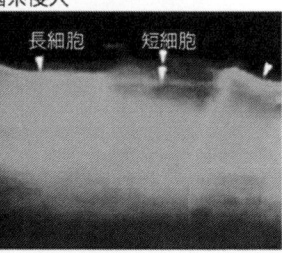

根の複相外皮におけるスベリン局在（蛍光顕微鏡観察）
［長細胞における早期スベリン化⇨短細胞への特異的侵入］

図7　アスパラガス根外皮の短細胞における菌根菌感染およびスベリン局在

図8　アスパラガス改植障害圃での菌根菌共生苗における植物生育改善
左：無接種区，右：菌根菌接種区

年生作物のアスパラガスにおける忌地現象・改植障害改善効果が確認されている[34]。アスパラガスの改植障害圃試験においては，ポット苗に菌根菌接種して養成後，改植障害圃（改植歴5回）に定植した。定植12週間後，対照区では発病・枯死による欠株率が60％程度と重度であったが，菌根菌接種区では対照区より低下した（図8）[34]。また，草丈および茎数は菌根菌処理区で対照区より増加する場合が多かった。一方，アスパラガスでは菌根菌とNaCl処理との併用により，耐病性誘導・植物体成長促進効果が増強される結果も得られている[34]。これらのことから，アス

パラガス改植障害圃での菌根菌による病害防除法の有効性が示され，植物体初期生育促進面も含め，総合的植物生育改善効果が期待できると考えられている。

　以上のように，数種園芸植物における菌根菌共生による耐病性誘導が確認されており，酸化ストレス応答に関わる抗酸化機能および遊離アミノ酸といった生理学的共通因子や，感染に関与する組織学的因子が耐病性誘導に関わることが示唆されている。

3.2　耐塩性

　塩害土壌における野菜栽培では，耕地の除塩に長期間・コストを要することから，耐塩性野菜の選抜・導入が検討されている。しかし，耐塩性を有する野菜の実用種は限定されることから，野菜の種類に制限されない野菜種低依存型の耐塩性付与技術開発が急務となっている。そこで，塩害土壌における野菜栽培法として，菌根菌による耐塩性誘導，植物体生長促進，収穫物高機能化を視野に入れた耐塩性野菜栽培技術についての知見を得るための検討を行った。一般に，土壌中塩類濃度の増大により植物体では塩ストレスによる生育不良等の塩害が発生する。Na^+ 関連型塩ストレスは，主に高浸透圧ストレスとイオンストレス（Na^+ 毒性，無機イオンバランス撹乱）に起因し，耐性にはこれらのストレス軽減が重要となる[35]。本研究では，塩処理下における数種菌根菌共生野菜での耐塩性誘導ならびに器官・組織内での Na^+ 分布を調査した。耐塩性が異なるとされる 3 種野菜（イチゴ，トマト，アスパラガス）に菌根菌接種し，塩ストレスとして NaCl 200 mM 処理を行った。その結果，処理下の無接種区では乾物重減少または茎葉部の黄化・褐変といった塩ストレスに起因する障害が確認された（図 9）。一方，菌根菌接種区では NaCl 処理下において乾物重増大または黄化・褐変の抑制といった生育改善がみられ，耐塩性強度における作物間差は特にみられなかった。植物体内の Na^+ 含量は菌根菌区ではイチゴおよびトマトの葉・根，アスパラガスの地上部で無接種区より低下した（図 10）[35〜37]。また，塩ストレス下の菌根菌区では，Na^+ イオンストレスに対する抗酸化機能増大[35]，浸透圧調整に関わる遊離アミノ酸等の適合溶質蓄積促進[36]がみられている。一方，SEM-EDX 解析（電子顕微鏡による組織内元

図 9　菌根菌共生アスパラガス（A）およびイチゴ（B）における耐塩性（NaCl 200 mM 処理）
左：無接種区，右：菌根菌接種区

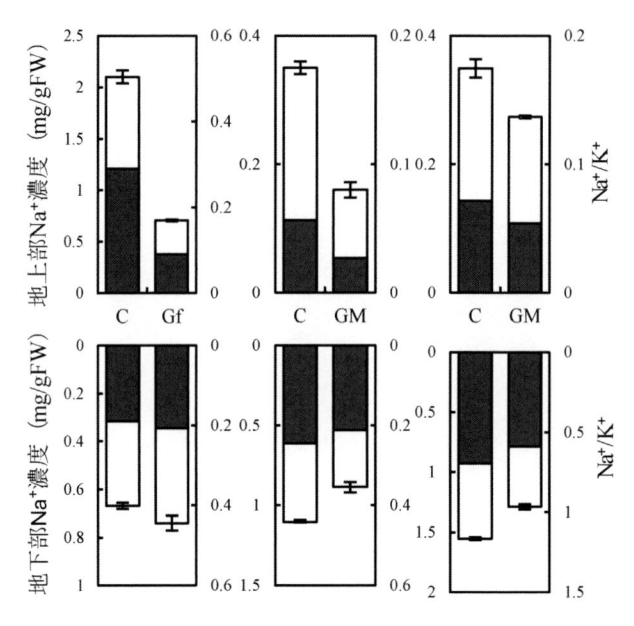

図10　NaCl 200 mM 処理後の植物体における
Na$^+$濃度および Na$^+$/K$^+$比
□, Na$^+$濃度；■, Na$^+$/K$^+$比.
C, 無接種区；
Gf, *Glomus fasciculatum*;
GM,*Gigaspora margarita*
t−検定（5% level）

素分布観察）の結果，菌根菌区では塩ストレス下の組織における Na$^+$イオン含量低下が確認されている（図11）[37]。よって，菌根菌共生野菜における Na$^+$含量低下の主な因子は，体内での根から地上部への Na$^+$移行抑制よりも，根における Na$^+$吸収抑制にある可能性が高いことが明らかになっている[37]。以上の検討により，被災塩害地域・塩類集積した施設園芸土壌等の野菜の重要産地において，菌根菌利用により耐塩性誘導，植物体生長促進，収穫物高機能化を視野に入れた耐塩性野菜栽培技術の開発を図り，塩害地域での速効性のある技術としての普及が期待される。

3.3　温度ストレス耐性

　温度ストレスに対する反応性として，アスパラガスでは恒温・変温下での植物体成長安定・促進に菌根菌共生が有効であること[38]，シクラメンでは菌根菌共生により高温ストレス耐性が誘導され，同時に炭疽病への交差耐性も発現されることが見出されている[8,39]。また，菌根菌共生イチゴにおいても高温障害軽減効果がみられ，これらには共生による抗酸化機能増大が酸化ストレス低減に作用して耐性誘導されていることが一因とみられている（図12）[40]。また，シクラメン・イチゴではプロテオーム解析により，高温ストレス下において共生特異的タンパク質が菌根菌共

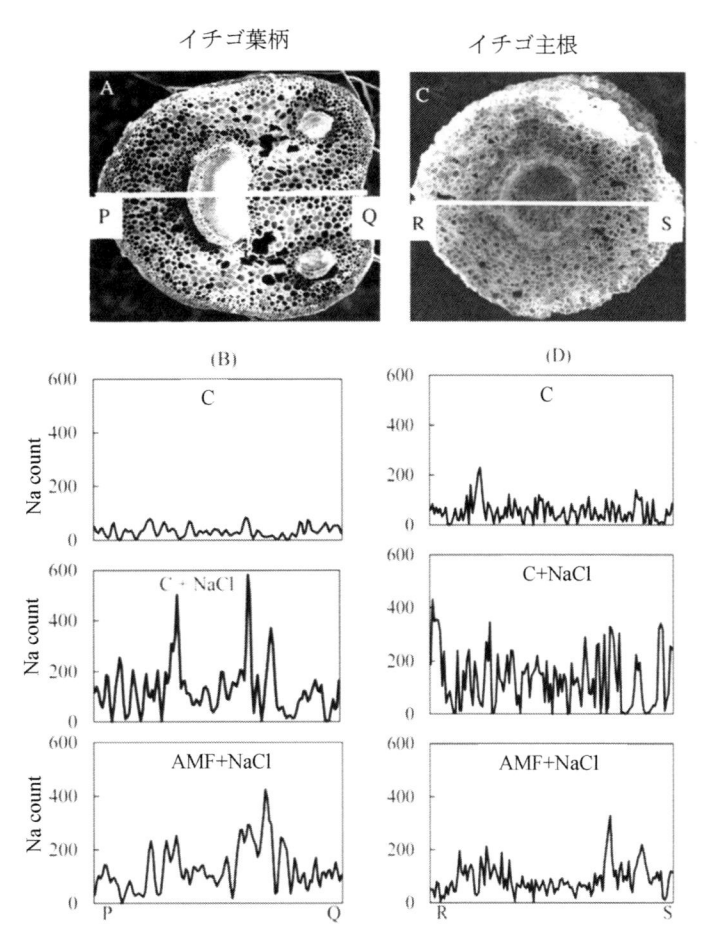

イチゴ葉柄　　　　　イチゴ主根

図11　NaCl 200 mM 処理後のイチゴ葉柄・根における
SEM-EDX による Na 局在解析
C, 無接種区；AMF, 菌根菌接種区

図12　夏期高温下におけるイチゴの高温障害軽減
各図：左, 無接種区；右, 菌根菌接種区

生下で発現することが確認されており，これらがヒートショックプロテインとして作用する可能性も示唆されている[39]。

4 おわりに

　農は食を支え，食は農を支える。故に，この関係も「共生」然りと考えられる。「農と食」というテーマは社会の根源を成すとともに，その関係性は，安心・安全なこと，健康に貢献することであるとも考えられる。この場合，安定して食料を生産し，限りある自然環境を次世代に引き継ぐためには，環境負荷を減らした循環型農業を推進するなど，持続可能な社会を築いていく必要があることは多くで認識されているところである。我々は，進化の過程で形成された土壌微生物と植物の共生関係を包括的に理解し，それがもたらすメリットを最大限に農業・農学面で活用し，次世代に持続可能な社会を作って行く責務がある。そのための最も有効な資源の一つが菌根菌であり，太古の昔から植物と共生しその生育を助けてきた菌根菌共生機能の利活用による農業展開の緊急性・重要性は，「植・農・食」における「共生」を通じた喫緊の課題であると考えられる。よって，菌根菌の利用が減農薬・減化学肥料に基づく安全性の高い持続的植物生産技術として寄与することを期待するものである。

文　　献

1)　M. C. Brundrett, *Plant Soil*, **320**, 37-77 (2009)
2)　C. Baum *et al.*, *Sci. Hort.*, **187**, 131-141 (2015)
3)　俵谷圭太郎ほか，土肥誌，**83**, 173-176 (2012)
4)　松原陽一ほか，園学雑，**63**, 619-628 (1994)
5)　Y. Matsubara *et al.*, *J. Japan. Soc. Hort. Sci.*, **67**, 180-184 (1998)
6)　Y. Matsubara *et al.*, *J. Japan. Soc. Hort. Sci.*, **65**, 297-303 (1996)
7)　Y. Matsubara *et al.*, *J. Soc. High Tech. Agr.*, **11**, 281-287 (1999)
8)　M. A. Maya *et al.*, *Mycorrhiza*, **23**, 381-390 (2013)
9)　Y. Matsubara *et al.*, *J. Soc. High Tech. Agri.*, **12**, 47-52 (2000)
10)　Y. Liu *et al.*, *Acta Hort.*, **761**, 267-270 (2007)
11)　Md. A. A. Mahmud *et al.*, *J. JSA TM.*, **31**, 21-30 (2024)
12)　李又紅ほか，園学研，**8**, 215-219 (2009)
13)　松原陽一ほか，園学雑，**64**, 549-554 (1995)
14)　小川眞，微生物と農業，全国農村教育協会 (1986)
15)　Y. Matsubara *et al.*, *J. Japan. Soc. Hort. Sci.*, **71**, 370-374 (2002)
16)　松原陽一ほか，園学雑，**65**, 303-309 (1996)

17) Y. Matsubara *et al.*, *J. Soc. High Tech. Agr.*, **11**, 254-258 (1999)
18) Y. Matsubara *et al.*, *Am. J. Plant Sci.*, **5**, 235-240 (2014)
19) Y. Matsubara *et al.*, *Sci. Hort.*, **119**, 392-396 (2009)
20) S. Uehara *et al.*, *J. JSATM.*, **28**, 37-43 (2021)
21) A. S. M. Nahiyan *et al.*, *Eur. J. Plant Pathol.*, **130**, 197-203 (2011)
22) Y. Matsubara *et al.*, *Environ. Cont. Biol.*, **42**, 185-191 (2004)
23) Y. Matsubara *et al.*, Genomics, transgenics, molecular breeding and biotechnology of strawberry, 26-131, Global Science Books, United Kingdom (2011)
24) Y. Matsubara *et al.*, *Acta Hort*, **774**, 431-436 (2008)
25) Y. Matsubara *et al.*, *HortSci.*, **47**, 751-754 (2012)
26) Li, Y. *et al.*, *J. Japan. Soc. Hort. Sci.*, **79**, 174-178 (2010)
27) A. S. M. Nahiyan *et al.*, *HortSci.*, **47**, 356-360 (2012)
28) T. Okada *et al.*, *J. Japan. Soc. Hort. Sci.*, **81**, 257-262 (2012)
29) M. A. Maya *et al.*, *Crop protec.*, **47**, 41-48 (2013)
30) J. Liu *et al.*, *Plant Root*, **10**, 26-33 (2016)
31) Y. Matsubara, *J. Japan. Soc. Hort. Sci.*, **68**, 1149-1151 (1999)
32) Y. Matsubara *et al.*, *Can. J. Bot.*, **77**, 1159-1167 (1999)
33) Y. Matsubara *et al.*, *J. Japan. Soc. Hort. Sci.*, **64**, 555-561 (1995)
34) J. Liu *et al.*, *Acta Hort.*, **1301**, 149-154 (2020)
35) I. H. Shiam *et al.*, *Environ. Cont. Biol.*, **56**, 187-192 (2018)
36) I. H. Shiam *et al.*, *J. JSATM.*, **25**, 43-50 (2018)
37) I. H. Shiam *et al.*, *Comm. Soil Sci. Plant Anal.*, 1-11 (2018)
38) Y. Matsubara *et al.*, *J. Japan. Soc. Hort. Sci.*, **65**, 565-570 (1996)
39) S. Watanabe *et al.*, *Adv. Hort. Sci.*, **28**, 195-201 (2014)
40) Y. Matsubara *et al.*, *Environ. Cont. Biol.*, **42**, 105-111 (2004)

第14章　マルチオミクスを用いた
バイオスティミュラントの研究開発

藤原風輝[*1]，市橋泰範[*2]

1　はじめに

　土壌は人類にとっての共有財産-グローバル・コモンズ-である。急速に土壌の劣化・喪失が進んでいる現代では特に，このような認識が多くの人々に受け入れられるようになっている。国連食糧農業機関（FAO）によれば，集約的な農業や過度の放牧などによって世界の耕作可能地の約3分の1が既に劣化し[1]，毎年240億トンもの土壌が侵食に晒されていると推定されている[2]。また，地球の持続可能な限界点を示すための「プラネタリーバウンダリー」という科学的な定量評価においては，窒素とリンの循環の崩壊や新規化学物質による汚染はすでに限界を超えた危機的な状況にあるとされ[3]，化学肥料や農薬使用のあり方にも警鐘が鳴らされている。さらに，気候変動によって干ばつ等のリスクが増大しており，これらの環境ストレスに対してよりレジリエンスの高い土壌環境を構築することが必要とされている。このような問題を克服しつつ，栄養価の高い高品質な食料を供給するためには，土壌の適切な管理，すなわち「土づくり」が重要である。

2　土づくりとバイオスティミュラント

　土づくりは，物理性・化学性・生物性の3つの面から捉えることができる（図1）。物理性は排水性や保水性などの物理的な特徴，化学性はpHや窒素，リン酸，カリウムなどの化学的な組成，そして生物性は土壌微生物や土壌動物といった生物の群集構造や病害虫の存在量などに表れる。一般に，耕起は物理性を，肥料は化学性を，農薬は生物性を変化させる。ここで重要な点は，どれか1つだけに注目するのではなく，三要素全てを調整することである。なぜならば，これらの三要素は独立したものではなく，互いに相乗効果を与える関係にあるからである。例えば，団粒構造の発達は微生物の棲家を提供してその活性や多様性を高める一方で，微生物は有機物の代

＊1　Fuki FUJIWARA　（国研）理化学研究所　バイオリソース研究センター
　　　　　　植物-微生物共生研究開発チーム；
　　　　　　東京大学　大学院農学生命科学研究科　農学国際専攻
＊2　Yasunori ICHIHASHI　（国研）理化学研究所　バイオリソース研究センター
　　　　　　植物-微生物共生研究開発チーム　チームリーダー

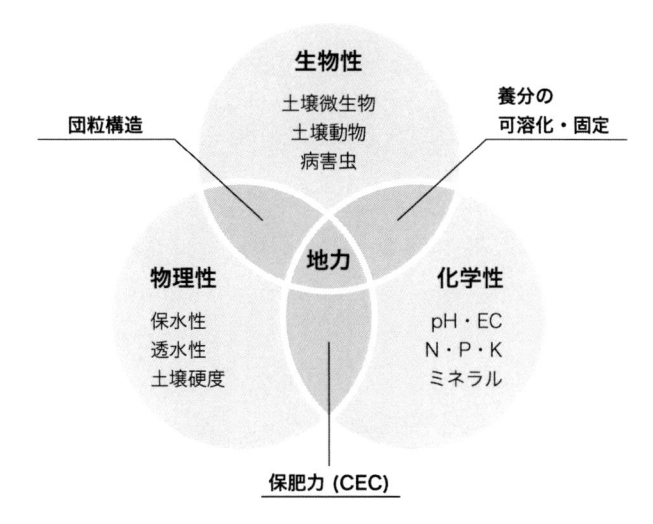

図1　土壌の三要素。重なり合う部分にはそれらの相乗効果が
存在している。

謝や菌糸形成を通じて団粒構造の形成を促進する。化学的な組成は土壌生物の群集構造を変化さ
せる一方で，土壌生物は多様な代謝機能を通じて養分の可溶化や固定を担い，養分供給や炭素貯
留を促進する。土壌の化学性は団粒構造の形成にも影響を与える一方で，改善された土壌の物理
性は，高い保肥力（CEC）によって養分供給を向上させる。こうした相乗効果を高めることで
土づくりは促進され，化学肥料や農薬の使用削減や，気候変動に対するレジリエンスの向上が期
待できるだろう。

　私たちは，バイオスティミュラントを考える上でも，この土壌の三要素とその相乗効果に注目
をしている。その理由の一つは，バイオスティミュラントそのものが，三要素の相乗効果を促進
する働きを持っているからである。例えば，微生物資材や有機酸資材などのバイオスティミュラ
ントは，これは養分の可溶化，保肥力の向上，団粒形成の促進といった三要素の相乗効果を高め
る機能を持っている。三要素の相乗効果が重要なもう一つの理由は，それらがバイオスティミュ
ラントの効果の発現や安定性に重要であるからだ。微生物資材による生物性の改善において，投
入された微生物が十分に定着・活性化せず，効果が安定しない場合もあることがしばしば指摘さ
れてきた。これは，対象の微生物が定着しやすいような団粒構造や土壌の養分状態を作ることで，
生物性の改善を促進する必要があることを示している。このように，土壌の三要素を適切に管理
することは，バイオスティミュラントの開発や使用においても鍵となるだろう。

　私たちは，土壌の三要素を包括するような土壌全体のプロファイルデータを得るために，マル
チオミクスと呼ばれる網羅的なデータの取得・分析のアプローチを使って農業生態系の研究を進
めている。次節以降では，このアプローチの概要と具体的な研究事例の紹介を行い，バイオス
ティミュラントの開発や評価におけるこのアプローチの有効な活用方法について議論をする。

3 マルチオミクス解析

3.1 マルチオミクス解析とは

　私たちは，複数の「オミクス（Omics）」を統合することで，土壌の三要素を含む多層の要素が農業生態系の中でどのように機能し，影響しあっているかを研究している。オミクスとは，遺伝子や代謝物などの生物における物質のプロファイルを網羅的に解析する分野を指す。オミクスには様々な種類があり，DNA を対象とするゲノミクス（Genomics），RNA を対象とするトランスクリプトミクス（Transcriptomics），タンパク質を対象とするプロテオミクス（Proteomics），代謝物を対象とするメタボロミクス（Metabolomics），元素を対象とするイオノミクス（Ionomics）などが含まれる。さらに，このようなオミクスを複数統合するアプローチは，マルチオミクス（Multi-omics）と呼ばれる。オミクスを統合することは，多層構造を持つ自然界のシステムを，丸ごとデータ化して研究対象とするという目的にかなっている。Web of Scienceで「マルチオミクス」をキーワードにした検索結果を見ると，研究論文の数は 2010 年代の後半から急速に増え，2024 年には 3000 本 / 年を超えるような勢いにあることがわかる（図 2A）。また，その応用は，癌の研究や微生物・植物の研究など多岐にわたっており（図 2B），生態系への応用はまだ限られているものの，多くの研究分野で貢献している有望な方法であることがわかる。

　まず，オミクスについて具体的な例を提示するために，微生物資材に関連するようなマイクロバイオーム解析と，それを用いた研究例を紹介する。また，マルチオミクス解析の例として，マイクロバイオーム解析にメタボローム解析を組み合わせた研究についても紹介する。

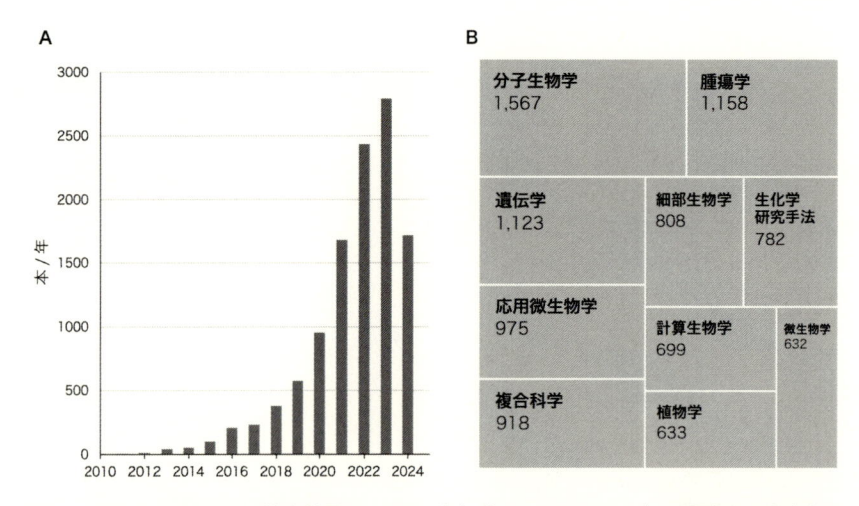

図 2　Web of Science の検索結果における（A）「マルチオミクス」に関連する論文数の推移と（B）「マルチオミクス」に関連する論文の学術カテゴリの割合。

3. 2　オミクス解析を用いたバイオスティミュラントの研究

　土壌中には多種多様な微生物が生息している。その中には植物の生育や健康に寄与する微生物も存在しており，そうした微生物の機能を特定したり評価したりすることは，バイオスティミュラントである微生物資材の開発や評価につながるだろう。この多様な微生物群集を調べる方法としてオミクス技術は高い効果を発揮する。次世代シークエンシング（NGS：Next-Generation Sequencing）という技術によって，ゲノムワイドの解析が迅速にできるようになっており，それに基づいて土壌中の微生物群集の特徴を調べることが可能となった。16S rRNA アンプリコンシークエンシングやショットガンメタゲノム解析といった手法を使って，増幅された土壌中の DNA を読み，データベースと照合することで，どのような微生物がどのくらい存在しているのかという種のプロファイル情報や機能的なプロファイル情報を得ることができる。このような微生物群集全体を対象としたオミクス解析が，マイクロバイオーム解析と呼ばれている（図 3）。

　マイクロバイオーム解析は，有用な微生物の探索に用いることができる。一例として，近年リスクが増大している干ばつに関連した最近の研究をいくつか紹介する。Fan ら（2023）はアルファルファの乾燥ストレス耐性と根圏微生物の関係を滅菌土壌と非滅菌土壌を用いて調べた[4]。その結果，非滅菌土壌，すなわち微生物の存在下では，滅菌土壌よりも乾燥ストレス下でのアルファルファの成長が改善したことがわかった。そこで，どのような細菌が機能しているのかをマイクロバイオーム解析により調べたところ，乾燥ストレスに強い品種は Acidbacteria に属する細菌を選択的にリクルートしていることがわかり，これらの微生物が乾燥耐性の向上に寄与していることが推定された。また，Hone ら（2021）は，乾燥ストレス耐性のある小麦品種と非耐性品種の種子のマイクロバイオームを比較した[5]。その結果，乾燥ストレスに置かれた耐性品種の種子からは特定の属の細菌が多く検出された。さらに，増加の見られた *Curtobacterium flaccumfaciens* や *Arthrobacter* sp. などの細菌を実験的に摂取した小麦は，乾燥ストレス下で生育を促進する能力を獲得した。これらの事例は，マイクロバイオーム解析を通じてバイオスティミュラントとして有益な微生物の候補を特定することができることを示している。

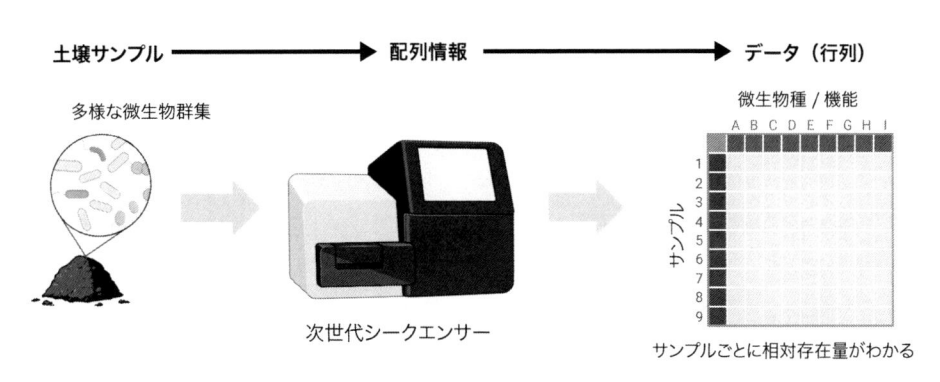

図 3　マイクロバイオーム解析の概要

また，すでにあるバイオスティミュラントの効果を検証する目的でもマイクロバイオーム解析を活用することができる。例えば，Macías-Benítez ら（2020）は，バイオスティミュラントである乳酸やシュウ酸，クエン酸などの有機酸が，土壌微生物叢に与える影響について，マイクロバイオーム解析を用いて調査した[6]。その結果，有機酸の添加は土壌微生物の群集構造を急速に変化させ，特に植物の生育促進効果が知られている分類群を多く誘導する効果を持っていることが明らかにされた。また，Visioli ら（2018）は，トウモロコシの種子に施用するタイプで，海藻や糖蜜をベースとしたバイオスティミュラントの効果を調べるために，トウモロコシの苗の根圏土壌のマイクロバイオーム解析を行った[7]。これらのバイオスティミュラント処理により，植物の養分吸収を助ける *Opitutus* 属や *Chryseolinea* 属，根の成長に関与する *Niastella* 属や *Labrys* 属，植物の防御に関与する *Ohtaekwangia* 属や *Quadrisphaera* 属などの細菌が増加していることが見つかり，トウモロコシの地上部および根のバイオマスが増加した。このように，マイクロバイオーム解析を通じて，バイオスティミュラントの効果がどのような微生物によって駆動されているのかを調べることができる。

さらに，土壌中には微生物や植物によって作られる糖やアミノ酸や有機酸などの種々の代謝物が存在していて，これらはメタボローム解析と呼ばれるオミクス解析の一つで分析することができる。メタボローム解析では，質量分析装置や核磁気共鳴装置を用いて，代謝物の情報をスペクトル情報として取り出し，その種類や濃度を網羅的に定量化する。これら土壌代謝物は，微生物に駆動される物質循環を構成したり，植物に対する微生物の働きを媒介したりすることで，農業生態系の中で重要な働きを担っている。Zhalnina ら（2018）の研究では，根圏土壌のマイクロバイオーム解析と植物の根から分泌される物質のメタボローム解析が行われ，根の分泌物の組成の変化が根圏の微生物叢の構造変化を引き起こすことが明らかにされた[8]。このように，メタボローム解析をマイクロバイオーム解析と組み合わせるマルチオミクス解析により，土壌微生物と土壌代謝物の相互作用が明らかになり，生物性と化学性の相乗効果を通じたバイオスティミュラントのメカニズムの理解や開発につながるだろう。

4　フィールドデータ駆動型の研究開発

これまで説明してきたオミクス解析は実験室での研究が多い。私たちは，マルチオミクスのアプローチをフィールド環境に適用し，オミクスの対象範囲を拡大することで，農業生態系全体を包括した解析を行っている。私たちのアプローチでは，土壌のマイクロバイオームやメタボロームの他に，作物の表現型やメタボローム・遺伝子発現（トランスクリプトーム），土壌の物理性，土壌化学性を構成するイオノームなどのデータをフィールドのサンプルから抽出・統合して，大規模なデータセットを構築している。こうしてできたデータをもとにして，土壌の三要素の相互作用と植物を含む複雑な階層構造を内包する農業生態系のシステムを，一つのデータで表現することを可能にしている。このアプローチは，3.2 節でも例を挙げたように，新たなバイオスティ

ミュラントの候補を探し出すような探索的な研究と，既存のバイオスティミュラントの機能や作用機序を調べる検証的な研究の二つに応用することができる（図4）。本節ではそれぞれでの活用方法について，近年の研究成果を用いて説明する。

(1) 作物の生育・品質の向上に寄与する要素の網羅的な**「探索」**

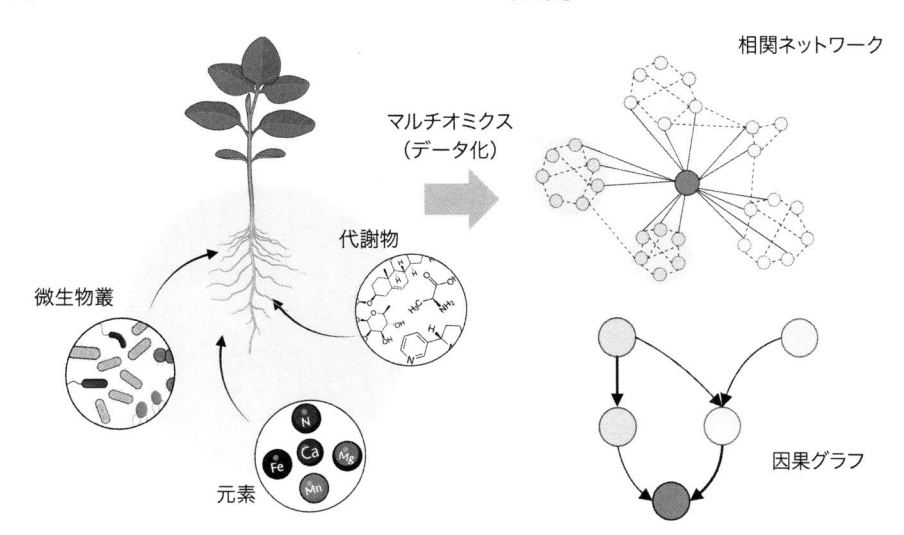

(2) 資材（バイオスティミュラント）の効果や作用機序に関する網羅的な**「検証」**

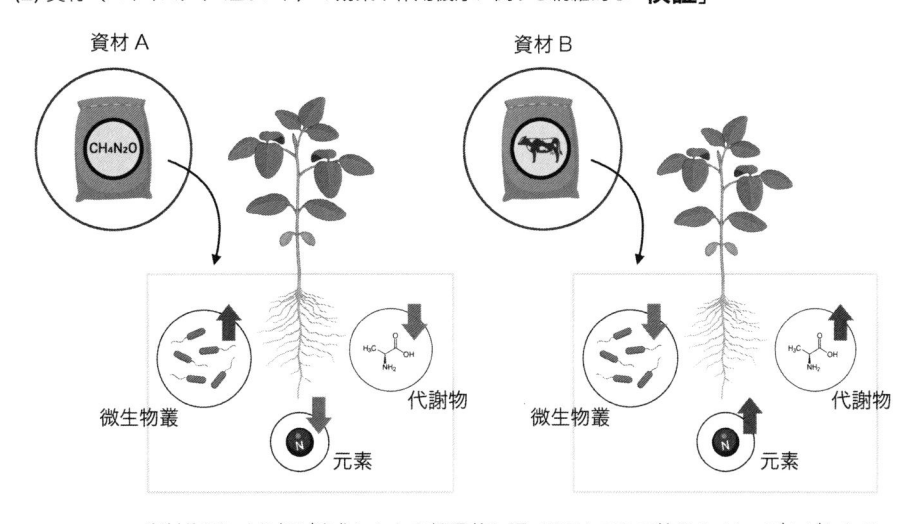

図4　農業生態系のマルチオミクス解析に基づいた，探索的研究と検証的研究のイメージ。

　一つ目の探索的研究の例は，2020 年に発表したコマツナ圃場の研究である[9]。この研究では，畑でのマルチオミクスデータを取得するために，千葉県の生産者の畑でコマツナの栽培試験を実施し，植物体と根圏とバルク土壌がセットになるようにサンプリングを行った。これらサンプルから，小松菜の表現型に加えて，小松菜のメタボローム，バルク土壌のイオノーム，マイクロバイオームとメタボローム，根圏土壌のマイクロバイオームのデータを取得することができた（図5A）。この網羅的なデータセットを用いて，相関分析をベースにしたネットワーク解析を行うことで，微生物や代謝物などの全体の関係性を可視化し，特に強い繋がりを持ったグループであるモジュールと呼ばれる構造を抽出した（図5B）。その結果，コマツナの収量とよく相関するモジュールの中には，複数の有機態窒素化合物や根圏細菌が見つかった。その中でも，アラニンとコリンは，窒素肥料中の窒素の1%を置き換えることで生育が有意に促進され（図5C），肥料としての単純な働きを超えたバイオスティミュラントとしての効果を持つことがわかった。この研究は，マルチオミクスデータを使って農業生態系を丸ごとデータ化し，そのデータの中の関係性を探ることで，バイオスティミュラントとしての機能を持った物質が見つけられることを実証している。

　二つ目の検証的研究の例は，2023 年に発表した微生物堆肥の研究である[10]。この研究では，好熱菌を活用して発酵させた堆肥[11]の効果や作用機序を調べるためにマルチオミクス解析を行っ

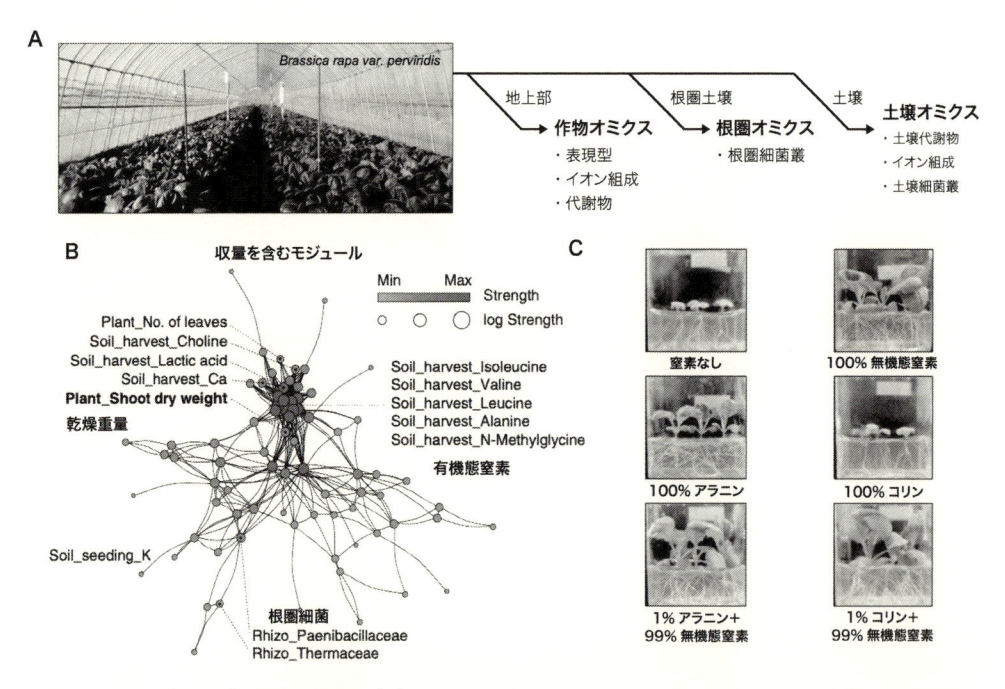

図5　市橋ら（2020）研究の概要。（A）コマツナ圃場から取得されたマルチオミクスデータの概要。（B）ネットワーク解析で収量を含むモジュールが抽出された。（C）ネットワーク解析で推定されたアラニンとコリンの実験による検証。

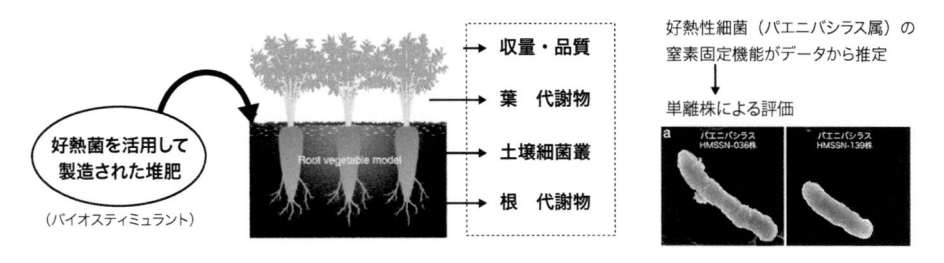

図6　宮本ら（2023）の研究の概要。好熱菌を活用して製造された堆肥を施用した圃場で
マルチオミクス解析を行った結果，好熱性細菌による機能が推定された。

た（図6）。なお，堆肥は通常，特殊肥料や土壌改良資材に分類されるが，この研究では好熱菌
の機能に着目していることから，ここではバイオスティミュラントの一つとして説明を進める。
この堆肥を施用した圃場でニンジンの栽培を行い，ニンジンの表現型，葉と根のメタボローム，
土壌中のマイクロバイオームのデータを取得することができた。根のメタボローム解析によっ
て，αカロテンとリコピンの濃度が堆肥施用によって増加することがわかった。また，堆肥によ
る生育の向上に関係する要素として堆肥中の *Paenibacillus* 属の効果がデータから推定された。
実際に分離された *Paenibacillus* 属細菌を調べると，窒素固定，オーキシン生産，シデロフォア
反応，リン酸可溶化などの植物生育促進の機能を持つことも示された。このように，マルチオミ
クス解析を用いることで，既存のバイオスティミュラントの効果を網羅的に検証することもでき
る。

5　フィールドマルチオミクスの課題

　農業生態系を対象としたマルチオミクス解析を活用したデータ駆動型のバイオスティミュラン
トの研究開発は，今後ますます発展が期待されるだろう。しかし，この応用範囲を広げていく上
での大きな課題も存在する。それは，サンプルおよびデータの取得コストの問題である。データ
駆動型の研究を行う上では，データがより多くの条件を内包している方が，得られる結果の一般
性が高くなる。また，特に物質循環の流れを正確に理解するには，同じ場所で経時的にサンプリ
ングを行い，時系列のオミクスデータを取得する方が好ましい。しかしながら，圃場試験を実施
してサンプルを集め，各種装置を用いてマルチオミクスデータを抽出する作業には，多くの人
的・時間的・経済的コストを要する。そのため，本章で紹介した研究も，スナップショットの
データで，場所も限られているため，一定の条件下のある時点での農業生態系の姿を見ていると
いうことには留意したい。そのため，今後より一層多くのデータを集めて解析するには，効率的
なデータ収集のシステムを確立することが重要である。

6　まとめと展望

　土壌は，人類にとってかけがえのない共有財産-グローバル・コモンズ-である。適切な土づくりを通じて，土壌を保全し，気候変動に対応していくことは，今後の農業における最も重要な課題の一つである。バイオスティミュラントの研究開発も，そのような地球規模のミッションに貢献することが期待されている。私たちが進めるマルチオミクスに基づくデータ駆動型のアプローチは，単に作物の収量増加をターゲットにした研究開発のみでなく，栄養品質の向上や環境負荷低減，生物多様性保全に貢献するようなバイオスティミュラントの候補を見つけ出すことも可能である。そうすることで，ヒトも，作物も，そして環境も，全て健康な状態，すなわちワンヘルス（One Health）を推進することができると信じている。マルチオミクスという学際的な研究を核にして，多様な研究者が協力して研究に取り組んでいることは，持続可能な農業を通じた豊かな地球の未来に繋がっていくだろう。

文　　　献

1)　FAO. Global Symposium on Soil Erosion（2020）；
　　https://www.fao.org/about/meetings/soil-erosion-symposium/key-messages/en/（参照：2024-07-20）
2)　FAO. Action against Desertification. Overview: Desertification and Land Degradation.（2023）；
　　https://www.fao.org/in-action/action-against-desertification/overview/desertification-and-land-degradation/en/（参照：2024-07-20）
3)　J. Rockström *et al.*, *Ecol. Soc.*, **14**（2）（2009）
4)　W. Fan *et al.*, *Front. Microbiol.*, **14**, 1114400（2023）
5)　H. Hone *et al.*, *Sci. Rep.*, **11**（1）, 11916（2021）
6)　S. Macias-Benitez *et al.*, *Front. Plant Sci.*, **11**, 633（2020）
7)　G. Visioli *et al.*, *Molecules*, **23**（6）, 1461（2018）
8)　K. Zhalnina *et al.*, *Nat. Microbiol.*, **3**（4）, 470-480（2018）
9)　Y. Ichihashi *et al.*, *PNAS*, **117**（25）, 14552-14560（2020）
10)　H. Miyamoto *et al.*, *ISME Commun.*, **3**（1）, 28（2023）
11)　宮本浩邦ほか，生物工学会誌，**96**（2）, 56-63（2018）

第15章　海藻資材の利用とその効果

須藤　修*

要旨

　1980 年代にアメリカの植物学者 Boyer による，作物の生産性を支配しているのは環境由来の非生物的ストレスであるという提案があって以来，バイオスティミュラントの開発は始まった。近年，日本においても高温，長雨，干ばつなど，災害クラス級とも言える極端な気候の繰り返しが日常となっている。農業生産現場においては一刻も早い実用的なストレス軽減手法の確立が切望されている。

　アスコフィラム・ノドサム（*Ascophyllum Nodosum*）をはじめとする海藻の抽出物（海藻エキス）は植物の生長促進と非生物的ストレスによる障害の軽減効果があり，農業生産性の量と質の改善に大きな期待が寄せられている。

　本報告では，海藻抽出物が持つ植物への有益な効果を紹介し，作物の生産性と品質向上の可能性について整理した。

1　はじめに

　気候変動の影響は地球規模で農業環境を悪化させ，農業生産と作物の品質に悪影響を及ぼしている。増え続ける人類の食料需給を満たすためには，新たな革新技術によって農業の生産効率を高める必要がある。農作物の収量ロスの 50-80％は悪天候とそれに関連するストレスに起因すると言われている。

　バイオスティミュラントはそれに含まれる植物に有益な栄養素の含有量に関係なく，植物の栄養利用効率，成長プロセス，非生物的ストレスに対する耐性の増加を担う。これらは植物の自然なプロセスを刺激することを目的にしている資材である。バイオスティミュラントは専ら天然に存在する有機分子，植物抽出物，微生物などが利用される。

　EU の定義では，作物の養分利用効率，非生物的ストレス耐性，品質形質の改善，さらに土壌や根圏における養分利用可能性の向上を目的とする資材で，腐植物質，海藻エキス，タンパク質加水分解物とアミノ酸，多糖類，各種ミネラル類，微生物などの資源から構成される。

　2019 年の世界のバイオスティミュラントの市場金額は 20 億 5000 万ドルと推定されており，年々その規模は拡大している。2025 年には 39 億 4000 万ドルに拡大すると予測されている[1]。

＊　Osamu SUDO　㈱ファイトクローム　マーケティング部　部長

この中で海藻抽出物はバイオスティミュラント市場の中でも最も成長している資材群であろう。海藻抽出物は複数の極めて複雑な生物活性分子から構成される。ストレス軽減，植物体の各部位の成長改善，クロロフィルの合成の改善，着果・結実の改善，果実の均一性の維持，老化の遅延，収穫物の品質向上など，様々な効果をもたらすことが知られている。バイオスティミュラントによって活性化される遺伝子やその経路を解析する分子レベルの研究が進歩した結果，海藻に含まれる多様な成分がなんらかの刺激となり，農業生産上の有益な効果が表れていることが分かってきた。これは海藻抽出物が持つメカニズムが，これまでに提案されてきた植物成長ホルモンやミネラルの効果を前提としたものとはいささか異なることを示している。海藻資材の持つ作用機序は今後，遺伝子研究のアプローチによってバイオスティミュラントを語るうえで重要な学術的基盤となるであろう。

2　海藻資材の調達

現在，農業用の資材として利用される褐藻類はその多くが野生で高密度に生育している。国連食糧農業機関（FAO）の調べでは，2019年には，約110万トンの野生海藻が収穫されている（食品，飼料用途を含む）。農業用の海藻資材の出荷金額は，2019年に6億ドルと言われており，特にヨーロッパ，アジア太平洋地域の収穫量が多い[2]。

海藻は，褐藻類，紅藻類，緑藻類などに分類されるが，農業用途の資材はほとんどが褐藻類（*Phaeophyta*）の仲間と思われる。

もっとも多く利用されるアスコフィラム・ノドサムは潮間帯（潮の干満により干上がったり海の中になったりする場所）に生息する海藻で，乾燥や温度変化という過酷な環境に生育するため，元来ストレスに対する抵抗性因子を豊富に蓄積していると言われている。その他，潮下海藻，海浜海藻として分類される種類もある。

3　海藻の種類

3.1　アスコフィラム・ノドサム（*Ascophyllum nodosum*）（図1）

褐藻類の一種で，ヨーロッパ北西海岸や北米北東海岸に分布する大型の海藻。丈夫な長い葉を持ち，不規則に枝分かれした葉には大きな卵形の空気袋をもつ。体長は最大で2メートルほどになり，乾燥すると黒褐色になる。硫酸化多糖類であるフコイダンを豊富に含んでいる。その他にも，ビタミンやミネラル，アミノ酸など，様々な栄養素を豊富に含んでいる。植物の生長を促進し，環境ストレスに対する抵抗力を高める効果があるとされている。

図 1　水揚げされたアスコフィラム・
ノドサム

3.2　エクロニア・マキシマ（*Ecklonia maxima*）

　南アフリカの冷水域に生息する褐藻の一種で，草丈が 12〜13 メートルに達する。成長速度が非常に速く，1 日に最大 20 センチメートルも伸びると言われている。非常に丈夫で，波や潮流の強い環境にも耐えることができる。ミネラルやアミノ酸，ビタミンなどの栄養素が豊富に含まれているため，植物の生育促進を目的に農業資材として利用される。

3.3　ラミナリア類（*Laminaria* sp.）

　日本ではコンブ類として親しまれている海藻。葉状の海藻で，長さ数メートルから数十メートルに達する。北大西洋および北極海の冷温帯水域に生息する大型の褐藻 *L. digitata* が海外では農業用に利用されることが多い。

3.4　レッソニア類（*Lessonia* sp.）

　レッソニア類は褐藻類の一種で，南米チリ沿岸に自生し，世界最大の海藻林を形成している。アルギン酸やフコイダン，ラミナランなどを豊富に含む。

4　天然資源としての海藻

　海藻資材は基本的には野生の海藻の伐採で得られる。一部の海藻は養殖によって生態系に負荷をかけない方法で得ることができるが，経済的な問題でさほど多くの流通量はない。また，海岸

に蓄積する流れ藻をバイオマスとして利用することに関心が高まっているが，農業製品としての品質の均一性や衛生問題をクリアーするにはさらなる研究が必要であろう。野生海藻を収穫する場合，自然や生態系の保護のための規制によって各国は生産を管理している。

　商業的伐採を許可する場合は，収穫方法や収穫期間，区域ごとの輪番制などの規制をする。フランスの場合はブルターニュ地方など海域保護区での定められた基準に従って収穫が行われている。カナダではレーキを用いた手刈りによる収穫を推奨している。産業者と科学者が協力して資源保護を監視し，海藻資源の商業的収穫と生態系の維持を将来にわたって持続可能な方法で実施している。

5　バイオスティミュラントの分類と規制

　多くの海藻由来資材はバイオスティミュラントとして世界中に出荷されているが，従来は農薬でもない，肥料でもないこれらの資材に対して特定の法的管理はいずれの国においても行き届いていなかった。しかし，EU では，新しい肥料規則（EU）2019/1009 のもとで，植物バイオスティミュラントのカテゴリーを加え，農薬（植物成長調整剤）の範疇とは区別をして管理が始まった。

　米国においても同様の議論が繰り返されており，業界団体（BPIA/TFI）がバイオスティミュラント製品ガイドラインを提唱している。

6　海藻エキスの抽出法

　海藻エキスの抽出は，これを取り扱うメーカーが異なる独自の手順を採用している。海藻抽出物の活性成分組成は抽出手順によって異なるが，それらはメーカー独自の非公開技術であることが多く，そのために同じ海藻種の抽出物であってもそれらが必ずしも同じ効果を発揮するとは限らない。代表的な抽出方法を以下に記す。

- 水抽出法　　　　　　：成分の分解が少なく，特に植物ホルモン様活性が豊富といわれる。
- 酸加水分解法　　　　：フェノール化合物の除去と多糖類の脱重合が起こる。
- アルカリ加水分解法：複雑な多糖類をより小さな低分子オリゴマーに分解する。
- その他　　　　　　　：マイクロ波アシスト抽出法，酵素アシスト抽出法，など。

7　海藻に含まれる活性成分

　潮間帯の海藻は，温度，塩分，光の極端な変動など，植物にとって好ましくない条件に晒されていることで，生存に不可欠な様々なストレス関連化合物を蓄える。多糖類，多価不飽和脂肪酸，酵素，生理活性ペプチドなどの成分が非生物的ストレスの緩和のための本質であると考えられている。

アスコフィラム・ノドサム（*Ascophyllum nodosum*）の場合，貯蔵糖類としてラミナラン，マンニトールを，細胞壁糖質としてフコイダン，セルロース，β-(1-3)-グルカン，アルギン酸塩を含む。低分子化されたアルギン酸塩はさまざまな植物の生長，あるいは根の伸長を促進することが知られている。これらの成分が温度偏差（高温，低温），塩分，活性酸素種（ROS）の蓄積，などの環境変化に起因する非生物的ストレスへの耐性付与機能を持つ。

かつては海藻にもともと含まれている植物ホルモン様物質が作用しているという仮説が有力な時期もあったが，現在では内因性の植物ホルモン生産を誘導したり，代謝や同化に関する遺伝子発現量の増加が多数確認されており，海藻中の植物ホルモンが作用しているという説はおおよそ否定的である。

8　海藻抽出物の効果

8.1　ストレス耐性の付与

8.1.1　プライミングの誘発

海藻エキスを前処理することでプライミングされた植物はその後の非生物的ストレスの遭遇に対してより敏感に応答する。海藻エキスでプライミングされた植物は，酸化ストレス，干ばつ・高温，塩，凍結ストレスなどに対して，分子的，生化学的な適応をする。プライミングは植物によっては数日から数週間の維持，記憶が行われるという。

8.1.2　酸化的ストレス

海藻エキスの処理により，細胞内に存在する酵素スーパーオキシドジスムターゼ（SOD）を増加させ，細胞を活性酸素種による酸化ストレスから守る重要な役割を担っていると言われている。

8.1.3　干ばつ・高温ストレス

干ばつによる気孔の閉鎖は二酸化炭素の利用量を制限することになり，光合成速度を直接的に低下させる。その結果，干ばつストレスは，生育停止，萎凋，葉の損傷を招く。また，干ばつ時の植物は活性酸素種（ROS）を生成する傾向があるため，タンパク質や膜，脂質などの細胞構成成分に損傷を与える。

海藻エキスの処理により，干ばつ下での植物の気孔開度を適度に調節し，光合成を阻害することなく組織水分レベルを維持する。

8.1.4　塩類ストレス

塩類ストレスは植物細胞の浸透圧と関連が深い。適切な浸透圧が維持されることにより，植物栄養素の取り込みは改善される。海藻エキスの処理により，グルタチオンが増加することで，高塩濃度条件下に起因する酸化ストレスによる損傷を防止，または修復できる。細胞内外の浸透圧を調節し，細胞を乾燥や塩害などの環境ストレスから保護する役割を持つ低分子有機化合物を適合溶質と呼ぶが，海藻に含まれるプロリン，グリシンベタイン，トレハロースなどの適合溶質が塩類ストレスに対抗すると考えられている。

8.1.5　凍害ストレス

　海藻エキスの処理により，可溶性糖，糖アルコール，有機酸，脂肪酸などが増加し，さらにアミノ酸のひとつであるプロリンの合成が活発になる。これらの物質が細胞の浸透圧調節や細胞膜の安定化に役立つ。またプロリンは，水分子と水素結合を形成し，細胞内の氷の形成を抑制する効果があると言われている。

8.2　養分の利用効率改善

　バイオスティミュラントの作用として，ストレス耐性の獲得の次に重要なのは，植物栄養成分の効率的利用である。アスコフィラム・ノドサム抽出物を処理した植物は，硝酸を還元する触媒酵素である硝酸還元酵素の活性が上昇する。また，アンモニウム態窒素からグルタミンへ変換するグルタミン合成酵素をコードする遺伝子の発現が上昇したという報告もある。鉄イオンを特異的に取りこむ二価鉄トランスポーター（IRT）が刺激されているという研究報告もある。

8.3　生産性と品質形質の改善

　アスコフィラム・ノドサム抽出物の葉面散布は，多種の作物の収量を増加させると同時に収穫物の品質を改善したという報告がある。また，収穫前処理により，脂質過酸化を抑制することで収穫物の日持ちが改善できたとの報告もある。これは，ポストハーベスト農薬の使用量削減への期待につながる。

8.4　土壌と根圏の健全性

　たとえばアルギン酸塩を土壌に処理した場合は，土壌の物理性を改善し，それ自体がもつ天然のキレート作用により，土壌中でゲル化し土壌の保水性を改善する（ただしこの効果はバイオスティミュラント効果ではなく，土壌改良資材としての効果である）。

　海藻エキスを葉面散布，または土壌灌注することにより，マイクロバイオーム（根圏微生物叢）の発達を誘導する。海藻エキスはバクテリアを根の表面に引き寄せるフラボノイドなどの根浸出液の分泌を促し，根圏微生物の住みやすい環境を提供する。その結果，健全な微生物環境が植物体にポジティブな環境を作る。この好循環がより健全な作物の状態を維持する。

9　海藻抽出物を利用したバイオスティミュラント製品の紹介

　日本でも数社から海藻抽出物を利用したバイオスティミュラント製品が販売されている。その実用効果について，㈱ファイトクロームから発売されている「マリンインパクト®」（図2）の実証効果データを用いて説明する。「マリンインパクト®」はカナダ・アカディアン社より導入されている製品で，アスコフィラム・ノドサムのアルカリ抽出液である。水稲，小麦，畑作物，施設野菜，果樹，花卉，芝など，オールラウンドに使える非生物的ストレス対策資材である。

図2　マリンインパクト
（㈱ファイトクローム）

10　海藻抽出物の適用実施例（マリンインパクト®の評価結果）

10.1　水稲生育試験（2022 年福井県）

【試験条件】

水稲（品種：あきだわら）へマリンインパクト®を 2 回流し込み処理を行った。

6/9　田植え

8/11　マリンインパクト®流し込み 1 回目（100 g /10 a）

8/23　マリンインパクト®流し込み 2 回目（100 g /10 a）

9/8　調査

【結果】

・処理区の止め葉は厚く長いことから，収穫まで光合成が継続し，増収傾向にあったと考察できる。株元の茎が太く揃い，下葉の枯れも少なく登熟も進んでいた（図 3）。

・収穫玄米重量は，2 試験圃場においてそれぞれ 20％増，6％増であった。稲穂の垂れ下がりからも増収が伺える（表 1，図 4）。

対照区	処理区

図 3　水稲への流し込み処理に
おける収穫時の状態

表 1　水稲への流し込み処理における収量比較

	収量（10 a あたり）		対対照区比
	対照区	処理区	
圃場 1	492 kg	589 kg	＋97 kg（120%）
圃場 2	543 kg	577 kg	＋34 kg（106%）

図 4　水稲への流し込み処理における収穫前の状態

10.2　ほうれんそう生育試験（2022 年兵庫県）

【試験条件】

ほうれんそう（品種：ジャスティス）へマリンインパクト® を 2 回散布した。

6/14　播種

6/28　マリンインパクト散布 1 回目　（1000 倍希釈）

7/05　マリンインパクト散布 2 回目　（1000 倍希釈）

7/23　株堀調査

＊試験は 2022 年 6 月の記録的な高温条件下で行われた。

【結果】

- 試験区の方が根張り，株張りがよく生育が旺盛であった。対照区は高温により強い生育抑制を受けていると推測された（図 5）。
- 商品価値のある可販品率は，マリンインパクト処理で 71% と高かった（表 2）。

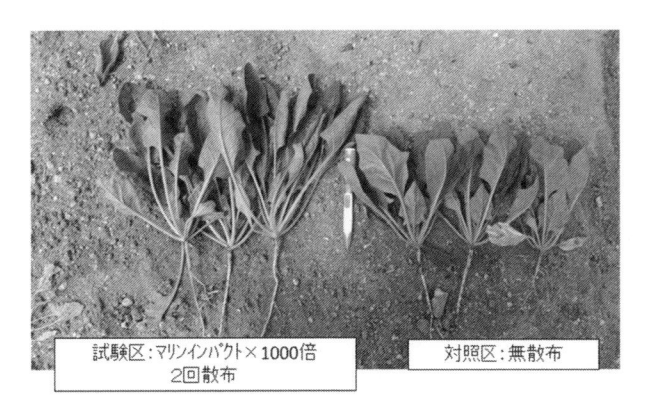

図 5　ほうれんそうへの処理における生育比較

表 2　ほうれんそうにおける可販品率の比較

	試験区	対照区
可販品率	71%	44%

10.3 大豆冠水ダメージに対する回復試験（2021年熊本県）

【試験条件】

大豆（品種：フクユタカ）へマリンインパクト®と，花吹雪®（海藻以外のバイオスティミュラント）をそれぞれ1回散布した。

＊本試験は後に大雨による冠水を受け，植物体に大きなダメージを負うことになるが，マリンインパクト®の生育改善効果について観察した。

7/12 播種

7/30 マリンインパクト®散布（1回目）：ブーム散布 100 ml/10 a

8/08 花吹雪®散布：　　　　　　　　ブーム散布 100 ml/10 a

8/12 豪雨により5時間冠水

8/25 調査（写真記録）

【結果】

- 冠水によってダメージを受けた無処理区は全体的に茎が細く，生育が悪かった。マリンインパクト®散布区は葉の勢いもあり，生育旺盛で，茎も太く根はりも良かった（図6）。

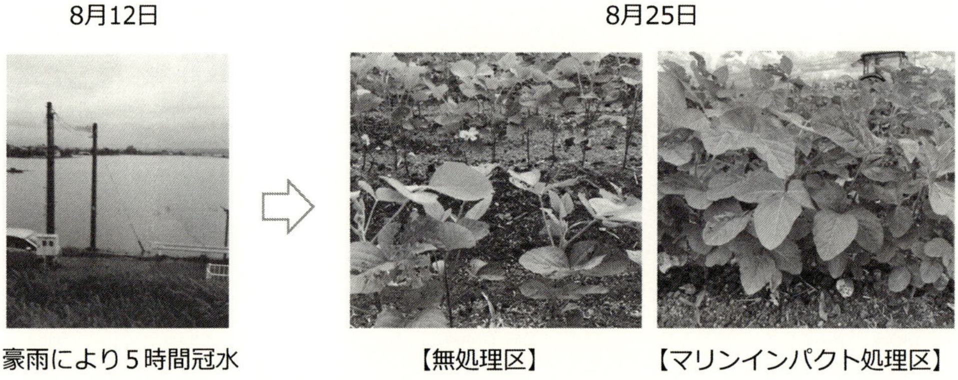

8月12日　　　　　　　　　　　　　　　8月25日

豪雨により5時間冠水　　　　　【無処理区】　　　　【マリンインパクト処理区】

図6　一時的な冠水状態と，大豆の生育比較

10. 4　ぶどう縮果症（高温障害）に対する効果（2022 年埼玉県）

【試験条件】

シャインマスカットのジベレリン処理 2 回目の後に，マリンインパクト® を葉面散布（1000 倍希釈）

【結果】

- 無作為に選んだ 10 房の縮果症の粒数は，無処理区で 10.6 粒／房，処理区で 4.3 粒／房であった。マリンインパクト® の散布処理により，縮果症の症状が大幅に改善された（図 7，図 8，表 3）。

図 7　シャインマスカットにおける縮果症の発生状況

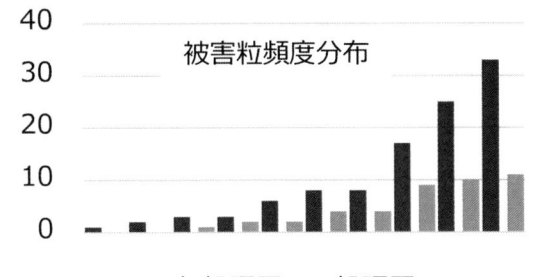

図 8　シャインマスカット縮果症の発生ヒストグラム

表 3　1 房あたりの平均被害粒数の比較

	無処理区	処理区
平均被害粒数	10.6	4.3

10.5 とうもろこしの減肥に対する効果試験（ノースカロライナ州・ウィスコンシン州）

【試験条件】

標準的な施肥区と窒素肥料30%の減肥区を設け，マリンインパクト®を散布処理（1000倍希釈）

【結果】

- マリンインパクト®処理により，とうもろこしの増収が認められた。さらに30%窒素減肥によるとうもろこしの収量減少がマリンインパクト®の散布により改善された（図9）。

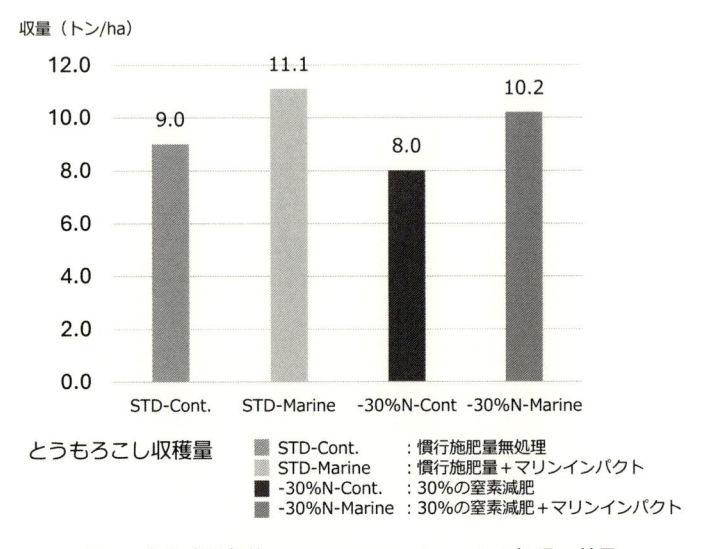

収量（トン/ha）

とうもろこし収穫量

STD-Cont.	:	慣行施肥量無処理
STD-Marine	:	慣行施肥量＋マリンインパクト
-30%N-Cont.	:	30%の窒素減肥
-30%N-Marine	:	30%の窒素減肥＋マリンインパクト

図9　窒素減肥条件におけるマリンインパクト処理の効果

10.6 たまねぎに対する品質と日持ち延長効果（2022年岡山県）

【試験条件】

11月21日定植後，概ね月に1〜2回マリンインパクト®散布（1000倍希釈）。

【結果】

- 無処理区での規格外品率が55%に対して，処理区では26%であった。マリンインパクト®の散布で出荷数量が増加した。また規格品（50g以上）の平均1玉重量はマリンインパクト®処理区で大玉化が認められた（図10，表4）。
- 収穫後，4か月間保管した後の調査では，無処理区は腐敗が著しかったが，マリンインパクト®処理区は品質的な問題はなかった（図11）。

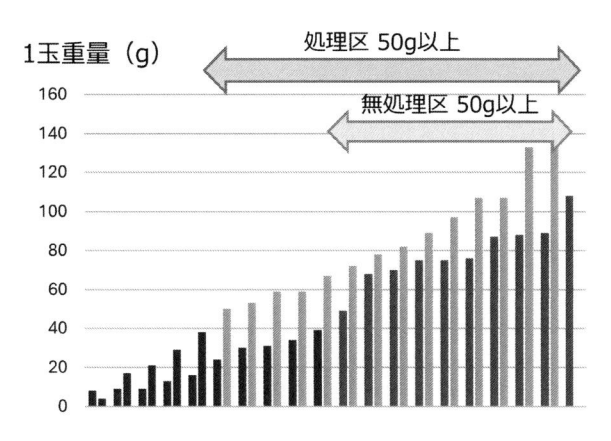

図10　たまねぎの1玉重量の分布

表4　たまねぎの規格外品率と平均重量

	無処理区	処理区
50 g 以下率（規格外品）	55%	26%
50 g 以上品の平均1玉重量	81.8	85.0

図11　マリンインパクトの日持ち効果

11　おわりに

　バイオスティミュラントとしての海藻抽出物の有用性は多面的である。持続可能な農業が求められる現在，海藻資源の利用はますますニーズが高まっていくことであろう。海藻資材は天然資源を利用するため，これらの調達も持続可能な方法で行われなければならない。これには明確な収穫計画，輪作期間，収穫後の再生のためのモニタリング，海洋や沿岸の生態系に対する影響を最小化するための対策を講じていかなければならない。

　海藻エキスが処理された作物に望ましい結果をもたらすために，合理的な抽出方法，一貫した品質管理が必要になる。使用にあたっては，最適施用量，施用方法，散布時期，散布回数がわかりやすく案内されていることが必要である。特に生理活性と密接な関係で作用する海藻抽出物は，適切な作物生育ステージに散布されるかどうかが，効果発現を大きく左右する要因となる。特定の海藻エキスが最適時期に散布されることで植物の遺伝子や代謝経路が調節され非生物的ストレスへの耐性が持続できる。海藻エキスの特定の成分が植物の細胞内外のシグナル伝達成分にどのように相互作用を起こしているかは未だ十分に解明されていないのが現状であり，さらなる研究成果を期待したい。

文　　　献

1)　Dunham Trimmer®'s Global Biostimulant Report 2020
2)　Fishery and aquaculture statistics yearbook 2020

第16章 低分子量キチン（LMC）の土壌と植物へのバイオスティミュラント効果

樋口昌宏*

1 はじめに

キチンは，カニなどの甲殻類や昆虫類の外骨格（殻）の主要成分であり，自然界では真菌（カビやキノコ）の細胞壁など多くの生物にも含まれる高分子の多糖類である。キチンは，生体との親和性や環境中での生分解性に優れることが知られており，生物学的に有効な特性を有するバイオマテリアルであることから，医学，薬学，工学，農学など幅広い分野で研究され様々な成果をあげている。しかしながら，キチンは非常に強固な結晶構造をもち一般的な溶媒には不溶であるとともに不融性であることから，加工に関する技術的難易度が極めて高く，その多くが有効利用できていない。当社では，カニ殻を用いた調味料の開発に端を発し，数十年におよぶキチンの機能性素材の開発を行うなかで，キチンの構造を維持したまま様々な素材に加工する高度な技術を構築してきた。特に農業向けには，キチンをキチンオリゴ糖とは異なった適度な分子量に制御加工した低分子量キチン（Low Molecular Chitin。以下，LMC と略す）を開発し，様々な試験研究より LMC の農業素材としての有益性を確認している。

本書では，生物的ストレス（病害や虫害など）への対策として得られた植物体に対する病原抵抗性の誘導効果とその推定作用機序を基礎とし，近年注目される環境ストレス（土壌環境の悪化や高温・乾燥など。非生物的ストレスとも呼ぶ場合もある）への対策として活用可能な LMC の「土壌微生物叢の多様化効果」と，「植物体に対する健全生長および耐暑性効果」の2つに関して解説する。

なお，生物的ストレスに関しては，近年体系化が進むバイオスティミュラント（直訳すると生物刺激剤。以下，BS と略す）の考え方において農薬効果（殺菌・殺虫・病気への作用）に該当し得るため BS とは区別して扱うが，その刺激によるシグナル伝達経路などの仕組みは環境ストレスと関係性があることが報告されていることから，本書では LMC の BS としての作用機序を考察するうえの科学的事象として参照する。

---

* Masahiro HIGUCHI 焼津水産化学工業㈱ 開発本部 研究開発部 新規開拓グループ グループ長

2 LMCとは ～キチンとキトサンの違い～

　自然界のキチンは単独では存在せず，炭酸カルシウムを中心とした灰分やタンパク質とともに複合体を作り，生体の強度成分として骨格を支持し保護する機能を担っている。工業的に利用されるキチンは，酸による中和反応でカルシウムなどの灰分を，アルカリによる可溶化でタンパク質を取り除くことで精製，製造される。キチンは，N-アセチルグルコサミン（以下，NAGと略す）を構成単位とする窒素を含む高分子多糖類であり，自然界では分子量100万ほどの巨大分子として存在する。キチンは，セルロースに次いで地球上に多く存在するバイオマスであるが，通常の有機溶媒や水に溶けないことや，強固な結晶構造を持ち加工が難しいため産業利用はわずかである。しかしながら，セルロースと異なりヒトに対する免疫賦活，創傷や火傷治癒などの機能を有することが知られており，創傷被覆材などに利用されている。

　キチンに由来する物質の一つにキトサンがある。これはキチンを加水分解により脱アセチル化して得られるグルコサミンを構成単位とする多量体である。原材料であるキチンの構成単位NAGに存在するN-アセチル基は分解過程においてダメージを受けやすく，ダメージを受けたNAGは脱アセチル化されグルコサミンとなるため，キチンは比較的容易にキトサンへと変わる。言い換えると，キチンをその構造を維持したまま分解・低分子化することが一般に困難である理由の一つでもある。キトサンとキチンの違いは構成単位以外にも多く，キトサンは酢酸などの有機酸に容易に溶解し，金属吸着能が高く，抗菌・抗カビ効果が高いことから，排水処理や抗菌性繊維，食品の日持向上剤などに利用されている。

　しばしばキチンとキトサンは混同して理解され，総じてキチン質と呼称される場面を目にするが，上述の通り，キチンとキトサンは構成単位が異なる別の化合物でありキチン質という表現は些か乱暴な表現である。構成単位の違いからすれば，NAGとグルコサミンが同格であるならばグルコース（いわゆるブドウ糖）も同じであり，キチンとキトサンとセルロースは同様に扱われるべきだが消費者は直観的にこれが間違いであることが認識できる（図1）。当社は食品素材を製造しているが，例えば味覚の観点で言えば，NAGはグルコースの3分の1程のほんのりした甘さなのに対し，キトサンは特有の苦みを有する程にこれらは異なる。

　さらに，キトサンを天然成分と紹介されている場面を数多く目にするが，自然界で確認されるキトサンは脱アセチル化酵素を持つ一部の真菌のみの希な事例である。キトサンを天然成分と呼ぶこと自体は学術的には嘘では無く，かつ天然成分が必ずしも良質な成分という訳では無いが，消費者が成分や機能を正しく理解し，適切に商品選択するうえで誤解・誤認を招く懸念が高い。キチンとキトサンはそれぞれ異なる生物活性を有しどちらも優れた素材であるため，正しい理解のうえで目的にあわせ適切な商品を選択することが極めて重要である。

　なお，教科書的説明においては，キチンはNAGのみ，キトサンはグルコサミンのみを構成単位とする，となっているが，現実的に流通するキチン，キトサンは単一の糖からなるホモ多糖ではない。たとえ自然界のキチンがNAGのみからなるホモ多糖であっても，上述の脱灰分，脱ア

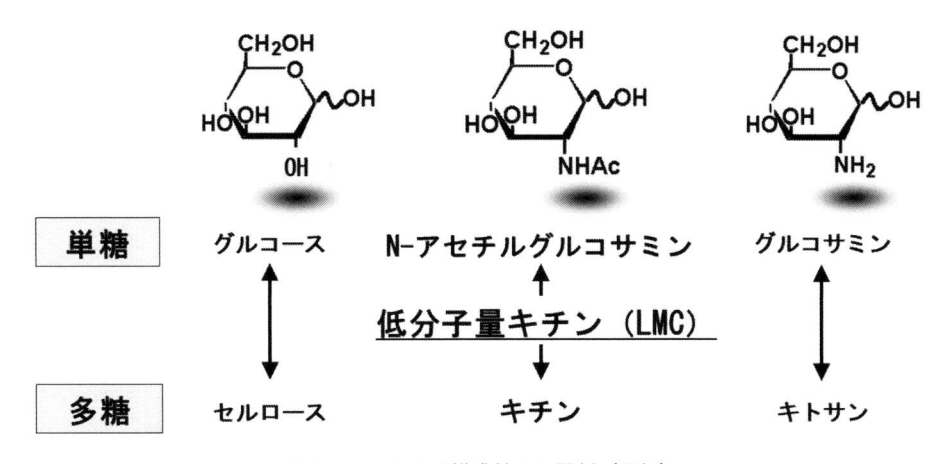

図1　キチンなど構成糖との関係（図解）

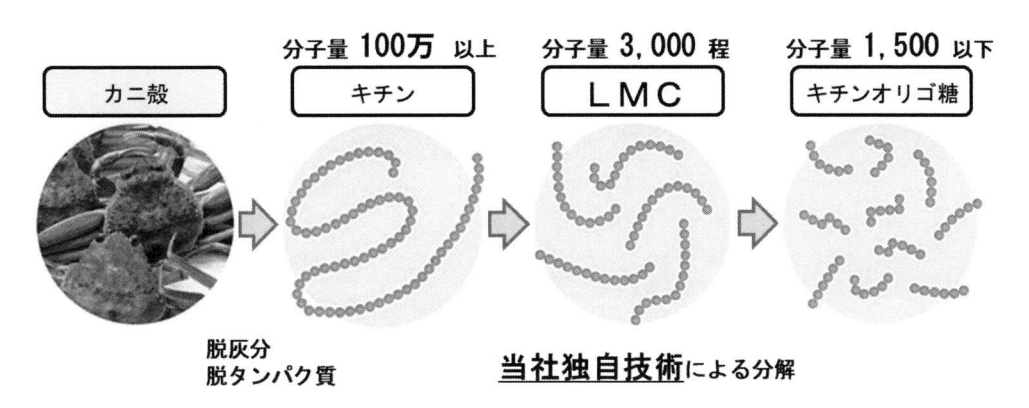

図2　カニ殻とキチンや LMC の関係（図解）

ルカリ処理により数％程度は脱アセチル化されている。また，キトサンも加水分解処理により完全に脱アルカリ化されるわけでは無い。そのため，構成単位の割合によってキチンとキトサンを明確に区分けすることは困難であり，一般的には酸性水溶液に不溶なものをキチン，可溶なものをキトサンと区別することが多い。

　本書で解説する LMC は，酸性水溶液に不溶なキチンを当社独自の加工技術で低分子化したものであり，分子量3,000程，粒子径15 μm 程（花粉程の大きさ）の不溶性微粒子である（図2）。

3　LMC の土壌への効果 ～土壌微生物叢の多様化効果～

　欧州や日本では昔からカニ殻を農業資材として有効活用する伝承農法が知られている。特にカニ殻の土壌への施用は広く行われており，これはカニ殻に含まれるキチンに土壌微生物を介した

土壌改良などの効果が見出されているためである[1,2]。しかしながら，カニ殻を用いた土壌改良は大量施用が必要であり，また効果が現れるまで数年を要することが知られている[3]。それに比べ，LMC は少量で，即効性を得ることができる。本節では，当社で行った畑土壌を用いた土壌微生物への影響調査にて確認された，LMC の土壌改良効果について解説する。

　ここでは，2 ミリ角メッシュ篩に供した風乾畑土壌を最終水分量が最大容水量の 60％になるように滅菌水を加え，併せて LMC が添加濃度 0.1％（w/w 土壌）になるよう混合した土壌について，温度 25℃で保温した際の放線菌など数種の土壌微生物の菌数変化を経時的に調査した。LMC の比較資材としては，粉状に粉砕したキチンとキトサンを用いた。まず，代表的な有用菌として知られる放線菌と代表的な有害菌として知られるフザリウム菌の挙動変化に関して説明する。

　放線菌は，LMC 添加区で保温 0.5ヶ月までの間に菌数が急激に増加し，この増加傾向は他資材と比較しても明確であった（図 3）。キチン添加区は，保温 1ヶ月までは他の添加資材より低い菌数であったが，それ以降では緩やかに増加した。キトサン添加区は，保温期間を通して対照土壌と比較してもおおよそ低い菌数であった。この結果は，放線菌は LMC を効率よく資化（餌とすること）し迅速に増殖することが可能であるが，一般的なキチンでは資化可能な状態にするための予備的な分解等の期間が必要なため，増殖するまでに一定の準備期間が必要であることを示している。これら放線菌の増殖タイミングの違いは，土壌改良に与える時間的影響との関連が推測され，微生物的作用を利用した土壌改良資材の即効性，緩効性，遅効性など商品特性に関与すると考えられる。一方で，キトサンに関しては，本試験においては低減傾向のみ確認され，食品における保存料と同様に殺菌・静菌的に作用したと考えられる。

　フザリウム菌に関しては，LMC 添加区で保温 0.5ヶ月までの間に菌数が急激に低減し，以降で増加は確認されなかった。キチン添加区は，対照土壌と同様に緩やかに減少した。キトサン添加区は，保温 0.5ヶ月までの間で急激に低減したが，再び増加し，以降ではキチンや対照土壌と同

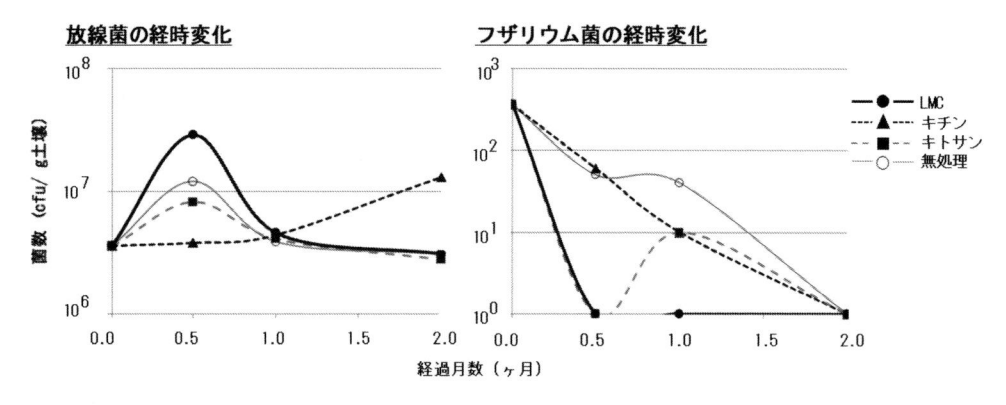

図 3　LMC による放線菌とフザリウム菌への影響

様の挙動を示した。上述で説明した放線菌は，フザリウム菌等の植物病害菌の構成成分キチンの分解能を持つ菌株や，抗生物質をはじめとする二次代謝産物を産生する菌株が多く存在することが知られており，発酵業や医薬品産業的においても重要な微生物群集である。このことから，LMC はフザリウム菌と拮抗する放線菌の効率的な増殖に寄与したことが示唆される[4,5]。なお，キトサンに関しては，放線菌の低減と同様にフザリウム菌も低減したことから，両菌種ともに殺菌・静菌的に作用したと考えられる。次に，細菌と糸状菌を含めた土壌微生物叢の挙動変化について説明する。

　上記と同一の土壌について，細菌数と糸状菌数も調査し，微生物的観点から土壌の性質を示す指標として提案される，A/F 値（放線菌数と糸状菌数の比率），ならびに B/F 値（細菌数と糸状菌数の比率）を評価した。その結果，A/F 値は，LMC で保温開始後 0.5ヶ月まで急激に上昇し，その後に少しずつ対照土壌と同等まで低下した（図 4）。キチンは，保温開始後 1.0ヶ月までの間は他の資材より低い値を示したにも関わらず，以降ではそれらを上回る値を維持していた。キトサンは対照土壌と類似した挙動を示した。B/F 値に関しては，概ね A/F 値と類似した増減挙動を示したが，LMC ならびにキチンに関してはキトサンと比較し上昇傾向がみられた。土壌の微生物性を示す評価基準は明確にされていないが，A/F 値や B/F 値は健全土壌で生育不良・病害土壌より高い値を示す傾向にあることが多く報告されており，LMC の持つ土壌微生物叢の多様化効果は土壌病害や連作障害になりにくい健全な土壌作りへの利用が期待される。

　LMC とキチンの土壌微生物叢への影響に関しては，双方とも放線菌の割合が増加するとともに，LMC では特異的にバシラス科（*Bacillaceae*）やパエニバシラス科（*Paenibacillaceae*）アルカリゲネス科（*Alcaligenaceae*）の割合が増加することも報告されている[6]。近年，放線菌以外の *Bacillus* 属細菌などでもキチン分解能力を持つ菌や抗菌性物質の産生菌は知られてきており，LMC はこうした性質を有する土壌微生物の増加も助け土壌微生物叢を多様化する効果が高いと考えられる。

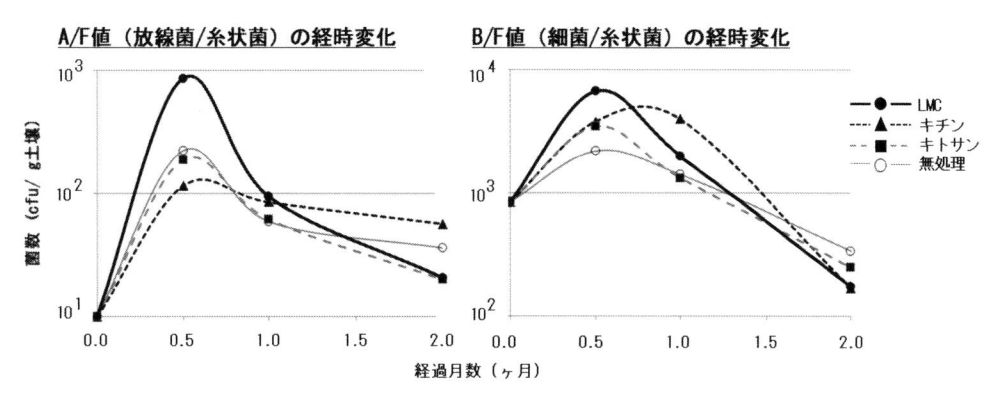

図 4　LMC による A/F 値と B/F 値への影響

4 LMC の植物への効果 ～作用メカニズム～

4.1 LMC の推定作用メカニズム

LMC およびキチンオリゴ糖については，これまで生物的ストレスに関連した病害防除効果を示す知見が多く報告されている[7~9]。これらの報告から，LMC による植物体への生物的ストレス耐性（病原抵抗性）メカニズムは以下と推定されている。

① 昆虫，糸状菌，線虫などが植物を傷付ける。

② 植物体がキチン分解酵素を分泌する。

③ 植物体が生じたキチン断片を認識する。

④ 植物体が，害敵の存在を感知する。

⑤ 植物体内で生体防御に関わる反応が誘導する。

このうち，LMC は③のキチン断片と同じ構造であると考えられる。

4.2 LMC の刺激による遺伝子発現変動

LMC の刺激によって植物体内でどのような遺伝子が発現・変動するかを，モデル植物であるシロイヌナズナを用いたマイクロアレイ解析により網羅的に解析した。その結果，水処理と比較しLMC 処理では 4 時間後に 218 遺伝子，48 時間後には 309 遺伝子の発現が有意に上昇した。これらの有意に発現量が増加した遺伝子に関して Gene Ontology 分類を行った結果，生物刺激，防御応答，抵抗性等に関わる遺伝子発現の上昇を確認した。さらに，有意に発現量が上昇した遺伝子において活性酸素種を調節するといわれる CRK（Cysteine-rich receptor-like protein kinase）遺伝子の特異的な発現が見られた（図5）。この結果から，LMC による植物体内の遺伝

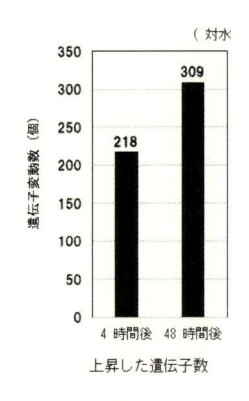

[遺伝子発現変動]

LMC刺激により変動した遺伝子の機能分類 〈 Gene Ontology解析結果 〉

NO.	遺伝子の機能表現 〈 GO term 〉	遺伝子変動数	NO.	遺伝子の機能表現 〈 GO term 〉	遺伝子変動数
1	刺激に対する応答	45	16	免疫応答	33
2	マルチ生物プロセス	43	17	免疫系プロセス	33
3	生物的刺激に対する応答	41	18	先天性免疫応答	33
4	外部の生物的刺激に対する応答	41	19	シグナル伝達	33
5	外部刺激に対する応答	41	20	単一の生体情報伝達	33
6	他の生物に対する応答	41	21	シグナリング	33
7	ストレスに対する応答	40	22	細胞間情報伝達	33
8	刺激に対する細胞応答	38	23	酸素含有化合物に対する応答	33
9	防御応答	37	24	全身獲得抵抗性	32
10	他の生物に対する防御応答	36	25	化学物質刺激に対する細胞応答	31
11	化学物質に対する応答	34	26	有機物に対する応答	31
12	細胞プロセスの調節	34	27	酸化学物質に対する応答	31
13	生物学的プロセスの調節	34	28	微生物に対する応答	30
14	生体調節	34	29	酸化学物質に対する細胞応答	30
15	不適合相互作用，防御応答	33	30	酸素含有化合物に対する細胞応答	30

（ 機能が解明されていない遺伝子も多く変動 ）

図5 LMC 刺激による遺伝子発現変動と変動遺伝子の機能分類

子レベルでの防御応答反応メカニズムは，以下と推定された。

① 　LMCが植物（細胞）に接触し刺激

② 　CRK遺伝子発現誘導

③ 　CRK誘導活性

④ 　活性酸素（種）を調節

⑤ 　シグナル伝達

⑥ 　生体防御反応

生物的ストレスに限らず環境ストレスに曝された植物において活性酸素レベルが変動することが知られている。そのため，LMCは環境ストレスに対しても植物体の耐性を向上させ，植物のストレス緩和に効果があることが示唆される。

4.3　LMCの刺激による植物ホルモン誘導

　植物ホルモンと病原抵抗性の関係は昔から良く研究されているが，植物ホルモンと環境ストレス耐性（乾燥，高温など）に関しては，近年研究されはじめている。例えば，傷害応答に働く植物ホルモンであるジャスモン酸の合成が誘導されると，合成されたジャスモン酸の刺激により，シグナルネットワーク下流の遺伝子が活性化され，植物への乾燥耐性が付与される[10]。

　そこで，このLMC刺激による植物ホルモン誘導効果について解析を行った。ここでは，モデル植物であるシロイヌナズナを用い，植物ホルモンであるサリチル酸もしくはジャスモン酸のシグナル伝達経路活性化をそれぞれのマーカー遺伝子（PR-1aもしくはVSP1）の発現変動を指標に確認した。その結果，サリチル酸の誘導に関しては，LMC 1 mg/mL区は216時間（9日）以降でわずかに活性が認められた（図6）。これはサリチル酸シグナル伝達経路を直接的に活性化しないものの，生体防御応答シグナルネットワークのいずれかに刺激を与えている可能性が考えられる。一方で，ジャスモン酸誘導に関しては，LMC 5 mg/mL区で処理後120時間（5日）以

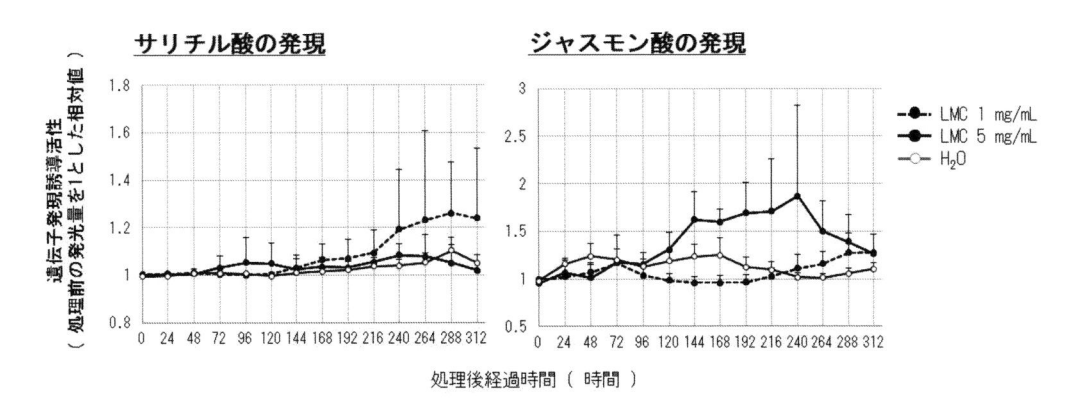

図6　LMC刺激による植物ホルモン：サリチル酸及びジャスモン酸の遺伝子発現変動

降に明瞭な活性が見られた。これは，ジャスモン酸シグナル伝達経路を間接的に活性化していると考えられる。また，それらの関係性を見ると，サリチル酸は低濃度，ジャスモン酸は高濃度での活性化が認められる。サリチル酸とジャスモン酸，ならびにアブシジン酸はクロストークすることが報告されており，また，環境ストレスに曝された植物は病害抵抗性の誘導が起きにくく，逆に耐病性が誘導された植物では環境ストレスに弱くなる傾向があることが報告されている[11]。LMC は，植物体への刺激の強弱（本試験における濃度）により，生物的ストレスと非生物的ストレスのどちらに耐性を付与するか切り替わる可能性がある。

5 LMC の植物への効果 ～健全生長および耐暑性効果～

当社では複数の栽培事例があるが，代表的な BS 効果として「健全成長効果」と「耐暑性効果」の事例を紹介する。

5.1 LMC による健全生長効果①

市販の育苗用培土を用いて播種したトマトに，育苗期間中に発芽後 2 週間間隔で 2 回，LMC 30 ppm，60 ppm および 120 ppm 水希釈液を株当たり 1 回 0.5 mL 散布し，発芽 36 日後の苗状況を観察した。その結果，LMC 葉面散布処理区では，無処理区と比べ，LMC 30 ppm 処理区が地上部・地下部ともに良く生長し，LMC 60 ppm 処理区ならびに 120 ppm 処理区ではさらに濃度依存的に明らかに生長した（図 7）。

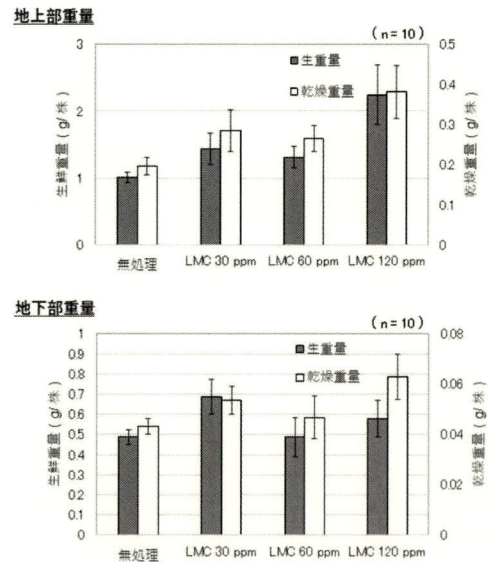

図 7　トマト育苗における LMC 葉面散布事例

図 8　セロリ圃場における LMC 葉面散布事例

5.2　LMC による健全生長効果②

　圃場に直接播種したセロリに，発芽後，収穫まで 2〜3 週間間隔で 7 回 LMC 60 ppm 及び 300 ppm 水希釈液を株当たり 1 回 600 mL 散布し，播種後 6 カ月後の収穫品状況を観察した。その結果，LMC 葉面散布処理区では，無処理区と比べ，トマト育苗試験と同様に LMC 60 ppm ならびに 300 ppm で濃度依存的に明らかに生長した（図 8）。

5.3　LMC による耐暑性効果

　夏場の施設栽培（ハウス栽培）を想定した人工気象器（温度：40℃／30℃，湿度：60％，日照：明 12 h／暗 12 h）にて，トマトを栽培し，生育状況や収穫品の状況を調査した。収穫までは 2 週間間隔で LMC 60 ppm および 120 ppm 水希釈液を葉面散布し，また栽培期間中はサーモカメラにて植物の表面温度を測定した。対照区は水のみを散布した。その結果，各株の葉面温度は人工気象器内の温度より低く，25〜28℃であり，対照区の葉面温度は 28〜35℃に上昇した。一方，LMC 60 ppm および 120 ppm 処理区の葉面温度は 25〜28℃に保たれていた。特に 60 ppm 処理区に関しては，葉面温度だけでなく，人工気象器内の株周辺の温度も他の 2 区のものより低かった。また，栽培終了時の株は対照区で乾燥して枯死していた一方で，60 ppm および 120 ppm 処理区は緑色でその葉の一部も緑色を残していた。収穫品について果実の収量や裂果程度などを測定した結果，果実収量は増加し，裂果が低減されることが確認された（表 1）。近年，地球規模の温暖化により多くの作物で高温障害による収量低下等の問題が生じており，トマトの裂果もその一つである。当社では，ここで紹介したトマト以外にもウンシュウミカンなどで LMC の耐暑性効果を確認している[12]。

　昨今 BS 資材は精力的に開発され，その多くは水溶性の成分である一方，LMC は不溶性成分である。栄養素（いわゆる肥料成分）との区分けが不明確な成分を含む BS 資材も多く流通しているが，LMC は散布量からも肥料様に植物体の直接的な栄養素として機能し得えず，植物生理

表1　高温条件下トマト栽培における LMC 葉面散布事例

品種	処理区	合計果実質量 (g)	果実個数	果実裂果程度	地上部質量 (g)	株元直径 (mm)
桃太郎ヨーク	対照区	161	3	1.3 ± 1.3	13	6.1
	LMC 60 ppm	195	4	0.6 ± 0.6	40	8.2
りんか409	対照区	91	2	1.8 ± 0.4	13	7.5
	LMC 60 ppm	185	3	1.2 ± 1.0	81	9.0
	LMC 120 ppm	129	3	1.3 ± 0.3	52	10.8

学的な作用を引き出していることは明白であり，LMC が植物自体の本来持つ能力を引き出したものと推測される。

6　今後の展望

EU の「グリーン政策」や我が国の「みどりの食料システム戦略」に代表されるように，世界的に化学農薬や化学肥料の削減の動きが急激に高まっている。化学農薬や化学肥料も決して悪いものではないが限りある鉱物など天然資源への依存や環境の維持保全の観点から，それらの代替など具体的対策が必要である。土壌に対しては，物理的，化学的な診断や具体的対策が進んでいるが，生物的な取組みは遅れており，作物生産に有益な機能を有する土壌微生物の研究・開発が急激に進みつつある。植物に対しては，病虫害など病理的な診断や具体的開発が進んでいるが，BS のような生理学的な取組みも土壌と同様に急激に進みつつある。一方で，このような動きにおいても土壌微生物でいえば「定着性」など潜在的な課題は多く，植物生理学的な作用を応用した BS 資材も複数成分の相互反応など検討すべき課題は多くある。LMC に関しては，物質特性や作用メカニズムより，土壌微生物に対しては特異的な餌としての機能による「定着性の向上」など，植物に対しては細胞内に作用する他資材や栄養素とは異なる作用による併用効果が考えられ，社会実装上の課題解決資材としての活用に期待が持たれる。

文　献

1)　R. Mitchell & M. Alexander, *Soil Science Society of America roceedings*, **26**, 556-558 (1962)
2)　M. S. Cretoiu *et al.*, *Appl. Environ. Microbiol.*, **79**, 5291-5301 (2013)
3)　木元久ほか，キチン・キトサン研究，**17** (3)，296-304 (2011)
4)　樋口昌宏ほか，キチン・キトサン研究，**23** (2)，112-113 (2017)
5)　焼津水産化学工業㈱：土壌改良剤及び土壌改良方法，特許第6906787号，2018-11-8
6)　E. Ootsuka *et al.*, *Soil Science and Plant Nutrition*, **27**, 389-399 (2021)

 7)　門田育生ほか，農林水産技術研究ジャーナル，**31**（6），19-23（2008）
 8)　門田育生ほか，北日本病虫研報，**61**，71-75（2010）
 9)　独立行政法人農業・生物系特定産業技術研究機構，焼津水産化学工業㈱：植物病害防除剤及びそれを用いた植物の病害防除法，特許第 4404332 号，2004-11-18
10)　J. M. Kim *et al.*, *Nature Plants*, **3**, 17119（2017）
11)　M. Yasud *et al.*, *The Plant Cell*, **20**（6），1678-1692（2008）
12)　焼津水産化学工業㈱：植物の環境ストレス耐性向上剤，植物の環境ストレス耐性を向上させる方法，及び低分子量キチンの植物の環境ストレス耐性を向上させるための使用，特開 2024-38724

第17章 トレハロースのバイオスティミュラントとしての果菜類への効果

西村安代*

1 はじめに

　周年的に作物を温室で栽培することが多くなり，施設内の温度確保だけでなく，昇温防止対策も必須となっている。低温期では，暖房の燃料費の高騰が続き，保温資材などの値上げも重なり農家負担がより一層拡大している。さらには，SDGsに係る化石燃料の使用量を削減し環境負荷軽減を目指すためにも，作物自身の低温ストレス耐性を高めることも手段の一つとして考えられる。また近年では，春先における急激な温度上昇，夏季では猛暑日が長期にわたり続くなど，高温ストレスによる生理障害が多発している。そのため環境制御だけではなく，作物の温度ストレス耐性を向上させる必要もある。このような温度ストレスをはじめとする非生物的ストレス耐性を向上させる可能性のある資材『バイオスティミュラント』が注目されている。バイオスティミュラントは植物や土壌により良い生理状態をもたらす様々な物質や微生物を指し，植物に良好な影響を与えるものである[1]。バイオスティミュラントとしても活用されている多糖類の一つとしてトレハロースがある。トレハロースは天然由来の2糖類であり，微生物や動植物と幅広く体内に含まれている。復活草とも呼ばれるイワヒバ科の植物は，乾燥下におかれると枝全体が内側に巻きこんで丸くなるが，降雨後など水分が十分に与えられると数時間から数日間で丸まった枝をのばして広がることはよく知られている現象だが，これにはトレハロースが関わっている。1990年代以前ではトレハロースは希少で高価な糖であったが，デンプンから安価で大量生産されるようになったことで，食品分野や医療分野など幅広く世界中で日常的に利用されるようになり，今では私たちの生活に欠かせない糖類の一つとなっている。前述のように動植物・微生物に含まれている糖類であり，自然界での不良環境条件下で役に立っていることから，農業においても人為的に作物に与えることは有益であると予想される。これまでに栽培植物体内における役割について，イネの乾燥耐性[2,3]や耐塩性[3]の向上効果やトマトでの低温ストレス保護剤として働いている可能性[4]が報告されており，植物体内役割やそのメカニズムなどの研究が進んでいる。トレハロースが大量生産された直後あたりから，葉面散布剤に添加されている商品が販売されており，お茶栽培などに霜害対策として，また，野菜や果樹類栽培では高温や乾燥時の保水力向上を目的に葉面散布されている。トレハロースを単独で外部から人為的に施与した場合の効果についてのエビデンスは少ない。そのため，施設栽培における低温や高温などの温度ストレス条件下に

＊　Yasuyo NISHIMURA　静岡県立農林環境専門職大学　短期大学部　生産科学科　教授

おけるトレハロースの葉面散布による作物へのストレス緩和効果について検討した。

2　低温期のピーマン養液栽培におけるトレハロースの効果[5]

　ピーマンは，高温性野菜で，夜温も 18℃ 以上の確保が収量や品質維持のために推奨されている。好適温よりも低温で栽培すると生育や果実の肥大が抑制され，減収となるだけでなく，果頂部が丸みをおびずにやや尖った先尖り果になりやすく，品質にも悪影響を及ぼす。もともと夜温の設定温度が高いため，低温期の施設栽培では暖房コストが高かったが，さらに原油の高騰が続き，収益を生むのが難しくなってきている。施設の保温対策はより欠かせないが，加温のための暖房だけに頼らず，少しでも加温による化石燃料などの環境への負荷を軽減し，コストを少しでも抑えた方法が望まれる。そこで温度ストレス耐性も期待されるトレハロースの低温耐性向上効果について検証するため，ピーマンの茎葉全体へのトレハロース溶液の噴霧試験を行った。

2.1　栽培・試験概要

　ピーマン‘みはた2号’の実生苗を 2017 年 10 月 11 日に株間 30 cm でロックウールバッグ（長さ 90 cm×幅 15 cm×高さ 75 mm）に 3 株／バッグで定植し，主枝 3 本仕立てで翌 3 月下旬まで養液栽培をした。低温条件下の影響を検討するため，温風暖房器はやや低めの 16℃ に設定した。トレハロース溶液は，0％（無処理，水のみ），0.02％，0.1％，0.5％の 4 濃度（重量比）で週一度午前中に茎葉が十分に滴る程度で噴霧処理した。処理区当たりの株数は 6 株（2 バッグ）とした。調査について，主枝の長さは，試験終了時の 3 月 20 日に第 1 分枝節から主茎の生長点までの長さを測定し，各株 3 本の主枝の平均値から，さらに 6 株分の平均値を求めた。節数も同日に主枝測定部分の節数を数えた。収穫は，11 月中旬から翌年 3 月下旬頃まで行い，その間，定期的に果実品質（Bx. 糖度，アスコルビン酸濃度，硝酸態窒素濃度，果皮厚さ），果形，葉色（SPAD），葉の生育状況を測定し，さらに葉および果実の無機分析を行った。

2.2　試験結果

　第 1 分枝節から主茎の生長点までの主茎長は 0.1％ で最も長く，その節数も最大となり，有意に成長が促進された（表1）。収量調査は，11 月 10 日〜翌年 3 月 21 日の 132 日間行い，1 株当たりの総果実数と総果実重は，トレハロース処理により 0.02％ と 0.1％ 濃度では無処理よりもそれぞれ 12％，17％ 増収したが，0.5％ では無処理との差異はなかった（表1）。また，収穫月別でも 12 月以降 3 月までの間，トレハロース 0.02％ と 0.1％ では無処理よりも多かった（図1）。果形，果皮色，果実の Bx.（糖度）とアスコルビン酸（ビタミンC）濃度，および果実内無機成分含有率はトレハロースによる影響は認められなかった。0.5％ では，葉および果実にトレハロース溶液の散布痕が認められた。

　本試験結果以前にも同様な試験[6]を行ったが，0.1％ の散布で増収効果が得られたことから，低

表1　トレハロース処理がピーマン‘みはた2号’の主枝の生育および
　　　収量に及ぼす影響

処理濃度	節数 [z] （節／主枝）	主茎長 [z] （cm）	果実数 （個／株）	収量 （g/ 株）	平均果実重 （g/ 個）
0.0 　%	21.6 a [y]	98.7 a	96.5 a	2978.3 a	30.9 ab
0.02%	21.9 a	107.5 ab	104.7 a	3334.4 a	31.9 b
0.1 　%	24.1 b	116.0 b	109.2 a	3487.7 a	31.9 b
0.5 　%	23.0 ab	111.4 b	101.3 a	3088.0 a	30.5 a

[z] 各株の3本の主枝平均値の処理別平均値
[y] 同列同アルファベットはチューキー多重検定において有意差なし

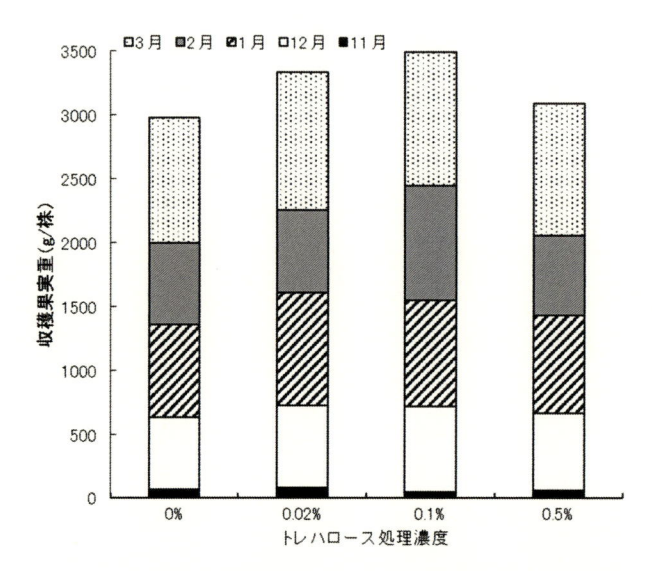

図1　トレハロース処理がピーマンの月別収穫量に及ぼす影響

温期ならびに寡日照期の，適温でもやや低めの暖房設定で栽培を行った場合，トレハロースの葉面散布により増収効果が得られたことから，暖房費の削減にもつながるため，ピーマン栽培において0.1％程度のトレハロースの葉面散布は有効である。

3　高温期のナス施設土耕栽培におけるトレハロースの効果

施設では昇温抑制対策として遮光資材や換気などが活用されているが，遮光資材の利用は日射量の減少を伴い，光合成量にも悪影響を及ぼす。また春先などの急激な気温上昇や変化には対応できないこともある。そのため，高温障害を回避もしくは軽減させるには，作物自身の高温ストレス耐性を向上させる必要がある。そこで，高温・強日射期におけるトレハロースの耐暑性向上効果について，ナスの品種別，ならびに実生苗と接ぎ木苗の違いで検討した。

3.1　ナスの品種別のトレハロースの効果[7]

3.1.1　試験概要

　果形の異なる 3 品種 'くろわし'（短卵大型），'竜馬'（普通ナス・長卵形），'長岡長'（長ナス）を供試し，育成苗を 2017 年 4 月 19 日に株間 50 cm，1 畝 1 品種 36 株を定植し，土耕栽培をした。整枝は主枝 3 本仕立てとし，第 1 番花は摘花，それ以降の花は開花当日にトマトトーン（4-CPA）を 1 花ずつ噴霧した。トレハロース処理は第 1 番花開花期の 5 月 8 日（定植後 20 日目）から週に一度午前中に茎葉部全体に噴霧器を用いて散布した。処理濃度は 0%（無処理，水のみ），0.05%，0.1% の濃度（重量比）と 3 濃度とした。収穫は 5 月 23 日から 8 月 2 日まで行い，果実重，果形，果皮色，障害の有無について調査した。また，ナスの花は下向きに開き，薬の先端から花粉が出てきておしべよりもめしべが長いと自然に柱頭につきやすいためナスの正常花は，おしべよりもめしべが長い長花柱花である。しかし，着果負担が大きかったり，樹勢が弱ったりするとめしべがおしべより短くなる短花柱花となることから，生育状態の指標として用いられる（写真 1）。そのため，1 週間おきにホルモン処理の際に目視でめしべの長さ（長花柱花，中花柱花・短花柱花の 3 種で評価）を調査した。第 1 分枝節葉ならびにそれより 5・10 節上位の葉の SPAD，厚さ，茎径を週に一度調査し，試験終了時には茎長，節数，節間長を測定し，第 1 分枝節より 5・10・15 節上位の葉を採取した。収穫した果実ならびに葉を乾燥後，無機分析に供した。

3.1.2　試験結果

　試験終了時の茎長ならびにサンプル 3 葉の乾物重ならびに葉と果実内の無機成分においても差異はなかった。果実収量（1 果実重 60 g 以上を集計）はいずれの品種もトレハロース処理による有意な増収はなかったが，'竜馬'では処理によりやや収量が増加する傾向が認められた（データ省略）。また，栽培期間中の短花柱花の割合は，'竜馬'において無処理で 27%，0.05% 区で 25%，0.1% 区で 14.9%，同じ順で'くろわし'では 44.7%，34.8%，36.4%，'長岡長'では 28.6%，24.8%，21.7% とトレハロース処理により減少し，正常花が多くなったことから，無処理よりも樹勢が維持されたことが確認された。しかし，本試験では人工ホルモン剤による着果促進を行ったため，収量への影響が小さくなったものと考えられる。トレハロースの処理効果は品種によって異なったが，いずれの品種も短花柱花の割合が減少したことから，トレハロースは高

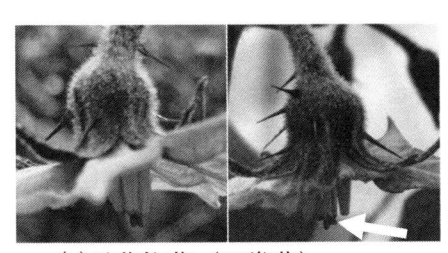
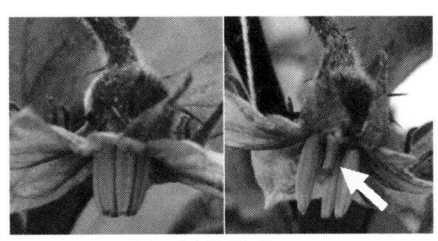

(a)長花柱花（正常花）　　　　　　　(b) 短花柱花

写真 1　ナスの花

温期のナスにおいて，花の品質維持，つまり樹勢維持に対する効果が認められたことから着果負担軽減や高温ストレス緩和の可能性が示唆された。

3.2　ナスの実生苗と接ぎ木苗におけるトレハロースの効果[5]

3.2.1　試験概要

　ナス（普通ナス・長卵形）'竜馬'の実生苗および接ぎ木苗を用いてトレハロースの効果の違いについて検討した。接ぎ木苗では，台木に'台太郎'，を用いた。接ぎ木苗と実生苗は，それぞれ5月2日と5月13日にエフクリーンを展張したハウス内へ定植し，3本仕立てで土耕栽培をした。トレハロースは接ぎ木苗の第1番花が開花した頃（5月8日）から8月中旬までの間，週に一度午前中に噴霧器で茎葉全体に処理し，濃度（重量比）は0.0%（無処理，水のみ），0.05%，0.1%とした。なお，第1番果は摘花し，その後は開花当日に着果促進のためトマトトーン（4-CPA）処理をした。収量は，接ぎ木苗栽培では5月30日から8月31日まで，実生苗栽培では6月16日から9月1日まで行った。また，前述試験と同様に花質について調査するため，毎日のホルモン処理の際に目視でめしべの長さを確認した。

3.2.2　試験結果

　実生苗栽培では，特に8月において長花柱花割合が無処理よりも0.1%，0.05%濃度処理で1割程度高く，短花柱花割合は逆に1割程度有意に低くなった（図2）。接ぎ木苗では7月に差が大きく，無処理と比べて0.1%濃度処理で8%ほど長花柱花割合が高く，また短花柱花割合は低くなった（図3）。

　収量について，実生苗栽培では，7月末ごろより，接ぎ木苗栽培では8月初旬頃より0.1%処

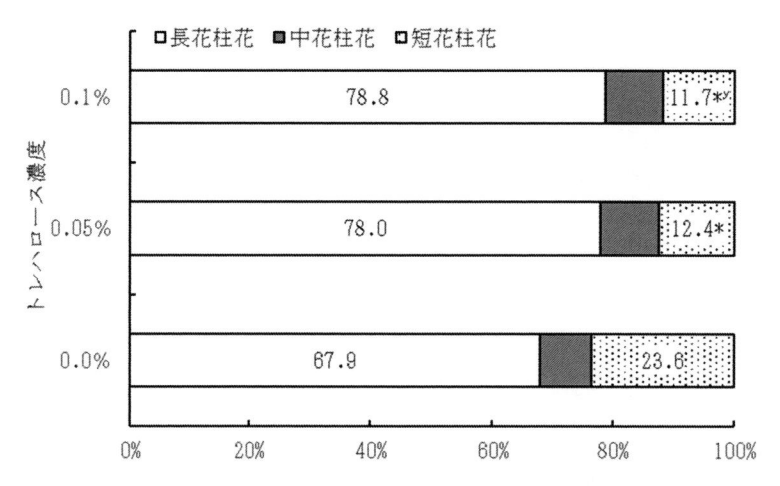

図2　実生苗栽培におけるめしべ長さの割合[z]
　[z]8/1～8/15に開花した花の各株の割合の平均値（n=5株））
　[y]Dunnett's testにおいて0.0%区と5%レベルで有意差あり

理と無処理との差異がみられるようになった（図 4）。総収量は，果実数と果実重ともに実生栽培において無処理の 1.1 倍となった（表 2）。ナス栽培においてはホルモン処理により着果促進をしたため，めしべの長さの影響は小さかったと考えられる。しかし，梅雨明け後の暑さが本格化した高温期ならびに着果負担の大きくなる 7 月末より収量に差異がみられるようになり，また，同様な時期に短花柱花の割合が低下する傾向にあったことから，樹勢が維持され，栄養状態が良好であったことが推察される。これらのことから，高温などの環境ストレスの緩和，ならびに着果負担の軽減に寄与したことが考えられる。実生苗栽培と接ぎ木苗栽培ともに高温期でかつ着果負担の大きい時期のトレハロース処理は，有効であったが，実生苗でよりその効果が高いことが認められた。

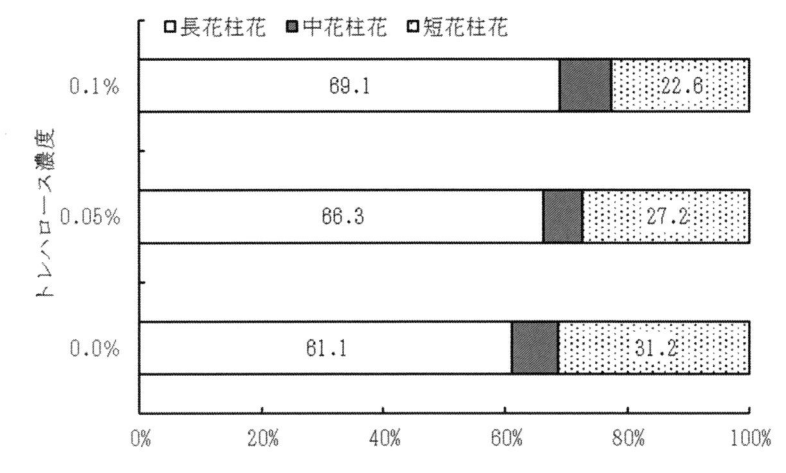

図 3　接ぎ木苗栽培におけるめしべ長さの割合 z
（z 7/1〜7/31 に開花した花の各株の割合の平均値（n＝5 株））

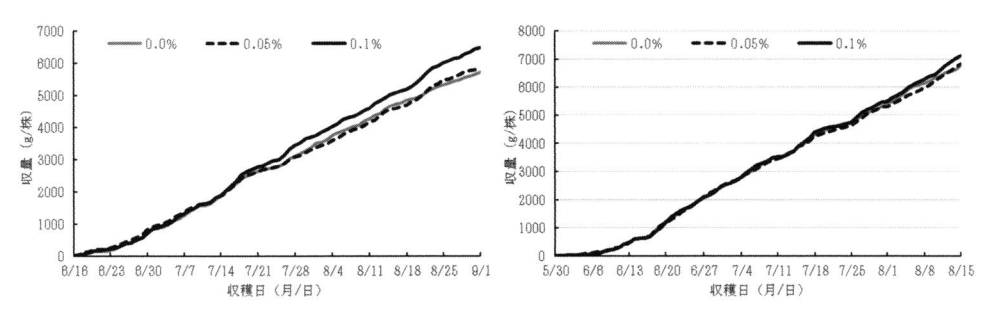

図 4　'竜馬'（左図：実生苗定植，右図：接木苗定植）における収穫量の推移
（毎日の株あたりの収穫量の積み上げ，n＝11 株）

表2　トレハロース処理がナスの収量に及ぼす影響

苗	トレハロース濃度	果実数（個／株）	果実重（g／株）	平均重（g／果）	収穫所要日数（日）
実生	0.0 %	67.6	5715.3	84.8	15.7
	0.05%	68.8	5843.1	85.2	15.4
	0.1 %	75.9	6481.1	86.0	15.8
接ぎ木	0.0 %	92.0	7957.8	86.8	15.7
	0.05%	94.0	8042.8	85.5	15.7
	0.1 %	95.7	8348.1	88.5	15.6

＊1果実重60g以上を集計の対象とした

4　イチゴ高設栽培での効果

　イチゴ高設栽培において，トレハロースを0.01％および0.1％濃度（重量比）で添加した培養液を毎日給液したところ，果実収穫開始頃になると生育遅延と葉の黄化症状が認められた。葉をCNレコーダーで分析したところ炭素が無処理よりも高く，C／N比が高かった（データ省略）ことから，葉の老化が促進されて黄化症状がみられたことも考えられた。そのため，この濃度では濃過ぎたか，もしくは施与頻度が多すぎたため，悪影響を及ぼしたと推察された。本施与方法では，有益な効果が得られなかったが，トレハロースを根から与えることで何らかの影響を与えていると示唆されたため，施与の頻度，濃度や方法について再検討する必要がある。さらに0.1％濃度では数日のうちに培養液中にカビが発生したことから，トレハロース溶液は作製後すぐに使い切ることが望ましい。

　作物によっては効果が認められない，もしくは適正な濃度や施与方法が異なる可能性もあることから，様々な作物におけるエビデンス取得が望まれる。

5　さいごに

　低温期栽培のピーマンと高温期栽培のナスについて，トレハロースを週に一度葉面散布することで一定の有益な効果が得られた。

　比較的高夜温を好むピーマンの低温期における施設栽培では，トレハロースを定期的に葉面散布することで増収する傾向にあることから，バイオスティミュラントとしての開発の価値は高く処理方法や他の資材との組み合わせによってより効果を高める可能性がある。今回では収量増加に関わるメカニズムまでは調査していないが，トマトではトレハロースは低温による代謝活性低下等の影響を緩和することが報告[4]されており，今回のピーマンもトマトと同じナス科であることから同様な効果が得られたことが考えられる。

　ナスでは，高温期の効果について検証し，花質の改善や増収の傾向が認められた。花は，低日照，高温，栄養不足など不適切な生育環境によりその発育が不良となり，短花柱花が多くなる。

また，1 株に多くの果実が成るなど植物体への負担，つまり着果負担が大きくなると，光合成産物は果実への分配が優先されるため，根への分配が減少し，根の成長に支障を来し，さらに養水分吸収力も低下するため，植物体の成長に悪影響を与え，その症状の一つとして短花柱花が多発する。今回の試験では品種や接ぎ木と実生の違いで反応に差異はあったが，いずれも短花柱花の発生率が抑制される傾向が認められたことから，作物の耐暑性の向上ならびに着果負担の軽減効果の可能性について示唆された。トマトにトレハロースを散布すると乾燥による酸化ダメージを軽減することで葉緑体構造を維持し，また気孔閉鎖を促して水分損失を減少することで耐乾性を向上させ，このメカニズムとしては ABA シグナル伝達が耐乾性誘導に関与していることが報告されている[8]。強日射・高温期の施設栽培では日中においてかなり湿度が低下し，乾燥ストレスも収量減の一因で，特に水分要求量の多いナスにおいて，トレハロースが耐乾性誘導した可能性は否定できない。

　低温・寡日射期のピーマン促成栽培および，高温・強日射期のナスにおけるトレハロースの効果について検討し，定期的に葉面散布することで収量は増加する傾向にあることから，栽培環境におけるストレスを緩和していることが示唆される。トレハロースのバイオスティミュラントとしての開発の価値は高いため，今後さらに効果的な処理方法やメカニズムについて検証していく必要がある。

文　　献

1)　日本バイオスティミュラント協議会，バイオスティミュラントガイドブック 第一版，5，日本バイオスティミュラント協議会（2020）
2)　Ajay. K. Garg *et al.*, *PNAS*, **99** (25), 15898-15903 (2002)
3)　Mark C. F. R. Redillas *et al.*, *Plant. Biotechnol. Rep.*, 6, 89-96 (2012)
4)　富窪陽子ほか，低温生物工学会誌，**53** (2), 95-100 (2007)
5)　西村安代，バイオスティミュラントハンドブック，273-280, ㈱エヌ・ティー・エス（2022）
6)　西村安代ほか，園芸学研究，**16**（別 1），348（2017）
7)　西村安代ほか，園芸研究，**18**（別 2），395（2019）
8)　W. Yu *et al.*, *Planta*, **250**, 643-655 (2019)

第18章　トレハロースによる環境ストレス緩和と持続可能な農業への応用

東山隆信[*]

1　はじめに

地球温暖化は，主として二酸化炭素排出の増加により，陸地と海面温度が上昇し，熱波，寒波，干ばつの頻発を引き起こしている。気候変動に関する政府間パネルによる 2018 年の報告書によると，現在の温暖化傾向が続くと，2030 年から 2052 年の間に世界の気温は 1.5℃上昇すると言われている[1]。ここで懸念されるのは，この地球温暖化に起因する気温変化が植物の発育に有害なストレスを与え，結果として食糧生産に必要な農業に甚大な影響を及ぼすことである。

さらに地球温暖化は害虫や病原菌の発生の増加，そして耕作可能な土地の減少といった多くの課題を農業にもたらしている。一方で，人口増加に伴う食料需要の高まりで，食糧としての作物の生産性を上げるために大量の化学肥料や農薬が施用される事態を引き起こしている[2]。このような化学物質の過度の使用は，土壌微生物や植物，昆虫などの生態系生物，動物，人間にも悪影響を及ぼし，さらには保水力の低下，土壌肥沃度の喪失，土壌栄養素の不均衡，塩分レベルの上昇につながる危険性を高めている[3]。

食料需要の高まりに対応するには，作物の生産性を上げることが不可欠である。しかしながら，同時に環境に優しく，効率的に，持続可能かつ経済的に生産性の高いシステムが必要となる[4]。食糧増産と環境保全はトレードオフの関係にあるものの，持続可能な農業技術と統合的なアプローチを採用することで，環境への影響を緩和し，両者を両立させることが可能である。そこで注目されるのがバイオスティミュラントである。

植物は動物のように移動することができない固着性生物であるため，外界ストレスから常にさらされている。生き残るためには，気候変動の悪影響に耐えられるように，植物には本来ストレスの有害な影響を軽減する包括的な防御機構ネットワークが備わっている[5]。このネットワークに関与し，植物のストレス応答を改善し，高温や乾燥，塩分ストレスなどに対する耐性を高める効果がある物質がバイオスティミュラントと考えられている。地球温暖化が進行する中で，農業分野では植物が本来持つストレス耐性能を引き出すバイオスティミュラントの利用がますます重要視されており，持続可能な食糧生産を支えるための有効な手段として期待されている。

---

*　Takanobu HIGASHIYAMA　ナガセヴィータ㈱　研究技術・価値づくり部門
バイオアグリサイエンスユニット　ユニットリーダー

2　トレハロースとは

　多くの植物は外界ストレスを受けると，浸透圧調節物質の合成と蓄積を引き起こす。さらに植物には細胞小器官の機能を維持し，抗酸化防御を強化することで環境条件に合わせて浸透圧調整を仲介する植物ホルモンが存在している[6]。浸透圧調節物質の中でも，トレハロースは植物が温度ストレスなどのさまざまな環境要因にうまく適応する形質と頻繁に関連付けられている[7]。

　トレハロースは，2つのグルコース単位がα,α-1,1-グリコシド結合を介して結合した天然の非還元性二糖類であり（図1），1832年にライ麦の麦角から初めて単離された[8]。さらに1858年に甲虫が分泌するトレハラマンナから分離され，トレハロースと命名されている[9]。このトレハラマンナは，旧約聖書の出エジプト記（モーゼがイスラエルの民と一緒にエジプトからイスラエルに向かう途中の話）の16章と民数記11章において，イスラエルの民が荒野で食料として神から与えられた「白い実」として記述されている。また，イスラム教徒の聖典であるコーランの2章（スーラ　アル　バカラ）57節にも，神からの恵みとして同様の食べ物が出てくることから，古くから人類と馴染みのある糖質であることがわかる。実際，昆虫は体液中にトレハロースを含み，それを加水分解してグルコース2分子にすることで，組織や器官のエネルギー源として利用している[10]。

　この天然の二糖は，当初はグリコーゲンと同様に主に貯蔵エネルギー源として機能すると考えられていたが[11]，タンパク質や膜を様々なストレスから保護するなど，特殊な生物学的機能を果たすことが明らかになっている[12]。この二糖は，植物，動物，真菌，酵母，古細菌，細菌を含む幅広い生物種から単離されており，自身の細胞を環境ストレスから守るために保護剤として合成するものがいることが知られている[13]。トレハロースは自然界で最も化学的に反応性のない糖の1つである。2つのグルコース単位がグルコピラノース環のアノマー炭素を介してO-グリコシド結合を形成しているため，非還元性に分類される[14]。両方のアノマー炭素が二糖結合に関与しているため，トレハロースにはメイラード反応などの還元反応に関与する反応性アルデヒド基がなく，さらにトレハロースのグリコシド結合は強固で，その結果，熱や酸アルカリに対して非常に安定な物質となっている（図2）。

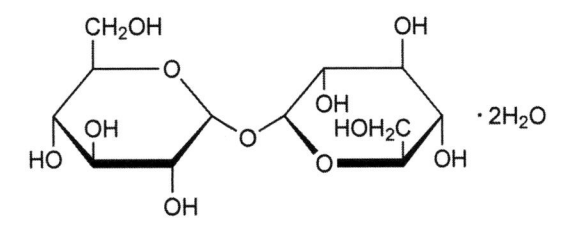

図1　トレハロースの構造（2含水結晶）

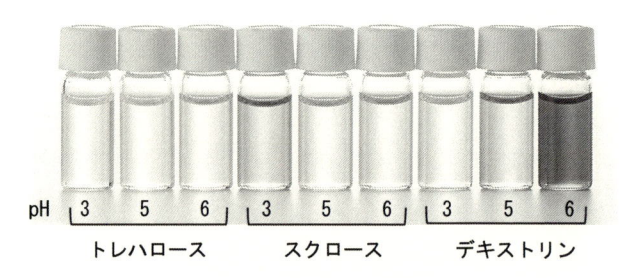

図2　メイラード反応試験

トレハロースは安定でアミノ酸とのメイラード反応（褐変）を
起こしにくい。スクロースは酸性側で分解し褐変，デキストリ
ンは pH6 で強い褐変が確認できる。
各糖濃度：12.5%，グリシン 0.5% 混合，120℃，30 分処理

3　トレハロースの量産化と用途拡大

　当初トレハロースを得るためには，昆虫類と同様に自らトレハロースを合成する酵母の培養菌体からの抽出法が用いられてきた。しかし，トレハロースの含量は酵母乾燥重量の最大で 20% 程度と収量が低く，さらに精製コスト高のため，製品価格は 1 kg 当たり 2〜3 万円に達し，トレハロースの有用性が認識されながらも，商用素材として利用するには高価な素材であった[15]。

　1995 年，㈱林原（現ナガセヴィータ㈱，以下 NVI）は，安価なデンプンを原料にトレハロースを生産することを目指し，土壌から単離した *Arthrobacter* や *Rhizobium* 属の細菌に新規なトレハロース生成系を発見した。この反応系は，マルトトリオース以上の重合度のマルトオリゴ糖に作用し，還元末端の α-1,4-グルコシド結合を α,α-1,1-グリコシド結合に変換することでマルトオリゴシルトレハロースを生成する分子内糖転移酵素と，そのマルトオリゴシルトレハロースに作用し，マルトオリゴシル基とトレハロース間の α-1,4-グルコシド結合を特異的に加水分解してトレハロースを遊離させる酵素との連携反応によるものであることが判明した（図3）。この反応系へさらに複数の酵素を組み合わせることで，安価な澱粉を原料に純度 98% 以上の高純度含水結晶粉末品を大量に製造できるようになり，従来の抽出法より価格を劇的に下げることに成功した。安価で高純度のトレハロースが入手できるようになり，現在では機能性糖質として国内の食品市場で欠かせない製品に成長している。その要因の一つとして，トレハロースが持つ生体分子への安定化効果が食品分野でも応用され，加工食品のタンパク質やデンプンなどを安定化させ，食品加工において最も重要な品質保持を可能にしたことが挙げられる。トレハロースは食品用途以外にも化粧品や医薬品にも使用されており，さらに国内のみならず，高い安全性が要求される世界各国の食品素材市場でもその安全性が認められ，世界主要地域で食品素材として多くの製品に使用されている[16]。そして近年，持続可能な食糧生産が求められる農業分野でも，トレハロースが重要な役割を果たすことが明らかになりつつある。

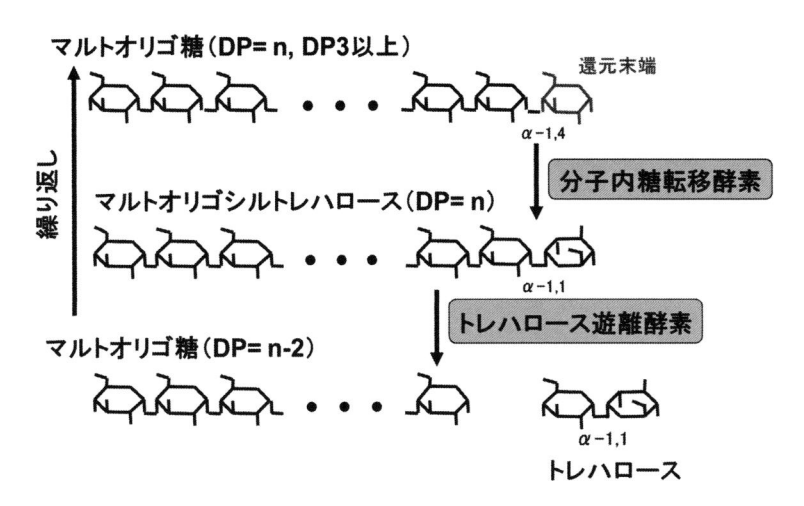

図3　デンプン／マルトオリゴ糖からのトレハロース生成反応

4　バイオスティミュラントとしてのトレハロース

4.1　非生物的ストレスに対する効果

　トレハロースは多くの細菌，菌類，無脊椎動物においてその存在が確認されている。これらの生物はトレハロースを環境ストレスから身を守るために自ら合成し蓄積するが，植物においては特定の干ばつ耐性植物のみが，浸透圧調節物質として機能するのに十分な量のトレハロースを蓄積することが報告されている[17]。しかし，一般の植物でもトレハロースを合成する遺伝子を持つが，蓄積されるトレハロースの含有量が少ないことが明らかになり，高温，干ばつ，寒冷，塩分などのストレスに対する植物が本来持つ耐性機能を誘導するシグナル分子としての役割をトレハロースが果たしていると考えられている[7]。

　寒冷ストレスに関する研究では，アブラナ科を対象とした報告があり，20 mM のトレハロースを葉面散布することで，ストレスから生じる活性酸素の生成に対抗する形で酸化防御システムと抗酸化コード遺伝子の発現レベルが活性化され，さらにトレハロース生合成遺伝子の発現レベルを増幅させることで，ストレス耐性のシグナル伝達ネットワークが機能することが確認されている[18]。また，トマト植物の塩耐性誘導メカニズムを調べた報告もあり，10 mM のトレハロースを葉面散布した結果，塩ストレスによってトマトの葉に蓄積した過酸化水素とスーパーオキシドアニオンが低減し，関連する抗酸化酵素活性および関連遺伝子発現が増加することが確認されている[19]。これらの結果はトレハロースが非生物的ストレスに対してバイオスティミュラントとして働くことを示している。

　作物栽培においては，環境ストレスの中でも干ばつといった乾燥ストレスの影響が世界的に見て大きい。トレハロースは植物の浸透圧バランスの維持にも寄与し，過度の水分損失を防ぐことが報告されている[20]。そのため，NVI はブラジルのサンパウロ州立大学と共同で，インゲン豆

図4　干ばつストレスに対するトレハロース散布試験（生育期，収穫期）
通常の給水レベルを70％に下げてインゲン豆に干ばつストレスを与え
ると，生育が抑制されるが（左），50 g トレハロース / ヘクタールに相
当する散布量を2回施用することで，生育が改善された（右）。
提供：Field Science/UNESP Team, Botucatu-SP, Brazil

を対象とした干ばつストレスに対するバイオスティミュラント試験を実施した。インゲン豆は世界のいくつかの地域で重要な作物であるが，寿命が短く，干ばつ耐性が低いため，生育期の悪天候に影響を受けやすい。

　本試験では，インゲン豆を対象として，温室におけるポット試験で，通常の圃場水分容量（100％），干ばつ度合いが軽度（圃場水分容量70％），中程度（圃場水分容量50％）の水制限の下で栽培し，生育段階に異なるトレハロース濃度による葉面散布を行った。その結果，圃場容量70％の場合，ヘクタールあたり50 g のトレハロースに相当する量を2回施用することで，トレハロースを施用しない対象群と比較して生育抑制の改善が確認された（図4）。この結果から，作物が干ばつから受けるストレスを緩和するバイオスティミュラントとしてトレハロースは有望な特性を示した。

4.2　生物的ストレスに対する効果

　非生物的ストレスに対する効果が確認される一方で，トレハロースには植物に直接働きかけ，病原菌や害虫による生物的ストレスに対して植物が本来持つ免疫力を誘導する能力があると報告されている。つまり，化学農薬を大量に使用することなく，作物の収穫改善に繋がる可能性がある。例えば，小麦に甚大な被害を及ぼすうどん粉病に対して，あらかじめトレハロースを植物体へ注入することで，その病原菌の発生を抑制する研究報告がある。そのメカニズムとして，トレハロースにより植物が本来持つ病原菌に対する防御システムが働くと考えられており，この場合，病原菌の細胞壁を溶解する酵素産生がトレハロースにより植物体から誘導されるというもの

である[21]。

　さらに，植物の害虫に対する忌避作用を誘導する効果も報告されている。トレハロースをトマト植物に注入することで，導管液中のデンプン濃度上昇が誘導され，このデンプンを嫌うアブラムシが植物から離れる現象が確認されている[22]。このメカニズムについても，アブラムシの体液中にトレハロースが存在することから[23]，外因性（細胞外）トレハロースにより，植物が疑似感染反応を起こしたとも考えられる。アブラムシは通常，葉の裏側など農薬散布を直接受けにくい場所に存在するため，このような忌避効果と組み合わせることで，少ない農薬量で効率よく害虫を駆除する手法も期待できる。

　また最近の報告では，育苗後にトレハロース溶液でトマトの根部を処理することで，青枯れ病菌（*Ralstonia solanacearum*）感染による青枯れ病の発生を抑制する効果が認められている[24]。青枯れ病は土壌燻蒸以外に有効な防御策がないまま，地球温暖化による気温上昇に伴い，その蔓延と新たな被害拡大が懸念されている。この報告によると，まず青枯れ病に感染したトマト植物は，植物体から合成されるトレハロース濃度が高くなることが確認されており，トレハロースと青枯れ病に対する植物の防御機構との関連性が考えられた。トマト苗の根をトレハロース溶液で処理すると，水の移動と気孔開閉度が減少し，アブシン酸やサリチル酸など防御反応を誘導するホルモンレベルが上昇した。青枯れ病感染は道管内の水分移行を乱すことで，非生物的ストレスと同じ状況を引き起こすが，外因性トレハロースは植物体内の水利用効率を高め，防御反応を誘導することで青枯れ病の進行を抑制することが分かった。実際に 30 mM トレハロース処理を行っ

図5　青枯れ病に対するトレハロース散布試験
30 mM トレハロース（A）または再蒸留水（B）で根部処理し，
処理 48 時間後に青枯れ病菌を接種。接種後 9 日目トマト
苗の画像。（A）では青枯れ病の発症が抑制されている。
提供：Prof.Caitilyn Allen, Department of Plant Pathology,
　　　University of Wisconsin, Madison, USA

たトマトに青枯れ病菌を接種しても，未処理と比べて明らかな抵抗性誘導が確認されている（図5）。

5 微生物資材への応用

5.1 微生物バイオスティミュラント剤への適応

植物への直接的な作用については，適正濃度，施用方法の最適化のため，圃場レベルでのさらなる検討が待たれるトレハロースであるが，最も確実にその効果が期待できるのは農業用途の微生物資材への展開である。バイオスティミュラントは植物に良い生理状態をもたらす微生物も含み，それらは微生物バイオスティミュラントと呼ばれており，既に農業用微生物資材として製剤化，販売されている。代表的なものが大豆根粒菌であり，特にその製剤は南米を中心に，化学窒素肥料に代わる持続可能な農業に欠かせない資材として普及している。大気中の窒素を効率的にアンモニアへ変換し植物へ供給する根粒菌は，膨大なエネルギーを使って製造される化学窒素肥料に置き換わることで，環境へのインパクトを大幅に低減させ，さらには広大な南米の大豆畑にかかる肥料コストも劇的に下げると期待されている[25]。

しかしながら，大豆根粒菌製剤は"生きている"ため，保存，管理に注意が必要であるにもかかわらず，微生物の保存法として通常用いられる凍結保存などのコールドチェーンは農業現場でインフラとして整備されていないのが現状である。さらに近年，根粒菌製剤の形態として，調製とハンドリングが容易な液状品タイプが主流となっており，培養液のまま生菌数を維持した常温での長期保存が要求されている。この解決法として注目されているのがトレハロースであり，南米では既に液状根粒菌製剤の安定化剤としてトレハロースが採用されている。

この安定化効果を実証するために，NVIではブラジルの試験機関にて委託試験を実施した。南米で実際に使用されている根粒菌株の培養液（1×10^9 CFU 以上）を無菌バックし，トレハロース無添加（標準），トレハロースを5％添加および対照としてPVP（ポリビニルピロリドン）を2.5％添加した系をそれぞれ常温保管し，経時的に生菌数を測定した。その結果，トレハロース無添加およびPVP添加では8か月を過ぎた時点で生菌数の低下が始まり，その後急激に死滅していった。一方トレハロース添加の場合は，2年間にわたって常温でも生菌数が液状根粒菌製剤の基準値である 1×10^9 CFU（点線）を下回ることなく維持された（図6）。

この安定化の理由として，根粒菌の膜組織への保護効果，細胞凝集抑制，浸透圧の調整などが挙げられるが，添加トレハロースが培養液中に発生する酸素ラジカルから細胞を保護した可能性も考えられる。出芽酵母での例になるが，フリーラジカル生成システム（H_2O_2/鉄）にさらすことで，内因性（細胞内）トレハロース合成と蓄積により，生存率が向上しただけでなく，外因性トレハロースを与えても，トレハロース合成遺伝子を欠損させた細胞株も H_2O_2 に対する耐性が強化された報告がある[26]。さらに今回の結果は，常温保存中にトレハロースが根粒菌により発酵を受けないことも，長期保存で生存率を維持するために必然的な要素と考えられる。

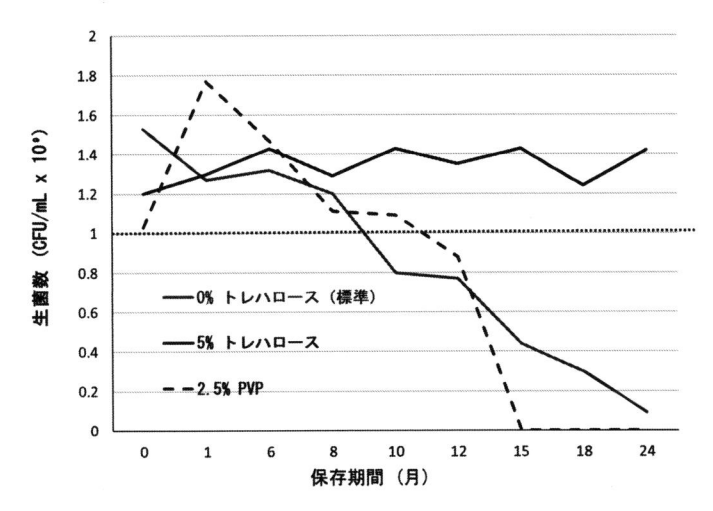

図6　液状根粒菌製剤の保存安定性試験
温度 25℃±1，湿度 RH 60%条件下で保存

5.2　微生物種子コーティングへの応用

　さらに次世代の根粒菌製剤として注目されているのが，根粒菌をあらかじめ種子に付着させた状態で流通させる「プレコーティング種子」である。先に述べた液状根粒菌製剤は，現場（農家）で播種直前に種子へのコーティング作業を行うが，この作業が重労働で農家にとって相当な負担となっている。そのため，すでに根粒菌がコーティングされた種子を購入したいという要望が高まっている。しかしながら，ここで問題になるのが種子表面上に付着した根粒菌生存率である。この場合，菌の安定化はさらに難しく，乾燥ストレスに晒された種子表面上で，流通に要する期間（例えば1週間以上）その生存率を維持することが求められる。ここでもトレハロースの優れた物性特性が活用できると期待される。しかしながら，トレハロース単独での効果には限界があることから，特性が異なる他の素材との組み合わせによる新しい技術開発が望まれている。

　根粒菌を乾燥から保護する物質としてトレハロースは優れているが，種子表層へ付着させるためには高分子との組み合わせが望ましい。例えば，カイコの繭から抽出したバイオポリマーであるシルクフィブロインと組み合わせたコーティング剤で根粒菌を第一層として種子に付着させ，さらに第二層として，水分を保持したペクチン／カルボキシメチルセルロースハイドロゲルを上掛けさせた種子コーティング技術が報告されている[27]。興味深いことに，この種子処理技術により実際の圃場で，根粒菌を安定させるのみならず，土壌塩分濃度が高い耕作不適地においても，非生物的ストレスを低減し，発芽を促進し，根粒も形成させることが確認されている。

　トレハロースが微生物を乾燥から保護するためには，ガラスのようなマトリックスを形成し，タンパク質の変性，凝集，膜融合を物理的に防ぐ非結晶の状態を維持することが重要である。しかしながら，マメ科栽培地域である米国中西部などでは湿度と温度の両方が高くなる傾向があ

り、コーティングした種子は輸送、保管、現場においてその影響を直接受けてしまう。トレハロースのガラス転移温度（Tg）を超える高温下ではトレハロースの非結晶状態が不安定になり、また高湿度下では非結晶トレハロースが再結晶化を起こし、保護機能を失う。そのためTgを上昇させて、さらに湿度から保護するコーティング技術が不可欠であることから、トレハロースと他の素材を組み合わせることで根粒菌製剤化の課題を検討した結果が報告されている[28]。その報告では、Tgを上げるため一般的な添加剤（脱脂乳、アルブミン、ゼラチン、デキストラン）をテストした結果、アルブミンがトレハロースベース剤のTgを40℃上昇させ、実際に高温に対して優れた保護効果を示された。さらにパラフィンシェルを形成させることで、高温（32℃）、高湿度条件下（75%）においても根粒菌の保存期間内で一定の生存率が維持されている。

5.3 生物農薬への適応

　このコーティング技術は種子に対してのみならず、生物農薬製剤への応用も可能である[29]。化学農薬は作物に被害を及ぼす害虫のみならず、その天敵である益虫までも無差別的に殺傷する。それに対し、生物農薬は害虫へ特異的に感染するカビ、細菌、ウイルスといった天敵を用いるため、作物や人体にも影響がなく、生態系への影響も極めて低いのが特徴である。しかしながら、生物農薬の問題点として、環境ストレスに敏感な生物が含まれるため、その製剤を常温で長期保管・管理することが困難なところである。外界ストレスから生きた細胞を保護するため、トレハロースが先述の微生物製剤と同様に、生物農薬の安定化剤として利用できる。さらに、トレハロースは容易に水に溶解・分散されることから、製剤化された生物の放出も簡便であり、害虫や病原菌の発生時期に合わせた散布が可能となり、生物農薬の普及に大きく貢献するものと思われる。

　興味深い報告として、ジャガイモに甚大な被害をもたらす軟腐病菌に対する生物農薬の例がある[30]。殺菌剤や抗生物質の使用が禁止され、常温での保管が一般的であるジャガイモは、軟腐病菌が発生すると廃棄せざるを得ないのが現状であるが、この軟腐病菌などグラム陰性菌を捕食するブデロビブリオ属菌が、新たな生物農薬として期待されている。しかしながら、培養液のままでは急速にその生存率が低下するため、トレハロースとκ-カラギーナンをベースに乾燥させたマトリックス構造で包摂したカプセル化により、ブデロビブリオ属菌の生存率を低下させることなく保存が可能なことが明らかになった。さらに、カプセル化した製剤は実際にジャガイモ上の軟腐病菌に対して効率的な細菌溶解活性を示し、軟腐病発生率を改善する結果も得られている。この報告では他の浸透調節剤（グリセロール、ベタイン、イノシトール）とトレハロースを比較しているが、トレハロースが最も優れた結果を示している。このようなトレハロースをベースとしたカプセル化技術は、ジャガイモのポストハーベスト目的でフードロス対策にも適応可能で、他の生物農薬剤にも幅広く適用できると考えられる。

6　今後の展開

　トレハロースは量産化以降，その独自の物性機能により，食品業界で他に代替不可能な用途を生み出してきた。その結果，国内の食品ユーザーの間でトレハロースの名は広く知れ渡り，高い安全性とともに食品業界において確固たる地位を築いている。上市以来20年以上にわたり，その安全性が実証されているトレハロースを農業分野に展開することは，植物に直接作用し，環境負荷をかけないバイオスティミュラントとしての役割にとどまらず，化学肥料や農薬に代わるバイオ製剤が保存，流通においてその品質と効能を維持するために欠かせない素材としてもその普及に貢献できるものと考えている。

　トレハロースの量産化の鍵を握ったのは，先にも述べた土壌細菌由来の生成酵素である[31]。この酵素で製造されたトレハロースが農業を通じて土に戻ることは自然の循環であり，ここで述べたような圃場への展開は必然的な流れといえるかもしれない。なぜ土壌微生物がトレハロースを合成するのか，単なる保護剤としての存在なのか，あるいは微生物群のネットワーク形成にどう関与しているのかはまだ分かっていない。例えば，菌根菌のような微生物が植物と共生関係を築く際にトレハロースなどの糖質がどのように作用するのかなど，未解明な点も多い。今後，トレハロースの自然界における本来の役割を探求することにより，地球温暖化の緩和，環境ストレスに対応した持続可能な農業の確立，そして安定した食糧生産という人類の目標を達成するために，重要な知見が得られることを願う。

文　　　献

1)　V. Masson-Delmotte *et al.*, IPCC Special Report, Cambridge University Press (2018)
2)　Y. Rouphael *et al.*, *Agronomy*, **10**, 1461 (2020)
3)　N. Jin *et al.*, *Front. Microbiol.*, **13** (2022)
4)　E. Cataldo, *et al.*, *Plants*, **11**, 162 (2022)
5)　N. Suzuki, *et al.*, *New Phytol.*, **203**, 32 (2014)
6)　B. Rathinasabapathi, *Ann. Bot.*, **86**, 709 (2000)
7)　O. Fernandez, *et al.*, *Trends Plant Sci.*, **15**, 409 (2010)
8)　H. A. L. Wiggers, *Ann. der Pharm.*, **1**, 129 (1832)
9)　M. Berthelot, *Comp. Rend.*, **46**, 1276 (1858)
10)　G. R. Wyatt, *Adv. Insect Physiol*, **4**, 287 (1967)
11)　A. Becker *et al.*, *Experientia*, **52**, 433 (1996)
12)　N. K. Jain *et al.*, *Protein Sci.*, **18**, 24 (2009)
13)　A. D. Elbein *et al.*, *Glycobiology*, **13**, 17 (2003)
14)　R. Stick *et al.*, "Carbohydrates", 213, Elsevier Science (2009)

15) 茶園博人，応用糖質科学，**44**, 115（1997）

16) M. Kubota *et al., J. Appl. Glycosci.,* **51**, 63（2004）

17) G. Bianchi *et al., Physiol. Plantarum.,* **87**, 223（1993）

18) A. Raza *et al., Front. Plant Sci.,* **13**（2022）

19) Y. Yang *et al., Front. Plant Sci.,* **13**（2022）

20) A. Nishizawa *et al., Plant Physiol.,* **147**, 1251（2008）

21) C. Tayeh *et al., Phytopathology,* **104**, 293（2014）

22) V. Singh *et al., J. Plant Signal Behav.,* **7**, 605（2012）

23) M. Higaki *et al., Appl. Entomol. Zool.,* **38**, 321（2003）

24) A. M. MacIntyre *et al., PLoS One,* **17**（2022）

25) R. Olmo *et al., Frontiers in Microbiology,* **13**（2022）

26) N. Benaroudj *et al., J. Biol Chem.,* **276**, 24261（2001）

27) A. T. Zvinavashe *et al., Nat. Food,* **2**, 485（2021）

28) K. G. Aukema *et al., Microb. Biotechnol.,* **15**, 2391（2022）

29) M. O'Callaghan, *Appl. Microbiol. Biotechnol.,* **100**, 5729（2016）

30) G. Sason *et al., Appl. Microbiol. Biotechnol.,* **107**, 81（2023）

31) K. Maruta *et al., Biosci. Biotec. Biochem.,* **59**, 1829（1995）

第19章　植物に対するアミノ酸の効果と実例

武田泰斗[*]

1　はじめに

アミノ酸はアミノ基とカルボキシル基を持つ化合物であり，動物や植物のタンパク質は基本的に20種類のアミノ酸で構成されている。一方，天然には約500種類のアミノ酸が存在していると言われている[1]。植物を含むすべての生物はタンパク質を生命活動に使用しているが，タンパク質は生体の構成要素，酵素，分子キャリア，シグナルの受容体など，多様な機能を担っている。アミノ酸はタンパク質合成の材料であることから植物の成長に重要な要素となっている。

アミノ酸はバイオスティミュラント市場において，海藻抽出物，フミン酸やフルボ酸と並んで主要な製品セグメントとなっている。バイオスティミュラント製品のアミノ酸は，農業における副生物である植物や動物由来タンパク質加水分解物，アミノ酸発酵生産副生物から得られることが多い。タンパク質分解物はアミノ酸だけでなくタンパク質やペプチドの混合物である一方で，アミノ酸発酵生産由来のアミノ酸は遊離アミノ酸が多く含まれると考えられる。アミノ酸を主成分としたバイオスティミュラントは国内外で数多く知られている。海外ではイタリアのValagro社のMegafol® などが知られている。Megafol® はアミノ酸，タンパク質などが主要成分であり，乾燥，高温，低温などの環境ストレスを低減する効果があるとされている。国内においては，清和肥料工業㈱のアラガーデンシリーズや，OAT アグリオ㈱のLidavital® などが販売されている。また，味の素㈱のグループ会社である　Agritecno社のTecamin Max® は高濃度のアミノ酸，特にグルタミン酸を主原料としており，海外だけでなく国内においても販売されている。詳細は後述するが，Tecamin Max® は曇天・低温，乾燥など環境ストレス状況での作物の生育を改善することが示されている。

アミノ酸の農業利用の歴史は意外に古く，バイオスティミュラントというカテゴリーが認知される以前から肥料成分として利用されてきた。味の素㈱ではサトウキビやキャッサバなどの糖源作物を原料に微生物を用いて発酵法で各種アミノ酸を生産している。発酵液からアミノ酸を精製した後に残る副生液には，アミノ酸や窒素などの栄養素が豊富に含まれているため，肥料として糖源作物などの栽培に還元する「味の素グループ流のバイオサイクル（資源循環）を実践している（図1）。この副生液はコプロ（co-product）と呼ばれ，ブラジルでは1980年代から肥料として有効利用されてきた。また，このアミノ酸を含む液肥を葉面散布剤として成分調整した製品で

＊　Taito TAKEDA　味の素㈱　生産統括センター　バイオ・ファイン技術部
　　　　　　基盤技術グループ　マネージャー

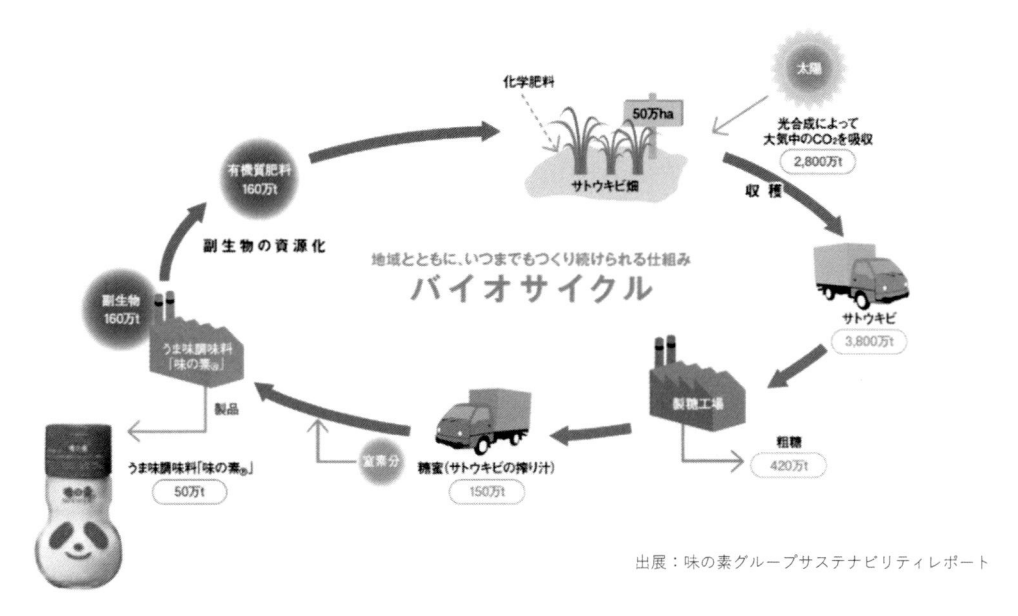

出展：味の素グループサステナビリティレポート

図1　味の素㈱のアミノ酸生産におけるバイオサイクル

ある AJIFOL® も 2000 年代から販売されており，アミノ酸の葉面散布剤としての有用性はよく知られていた。長年使用されてきたにも関わらず，アミノ酸の機能については未知の部分が多かったが，近年アミノ酸には，環境耐性，防御応答，その他の生理活性など様々な機能があることが分かってきた。本章ではその研究事例と実用例を概説する。

2　植物におけるアミノ酸の機能に関する研究・開発事例

2.1　栄養素としてのアミノ酸と生育促進効果

　植物は 20 種のアミノ酸をすべて生合成することができる。アミノ酸の構造には窒素が含まれていることから，その生合成には窒素が必要である。窒素は農業において作物栽培における必須多量要素の一つとして作物に施用されている。窒素肥料では無機態窒素が多く使われているが，土壌中では無機態窒素よりも有機態窒素の存在比率の方が多いことが知られている。土壌への窒素の供給源には肥料（化学肥料，堆肥，有機質肥料など），作物残渣，微生物による窒素固定があり，有機態窒素は土壌中で分解されアンモニア態窒素となり，またさらに土壌微生物によって硝化され硝酸態窒素に変換される。一方，有機態窒素も植物に吸収されると考えられており，特に有機物が分解される過程で生じるアミノ酸は有機態窒素の中でも重要だと考えられ，実際にイネやチンゲンサイなどの作物でアミノ酸が栄養素として利用され得ることが示されている[2]。

　植物が土壌中の無機窒素を取り込む際，グルタミン酸は窒素固定サイクルの重要な構成要素（反応基質）になるため特に重要である。例えば，アンモニア態窒素を好むイネにおいてはアン

モニアイオンがアンモニア輸送体により吸収されたのち，グルタミン合成酵素がグルタミン酸を反応基質としてグルタミン合成反応を触媒することで同化され，グルタミン酸がグルタミンへと変換される（グルタミン合成酵素とグルタミン酸合成酵素から構成される GS/GOGAT サイクル）[3]。また，グルタミン酸は葉緑素合成の前駆体となっていることから，窒素固定だけではなく，炭素固定においても重要な役割を担っていると考えられる。これらのことから，グルタミン酸をバイオスティミュラントとして使用した場合，曇天など気候条件が悪い場合の炭素固定や窒素固定不足を補完することで生育にポジティブな影響を与えると考えられる。実際，ラボ環境下においてグルタミン酸による生育促進効果が観察される。

　味の素㈱が共同研究先の二瓶直登先生（福島大学）と行った実験では，キュウリの葉面に3種類のアミノ酸（グルタミン酸，スレオニン，アラニン）と硝酸カリウムをそれぞれ窒素として10 mM 等量になるように葉面に施用（湿布）し，一週間後に地上部新鮮重を測定したところ，グルタミン酸施用区では硝酸カリウムと比較して生育促進効果が高いことが示された（図2）。また，$^{15}N, ^{13}C$ で標識したグルタミン酸を用いることで，植物に投与したグルタミン酸が下位葉から上位葉に移行する様子を確認することができた（図3）。このように，外から与えたグルタミン酸は植物の体内を移行することができ，作物の生育促進や生産性向上に寄与し得るため，グルタミン酸をバイオスティミュラントとして使用することの有効性が示唆される。

　作物生育へのアミノ酸の生育促進効果は圃場においても確認されている。市橋らはコマツナの圃場での栽培における管理方法の一つである太陽熱処理による生育促進効果に着目した。太陽熱処理とは，畑をマルチで覆い高温状態にすることで土壌中の病害虫や雑草種子を死滅させる方法である。その生育促進効果の要因については不明であったが，2年間のコマツナ圃場試験と，作物，土壌，微生物に関する測定項目の相関ネットワーク解析によりアラニンやコリンなどのアミ

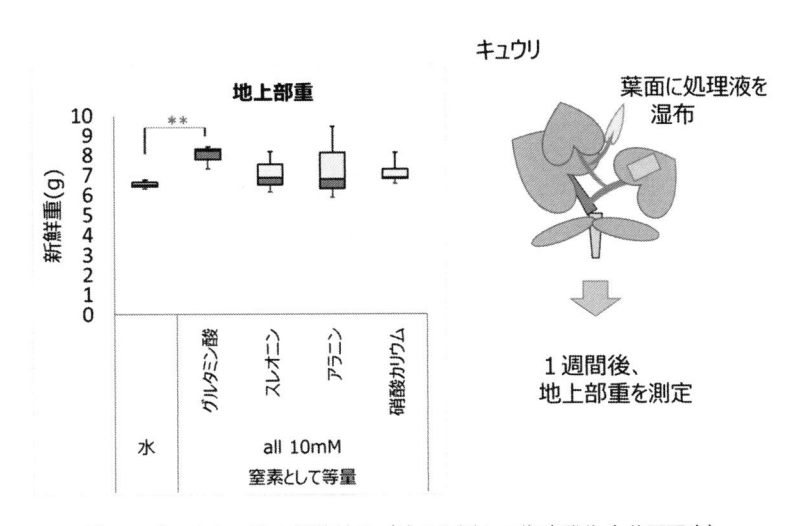

図2　グルタミン酸の栄養効果（味の素㈱と二瓶直登先生共同研究）

ラベル化グルタミン酸 滴下

キュウリ

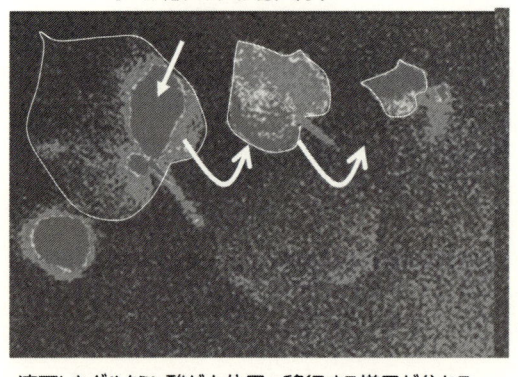
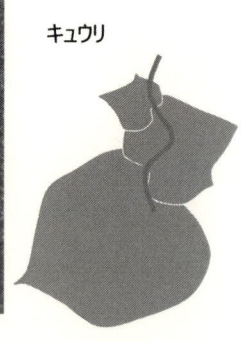

滴下したグルタミン酸が上位用へ移行する様子が分かる

図3　植物体内中のグルタミン酸の移行（味の素㈱と二瓶直登先生共同研究）

ノ酸や有機態窒素が収量との相関性が高いことが分かった。また，実験室でのコマツナの無菌栽培系におけるアラニンの添加実験によりアラニンが無機態窒素よりも生育促進効果が高いことが示された[4]。

　タンパク質を構成する 20 種以外のアミノ酸についても，バイオスティミュラントとしての活用が期待されている。5-アミノレブリン酸（ALA）は植物で光合成を担うオルガネラである葉緑体においてグルタミン酸からグルタミル tRNA を経て生合成されるアミノ酸の一種である。光合成に必要な葉緑素の前駆体であり，研究事例も多く様々な効果が報告されている。外から与えた ALA は非生物ストレス耐性の獲得や，光合成の活性化による生育促進や収量増加効果などが報告されている[5]。ALA は商業生産が行われており，清和肥料工業㈱においてアラガーデンシリーズとして国内で販売されている。

2.2　環境ストレス耐性に対するアミノ酸の効果

　アミノ酸の中には，乾燥や高温などの環境ストレス耐性の向上に寄与するものが知られている。環境ストレスは作物の減収に対するインパクトが最も高いと考えられていることから[6]，バイオスティミュラントに期待される機能としては最も重要といえる。特に有名なのはプロリンであり，ストレスにさらされた植物体内においてプロリンの含量が上昇することが知られているが，プロリンはシグナルとしてだけでなく，光合成活性の向上，抗酸化活性，浸透圧制御，ナトリウムやカリウムの恒常性に関係していることが示されている[7]。外から植物に投与したプロリンの乾燥や塩，高温，低温ストレス耐性などに対する効果が報告されており，プロリンを含むバイオスティミュラントは国内外市場において様々な製品が販売されている。

2.3　作物の品質向上に対するアミノ酸の効果

　アミノ酸が作物の品質向上に寄与する例が報告されている。リンゴやブドウ，バラなどの植物の色素であるアントシアニンの生合成は高い気温時に阻害されることが知られており，気候温暖化による着色低下が懸念されている[8]。アントシアニンには抗酸化作用も知られていることから，果実の見た目だけでなく果実の品質にも関係している。例えば，アミノ酸のイソロイシン（Ile）を収穫の 20 日，30 日前にリンゴに施用すると，アントシアニン生産合成遺伝子 *MdUF3GT* および *MdMYB1* 遺伝子の発現が誘導され，果実のアントシアニン生成量が上昇し着色が促進された（図 4）。また，Ile 処理により植物ホルモンのジャスモン酸（JA）と Ile の縮合反応を担う *MdJAR1* の発現が誘導され JA や JA-Ile の内生量が増加した。これらの結果は Ile が JA-Ile 産生の増加と *MdJAR1* のアップレギュレーションに依存してアントシアニン形成を誘導できることを示唆する（図 4）[9, 10]。

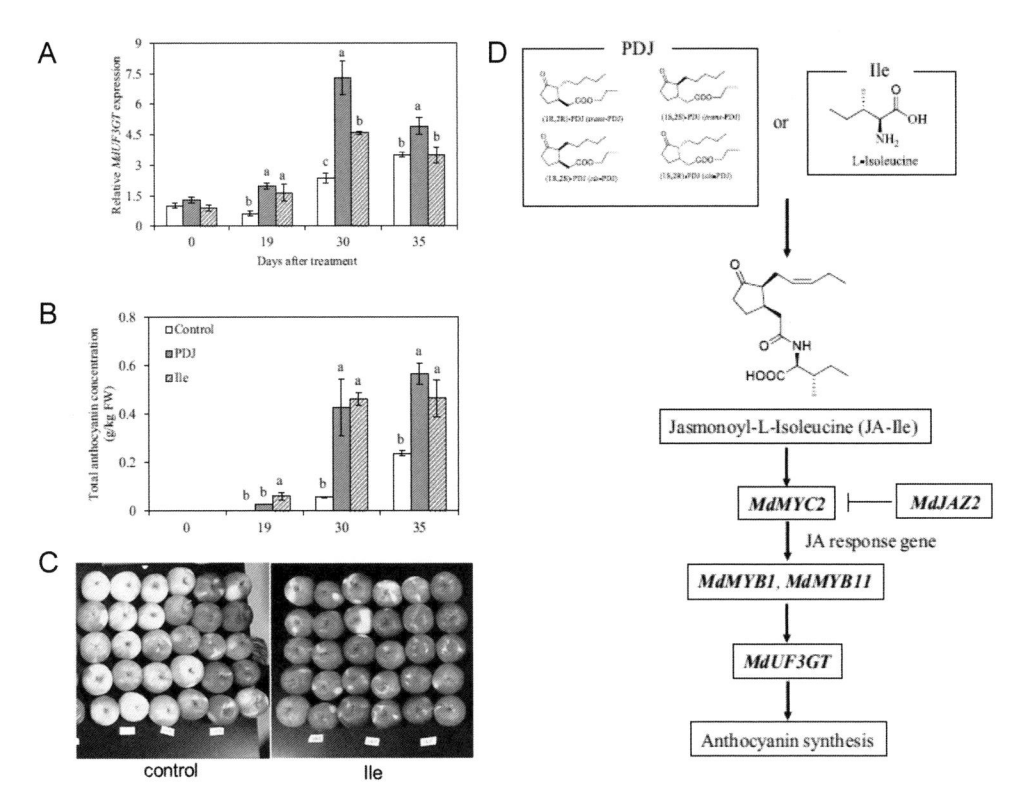

　　　図 4　イソロイシンと PDJ によるリンゴ表皮における遺伝子発現誘導効果と果色促進効果
イソロイシン（Ile）と n-propyl dihydrojasmonate（PDJ）を処理し，19, 30, 35 日後にサンプリングした。A. MdUF3GT 遺伝子のリアルタイム PCR による定量。B. アントシアニンの含有量。C. リンゴ果実の見た目。D. 多重検定による有意差は Fisher's LSD により検定した（5%有意水準）。D. PDJ-Ile 処理によるリンゴ表皮におけるアントシアニン合成経路。

　これらの実例からわかるように，アミノ酸には，バイオスティミュラントに求められる機能である環境ストレス耐性，作物の品質向上効果が期待できることから，バイオスティミュラントの素材の一つとして有用だと考えられる。

2. 4　防御応答機構におけるシグナル分子としてのアミノ酸

　アミノ酸は植物における防御応答に関与していることも知られている。グルタミン酸（Glu）は，虫害による防御応答における長距離シグナルを誘導することが知られている[11]。この Glu のシグナルは Glu 受容体である GLR（Glutamate Receptor-like calcium channel）を介して維管束を通じて Ca2+ シグナルにより全身に伝達される。植物の GLR タンパク質は，構造的には動物の Glu 受容体に似ているが，動物と異なり Glu だけでなくグリシン，アラニン，アスパラギン，セリン，システイン，メチオニンなどの幅広いアミノ酸によって活性化されることが知られており，様々なアミノ酸の刺激に関与している可能性が示唆される[12]。実際，GLR が発芽[13]，根の成長[14]，花粉管伸長[15]，胚軸伸長[16]など様々な生理現象に関わることが報告されている。このことは，GLR の機能の多様性を示すとともに，アミノ酸の機能の多面性を示唆する例とも考えられる。

　植物の病害抵抗性におけるリジン（Lys）の役割についても近年注目されている。植物が病原菌に攻撃を受けた際，局所的な抵抗性による自然免疫応答を示すが，感染を受けていない部位にシグナルを伝播し全身における抵抗性を誘導する。この機構は全身獲得抵抗性（systemic acquired resistance：SAR）として知られている。近年，SAR に必要な移行性のシグナルの分子実体として N-hydroxypipecolic acid（NHP）が同定された[17, 18]。NHP は Lys から 3 段階で生合成され，この 3 段階の反応に必要な 3 つの酵素をコードする遺伝子は病害感染による生物ストレスで誘導される[19]。

　グルタミン酸は虫害抵抗性だけでなく病害抵抗性にも関係していることが知られている。シロイヌナズナにおいては，外から与えた Glu が病害に対するシロイヌナズナの自然免疫を誘導する[20]。イネにおいては根から吸収させたグルタミン酸により病害抵抗性に関連する遺伝子が根と葉において誘導され，イネいもち病の抑制効果が認められた[21]。また，味の素㈱では Glu と Ala などのアミノ酸の組み合わせによるウリ科の病害防除効果[22]，Lys によるコーヒーさび病防除効果[23]，スレオニンやセリンなどのアミノ酸と銅の組み合わせによる病害防除効果について特許を出願している[24]。これらの効果は生物学的なストレス耐性効果であるため，直接バイオスティミュラントとして活用できない可能性があるが，アミノ酸のもつ機能の多様性を示す良い事例と考えられる。

2. 5　植物と微生物の相互作用におけるアミノ酸の機能

　微生物は環境中において，アミノ酸を含むさまざまな有機物の植物に対する供給源となっている。そのような微生物や植物由来の有機物がある環境において，植物と微生物との相互作用にも

アミノ酸がさまざまな機能を果たしていることが分かりつつある[25]。なかでも，フェニルアラニン，トリプトファン，チロシンなどの芳香族アミノ酸が植物・微生物相互作用に果たす役割に関する理解が深まりつつある。例えば，フェニルアラニンから一般的なフェニルプロパノイド経路で生合成されるクマリンは植物に広く存在する二次代謝産物であるが，近年クマリンがアルカリ土壌での鉄の生物的利用能や病害抵抗性を向上させることが分かってきた[26]。また，トリプトファンから生合成される二次代謝産物で硫黄を含むインドール化合物であるカマレキシンは，アブラナ科植物に特異的な抗菌性のファイトアレキシンの一種であり，病害抵抗性に寄与する[27]。カマレキシン以外でも，トリプトファンからは様々な二次代謝産物が生合成される。シロイヌナズナと共生する有益な糸状菌である *Colletotrichum tofieldiae* との共生関係が，トリプトファン由来の二次代謝産物の合成を調節することにより，糸状菌との共生関係が制御されている可能性が示唆されている[28]。また，トリプトファンは植物ホルモンのオーキシンの前駆体でもあるが，植物と微生物がトリプトファンとオーキシンを介して相互作用している可能性が示唆されている。植物の根から放出されるトリプトファンの量は植物種によって異なり，ラディッシュではキュウリやトマトよりも少なくとも9倍多くトリプトファンを根から放出する[29]。オーキシンを生産する *Pseudomonas fluorescens* と種子をインキュベートしたところ，キュウリやトマトでは影響はなかったがラディッシュでは根の成長が有意に促進された[30]。これらの報告例は，植物と微生物との相互作用に関連するアミノ酸の知見を活用してバイオスティミュラントを開発できる可能性があることを示唆する。

3　アミノ酸を用いたバイオスティミュラントの味の素㈱での実際の活用状況

アミノ酸の特性を生かして開発したバイオスティミュラントを，味の素㈱では国内外で販売している。今回は国内で販売されているバイオスティミュラントの特徴とその施用効果についても紹介する。

3.1　Tecamin Max®（テカミンマックス）

Tecamin Max® は各種アミノ酸，特に植物の生育に必要なタンパク質を作るグルタミン酸を豊富に含む葉面散布材である。植物の生育促進，曇天・低温など光合成能力が低下したときやストレス状況下で特に生育を改善する。グルタミン酸は作物や生育ステージを問わずに通期での使用が可能である。500-1,000倍程度に希釈した液を複数回葉面散布することで，茎葉部の充実やそれに伴う収量の増加が期待できる。例えば畑作物では馬鈴薯で Tecamin Max® を着蕾期から終花期までに500倍に希釈して3回散布したところ規格品のいも数，収量とも増加した（図5A）。また，果菜類でも夏場のトマト栽培において10日おきに原液200 ml/10 a（1000倍希釈）を葉面散布することで樹勢が維持され，茎が太くなり果実にもツヤが出るという使用農家の声をもらうなど収量だけでなく，品質面の向上にも寄与する事例も見られた（図5B）。

図5　Tecamin Max® の馬鈴薯（A）とトマトでの施用事例（B）

図6　アジフォル® アミノガード® のイチゴ（A）とアスパラガスでの施用例（B）

3. 2　アジフォル® アミノガード®

　アジフォル® アミノガード® はグルタミン酸などの高濃度のアミノ酸や植物性由来成分，発酵微生物由来成分，糖などを豊富に含み銅や亜鉛といった微量要素も配合したバイオスティミュラントである。窒素，リン酸，加里の配合を変えた2種類があり，生育ステージや作物に合わせて使用できる。実際の圃場では特に生育不良からの早期の回復を期待して使用される例も多い。例えばイチゴでは根痛みから地上部の葉色が悪くなった際に2か月間，1,000倍希釈で葉面散布を行うことで樹勢が回復する例がある（図6A）。

またアスパラガスでも台風の影響で褐斑病が蔓延して葉が全体的に黄色く枯れ，翌年の収量も期待できない状態であったが，アジフォル®アミノガード®を葉面散布後，葉色も改善し新しく2次葉も生え劇的に改善するという事例がある（図 6B）。

4　おわりに

本章においてアミノ酸の農業利用の歴史が味の素㈱だけでも 40 年以上あり，外から植物に与えたアミノ酸が植物体内を移動することができ，栄養素として利用されるだけでなく，窒素代謝や光合成において重要であることを紹介した。そして，乾燥などの環境ストレスだけでなく，病虫害への抵抗性など生物ストレスにおいても重要な機能を担う事例も示した。また，アミノ酸が直接的あるいはアミノ酸の二次代謝産物を通して植物・微生物の相互作用が制御されている可能性を紹介した。これらの事例は，アミノ酸を含むバイオスティミュラントが，環境ストレスや作物の生育促進，収量向上，生物ストレスの緩和，微生物植物相互作用の促進のためのソリューションを提供できる可能性を示唆する。

一方，アミノ酸をバイオスティミュラントとして活用する上では，植物への浸透性がアミノ酸の種類により異なる可能性，環境中での安定的な効果の発揮，製品中のアミノ酸の品質保持などの課題があると考えられる。また，これまで生理作用がよく研究されてきたグルタミン酸のようなアミノ酸がある一方で，機能がまだ明確ではないアミノ酸も存在する。シロイヌナズナのようなモデル植物でのアミノ酸の知見が他の植物（作物）に普遍的なのかもよくわかっていない。シロイヌナズナではアミノ酸の受容体である GLR を介してグルタミン酸などのシグナルが伝達されるが，動物と異なり植物の GLR は基質特異性が低く多様なアミノ酸と結合する可能性がある中で，各種アミノ酸受容後の下流のシグナル伝達がどのように制御されているかという点についてもわからないことが多い。

このように，アミノ酸の効果にはまだ不明な点が多く課題があるものの，今後の研究でこれらの課題が解決されることにより，アミノ酸のバイオスティミュラント素材としての有用性がますます高まると期待される。

文　　献

1)　A. Flissi *et al., Nucleic Acids Research,* **48**, D465-D469（2020）
2)　二瓶直登，市橋泰範，*Radioisotopes,* **70**, 29-39（2021）
3)　山谷知行，化学と生物，**53**（11），782-786（2015）
4)　Y. Ichihashi *et al., PNAS,* **117**, 14552-14560（2020）
5)　M. S. Rhaman *et al., Plant Cell Reports,* **40**, 1451-1469（2021）

6) B, Buchanan *et al., Biochemistry & molecular biology of plants*, (2000) https://adams.marmot.org/Record/.b23741983

7) M. Hosseinifard *et al., Int. J. Mo. Sci.*, **23**, 5186 (2022)

8) H. Fang *et al., Plant Cell Physiol.*, **60**, 1055-1066 (2019)

9) S. Kondo *et al., J. Plant Growth Regulation*, **40**, 541-549 (2020)

10) 郎亜琴ほか, JP6798601

11) M. Toyota *et al., Science*, **361**, 1112-1115 (2018)

12) A. Alfieri *et al., PNAS*, **117**, 752-760 (2020)

13) Y. Cheng, Y. *et al., Plant Cell Physiol.*, **59**, 978-988 (2018)

14) S. K. Singh, *et al., J. Exp. Bot.*, **67**, 1853-1869 (2016)

15) E. Michard *et al., Science*, **332**, 434-437 (2011)

16) C. Dubos *et al., Plant J.*, **35**, 800-810 (2003)

17) Y. C. Chen *et al., PNAS*, **115**, E4920-E4929 (2018)

18) M. Hartmann *et al., Cell*, **173**, 456-469 (2018)

19) M. Hartmann & J. Zeier, *Plant J.*, **96**, 5-21 (2018)

20) Y. Goto *et al., MPMI*, **33**, 474-487 (2020)

21) N. Kadotani *et al., BMC Plant Biology*, **16**, 60 (2016)

22) 五十嵐大亮ほか, WO2011087002A1

23) 武田泰斗ほか, WO2017065269A1

24) 桑原茅乃ほか, WO2019172277A1

25) J. Moormann *et al., Trends Biochem Sci.*, **47**, 839-850 (2022)

26) H. H. Tsai & W. Schmidt, *Trends Plant Sci.*, **22**, 538-548 (2017)

27) E. Glawischnig Camalexin. *Phytochemistry*, **68**, 401-406 (2007)

28) K. Hiruma *et al., Cell*, **165**, 464-474 (2016)

29) F. Kamilova *et al., Mol. Plant Microbe Interact.*, **19**, 1121-26 (2006)

30) B. Lugtenberg & F. Kamilova, *Annu. Rev. Microbiol.*, **63**, 541-56 (2009)

第20章 プロリン含有植物活力剤の バイオスティミュラントとしての 特性および有効性

加藤嘉博[*]

1 はじめに

　プロリンは生体における必須アミノ酸の中の1つとして知られる。その特徴的な化学構造から近年では有機化学合成の分野において最もシンプルな不斉触媒として注目を集め，ホットな研究分野となっている[1]。

　植物生理学的にもプロリンは適合溶質として，細胞の浸透圧調節，タンパク質や生体膜などの生体高分子を安定化する機能を持つことが古くから知られていた。

　当社では植物の生育において特徴的な作用を有することが期待されるプロリンを含有する植物活力剤「スーパーアミン」を開発し，1991年に製品化した。当製品は葉面散布剤として使用され，多くの作物に対して，生育初期から収穫期までの広い範囲で様々な有効性（健苗育成，活着促進，老化防止，着果促進，玉伸び促進，なり疲れ防止等）を示す。

　本章ではバイオスティミュラントとしての視点からプロリンを含有する植物活力剤の効果事例を紹介する。さらにその作用の機序を理解するために遺伝子レベルでの評価試験の結果を報告する。

2 プロリンの植物生育への作用

　アミノ酸はタンパク質を構成する基本単位であり，植物においても生育段階の全てに関与する重要な物質である。プロリンはその中の1種の化合物であるが，特に植物が低温[2,3]や水分ストレス[4~6]を受けるような過酷な環境に曝される場面で局所的に蓄積されるという知見が40年近く前から知られていた。このような特徴から，植物の非生物的ストレス（温度ストレスや水分ストレスなど）に対してプロリンは重量な役割を担う成分であることが示唆され，バイオスティミュラントとして有望な素材の1つと期待できる。

　また，一般的な植物の栽培以外においてもプロリンの添加が効果を示す例も知られる。*in vitro* な細胞培養のような特殊な条件下において植物体の再生効率を向上させるとの報告[7,8]があることもプロリンの興味深い有効性である。さらに他の生物種である藻類の増殖において，プロ

＊　Yoshihiro KATO　北海道三井化学㈱　ライフサイエンス部　部長

リン添加が塩ストレスを緩和する作用も認められている[9]。

3　プロリン含有製品の開発

当社はアミノ酸発酵法においてプロリンを特異的に高生産する処方を開発し，さらにその有効性をより発揮させるために，葉面散布剤として使用する「スーパーアミン」を完成させた。

植物は通常，根から養分を吸収するが，葉面からも体内に取り込む経路が示されている。成分によっては根からの吸収よりも植物体の他の部位への移行が早いケースもある。例えば，尿素は葉面吸収の方が各部位への転流がスムーズであり，アミノ酸のグルタミン酸やプロリンも同様の傾向があると評価されている[10]。

また，温度，水分などの非生物的ストレスに曝された状態の植物は根からの吸収活性が低下していることが多く，速やかな養分吸収のために葉面散布は有効な方法と考えられる。

当社製品は 10 種以上のアミノ酸を含み，その内，プロリンはアミノ酸総量に対して過半を占める構成（図1）となっている。他のアミノ酸の割合が低いことからもプロリンの特徴的な効果をよりシャープに引き出すことが期待できる。

また，根からの養分吸収において不足しがちな成分であるカルシウムを「スーパーアミン」に添加した，シリーズ商品の「母錦」も開発した。

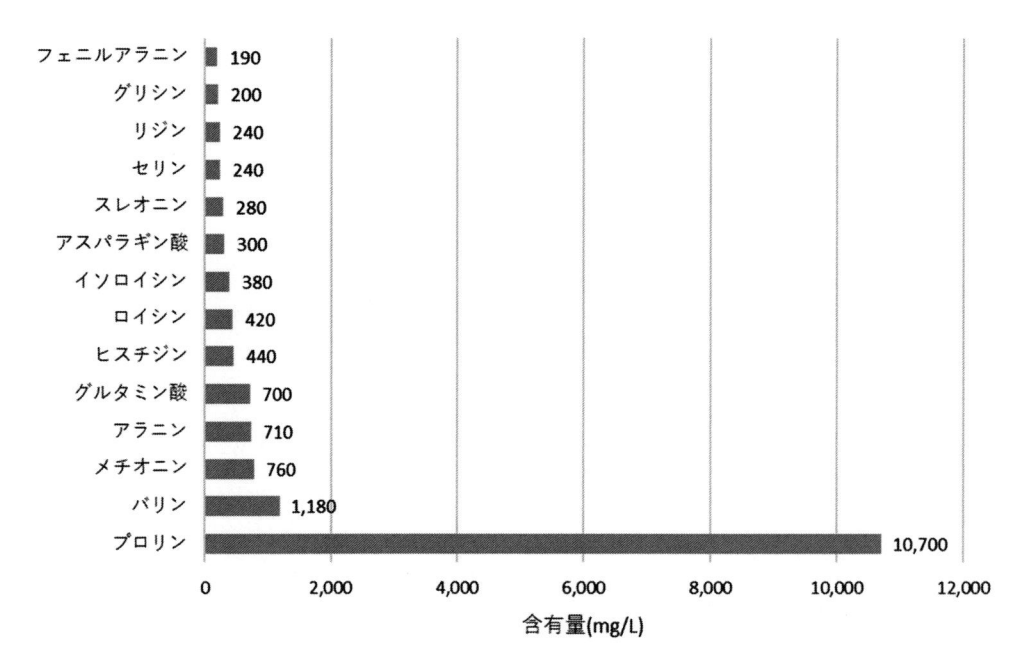

図1　スーパーアミン製品中のアミノ酸組成

4　効果事例

当社製品「スーパーアミン」について様々な作物を用いた栽培試験を行った結果，多くの有用な効能が認められた。その中で代表的な事例としてホウレンソウ，テンサイ，水稲の結果を示す。また，「スーパーアミン」にカルシウムを添加した製品「母錦」を用いたトマトの試験結果も示す。

4.1　ホウレンソウ

試験条件は次の通りである。

試験地［実施年］：愛知県［1994 年］

栽培歴：9 月下旬播種，12 月上旬収穫

処理時期：10 月 2 回

処理方法：500 倍希釈液を 250 L/10 a 葉面散布

試験は播種後 2 週間にあたる生育中期にスーパーアミン散布を 2 回のみ行った。写真 1 に収穫時の状態を示す。

スーパーアミン処理区の草丈は 32 cm となり，対照区の 28 cm よりも 14％伸長していた。1 株当たりの葉数は処理区 21 枚に対して対照区 20 枚と変化はなかった。スーパーアミン処理区は対照区に比べて生育旺盛で全体的にサイズアップしていることが寄与して，生体重で 3320 g/m^2 の収穫を得た（対照区の生体重 2810 g/cm^2 に比べて 18％増）。

写真 1　収穫時の状況
（左：対照区，右：処理区）

4.2　テンサイ

試験条件は次の通りである。

試験地［実施年］：北海道［1995 年］

栽培歴：3 月下旬播種，10 月中旬収穫

処理時期：8 月，9 月各 1 回

処理方法：500 倍希釈液を 100 L/10 a 葉面散布

試験は生育後半の根周肥大期にスーパーアミンを 2 回のみ散布した。写真 2 に収穫時の状況を示す。

スーパーアミン処理区の収穫物の糖度 18.3％に比べて対照区の糖度は 18.8％であり差異は認められなかった。一方で収量は処理区では 6890 Kg/10 a が得られ，対照区の 6090 Kg/10 a に対して 13％の増加を認めた。結果としてスーパーアミンの施用により糖の収量は 11％増収した。

また，本圃への移植 1 週間程度前に施用することで，活着促進にも有効である。

写真 2　収穫時の状況
（左：処理区，右：対照区）

4.3　水稲

試験条件は次の通りである。

試験地［実施年］：北海道［1993-1995 年］

栽培歴：4 月下旬播種，10 月初旬収穫

処理時期：育苗期 3 回，本圃 3 回

処理方法：500 倍希釈液を育苗期は 500 mL/ 箱，本圃は 500 L/10 a 葉面散布

試験は育苗期にスーパーアミンを 3 回処理して，移植前の苗の健全化への効果を確認するとともに，本圃では 3 回の散布を行った。同試験は 3 年間連続して実施し，年次変動による影響を確認した。

結果を図 2 に示す。試験を行った期間の全てでスーパーアミン処理区は対照区よりも増収が認められた。

試験年毎に結果をみると，環境条件が良好で高収量であった 1994 年ではスーパーアミン処理区は 567 Kg/10 a が得られ，対照区の 544 Kg/10 a に対して 4％増加した。一方で，低温等の不良環境下で不作またはやや不作であった 1993 年と 1995 年の収量はスーパーアミン処理区でそれぞれ 336 Kg/10 a，480 Kg/10 a の収量であった。同時期で対照区を比較するとそれぞれ 296 Kg/10 a，430 Kg/10 a となった。これは 1993 年および 1995 年ではスーパーアミン散布により 14％および 12％の増収が認められたこととなる。

この結果は生育環境に恵まれていない条件でその有効性が顕在化するバイオスティミュラントとしての特性を示したデータ例の 1 つとなる。

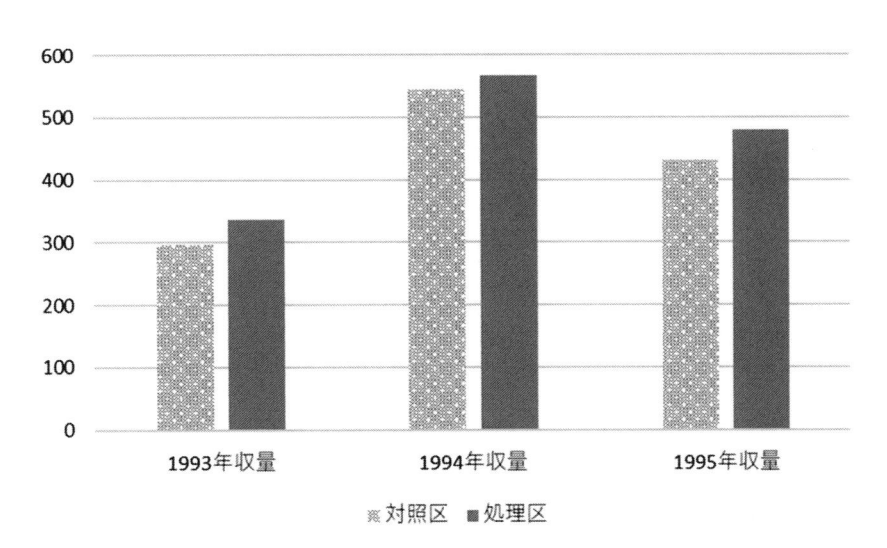

図 2　生育データの年次変化（水稲，単位 Kg/10 a）

写真3 育苗の状況（左：対照区，右：処理区）

　ストレス耐性の強化という点では温室内で行った低温条件での試験では葉先の枯れる株の割合を抑制する効果も示された。

　また，育苗期のスーパーアミン散布は健苗の育成に有効であった（写真3）。

4.4 トマト

　試験条件は次の通りである。

試験地［実施年］：北海道［1997 年］

栽培歴：3 月上旬播種，7-9 月収穫

処理時期：育苗期 5 回，本圃 7 回

処理方法：500 倍希釈液を茎葉が濡れる程度

　トマトへの施用試験の結果を図3に示す。

　本試験でのトマト栽培では播種後およそ 120 日後から収穫が始まり，その後 3ヵ月程度まで継続する。プロリンに加えてカルシウムを添加した母錦の施用は成り疲れを防ぐことによって，果実数は対照区に比べて 2 割強の増加を示した。

　トマト1個あたりの重量は母錦処理区で 185 g に対して対照区が 190 g と差が見られなかった。収穫された果実数は処理区が 4.6 万個 /10 a と対照区の 3.7 万個 /10 a の 24％増を記録した。重量ベースでの収量は果実数の増加分を反映して処理区が 8.6 t/10 a に対して対照区は 7.0 t/10 a であり 23％の増加が認められた。

　トマト栽培において問題となる花跳びや花落ちといった，栄養成長から生殖成長への切り替わりに際するトラブルに対するプロリンの有効性を示唆する結果と考えられる。

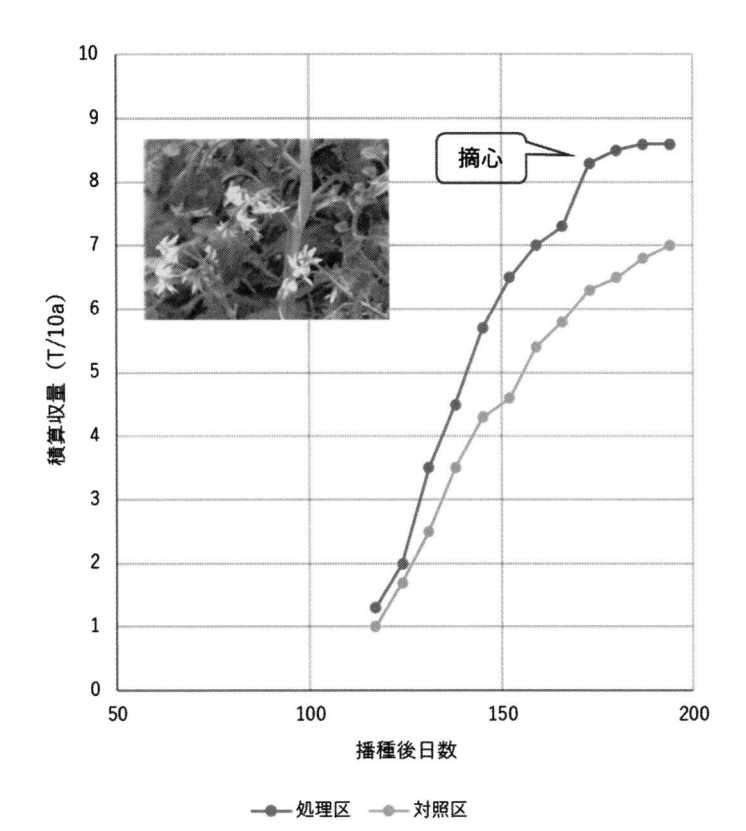

図3　トマトの積算収量の経過

5　遺伝子レベルでのプロリンの作用

　プロリンは効果事例で紹介したように，作物の生育に対して様々な有効性を示すが，その作用の機序については直接的な証拠となるようなデータは得られていなかった。

　そこで，近年の分子生物学的手法を用いて遺伝子レベルでの発現制御性を調べる試験を行った（試験実施機関：横浜バイオテクノロジー株式会社）。

　シロイヌナズナをモデル植物として，ストレス応答に関連する遺伝子として知られる *PATHOGENESIS-RELATED PROTEIN 1a*（*PR-1a*）[11]，*MITOGEN-ACTIVATED PROTEIN KINASE 3*（*MPK3*）[12]，*basic helix-loop-helix transcription factor*（*MYC2*），*VEGETATIVE STORAGE PROTEIN1*（*VSP1*）[13]について発現誘導活性を評価した。

　PR-1a はサリチル酸シグナル伝達経路，*MPK3* は塩ストレス耐性関連，*MYC2*，*VSP1* はジャスモン酸シグナル伝達経路に関与すると言われている。

　試験は比較対照として植物ホルモンの1種でもあるベンジルアデニン（BA），および *PR-1a* 陽性対照としてアシベンゾラルSメチル（ASM），*MPK3*，*MYC2*，*VSP1* 陽性対照としてジャ

スモン酸メチル（MJ），陰性対照は滅菌水（H2O）を用いた。

評価は各遺伝子のプロモーター配列にルシフェラーゼ遺伝子を連結したユニットを形質転換したシロイヌナズナの各処理条件での発光量を測定することによって行った。

PR-1a 遺伝子の発現についてはスーパーアミン 5×10^{-6} 希釈液の処理により 216，240 時間後に陰性対照に比べて，有意な活性上昇を認めた。比較対照の BA や陽性対照 ASM の発現ピークは 144 時間後であるため，発現誘導に至るまでの経過時間が異なった（図4）。

MPK3 遺伝子は処理後 1～2 時間程度でスーパーアミン 10^{-3} および 5×10^{-3} 希釈液処理時に活性上昇が認められたが，その後は陰性対照よりも活性が低下する結果であった。

これはモデル植物に対するスーパーアミン処理濃度が適切でなかったことによる生育抑制が一因である。

MYC2，*VSP1* の両遺伝子については陰性対照に比べると 24～48 時間後に活性の上昇がみられたが，陽性対照の活性に対してはその 1/10 以下と低いレベルであった。

今回の試験はモデル植物（シロイヌナズナ）を用いたため，必ずしも栽培作物での作用を再現しているとは言えないものの，ストレス応答の関連遺伝子群の1つとして最もよく知られる *PR-1a* の発現については有意な影響を与えることを示すデータが得られた。遺伝子発現が誘導されるまでの時間が陽性対照の BA や ASM に比べて遅いことから，プロリンが直接的に対象の

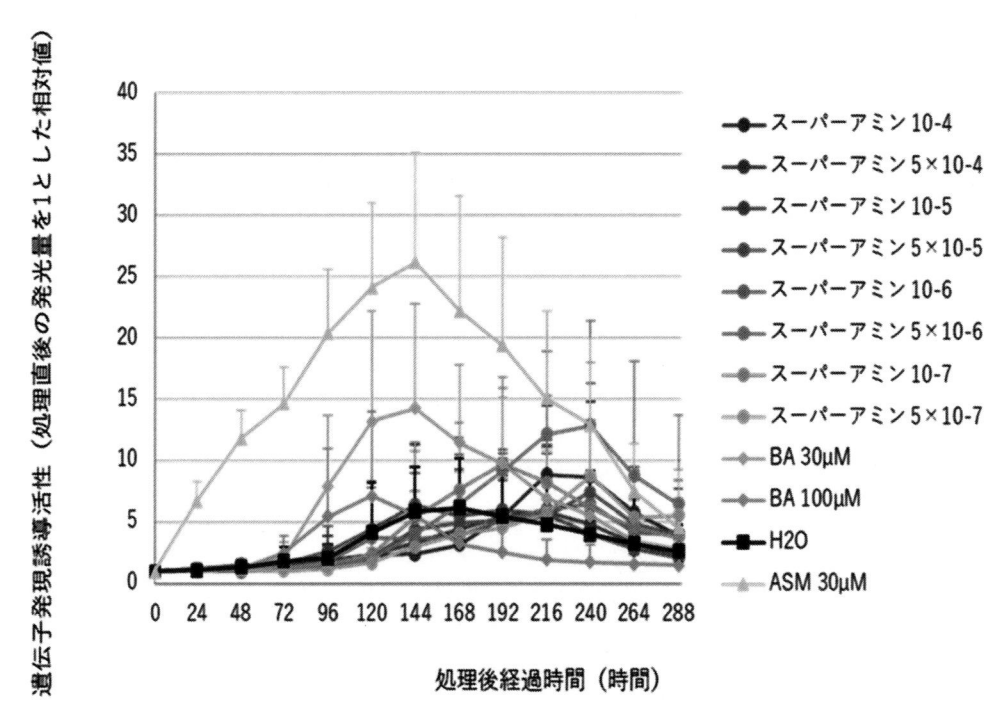

図4 *PR-1a* 遺伝子の発現誘導活性

遺伝子の発現制御をしているとは考えにくいが，何らかのルートを介して植物のストレス耐性獲得に影響を与えている可能性が示唆された。

6　おわりに

　プロリンは植物の生育に対して，発根・活着，花芽形成および転流作用の促進，落花やなり疲れの防止，さらにはストレス耐性の強化につながる効果が期待される。

　プロリンを高含有する製品「スーパーアミン」およびカルシウムを添加した「母錦」を開発し，葉面散布剤として使用した際の効果事例を紹介した。

　また，植物においてストレス応答に関連する遺伝子の発現制御に関する試験から，一般的なジャスモン酸やサリチル酸を介した経路とは異なる様式で植物の生育に影響を与えている可能性を示す新たな知見が得られた。

　プロリンは古くから植物が低温，乾燥，水分ストレスといった非生物学的ストレスに陥った際に植物体の一部に局所的に蓄積する物質として知られていた。プロリンを含有する植物活力剤である「スーパーアミン」または「母錦」を葉面散布の形で与えることによって，植物は様々な環境ストレスを受けたと感知するのではないかと推測する。この疑似的ストレス感受がストレス耐性の強化を誘導し，続いて生育全般の促進につながっていることを想像させる。

　花芽形成の場面においても，プロリン施用がもたらす疑似的ストレスが植物の栄養成長から生殖成長への転換を促した結果と解釈することもできそうである。

　上記のような特徴からプロリンは植物生理的にバイオスティミュラントとして理想的な特性を有する成分とみなすことができる。

　さらなる試験検討や解析により，プロリン作用が理解され，精密な使用法が開発されることを期待する。

文　　　献

1)　B. List *et al., J. Am. Chem. Soc.*, **122**, 2395-2396 (2000)
2)　河野清，鈴木健夫，日本蚕糸学雑誌，**53** (5), 461-462 (1984)
3)　T. Kato *et al., J. Japan Soc. Hort. Sci.*, **54** (3), 323-326 (1985)
4)　Y. Fukutoku & Y. Yamada, *Soil Sci. Plant Nutr.*, **27** (2), 195-204 (1981)
5)　Y. Tanabe *et al., Plant and Cell Physiol.*, **23** (7), 1229-1235 (1982)
6)　Y. Fukutoku & Y. Yamada, *Soil Sci. Plant Nutr.*, **28** (1), 147-151 (1982)
7)　九州東海大学農学部紀要，**8**，23-27 (1989)
8)　小田文明　ほか，*Jpn. J. Breed.*, **39** (別 2), 49-59 (1989)

9) G. T Reynoso & B. A de Gemboa, *Comp. Biochem. Physiol.*, **73A** (1), 95-99 (1982)

10) 渡辺和彦, 「農業技術大系」土壌施肥編　第 2 巻　作物栄養 III ＋ 30 の 2 (兵庫県中央農業技術センター) (1990)

11) S. Ono *et al.*, *Biosci. Biotechnol. Biochem.*, **75** (9), 1796-1800 (2011)

12) T. Tanaka *et al.*, *J. Gen. Plant Pathol.*, **72**, 1-5 (2006)

13) M. Kusama *et al.*, *Plant Biotechnol.*, **29** (5), 515-520 (2012)

第21章　植物に病害抵抗性を誘導する環状ペプチド

能年義輝[*1]，渡邉　恵[*2]，庄司直史[*3]，
金　亨振[*4]，北松瑞生[*5]

1　植物病害を抑制するための方法論

　農業生産を脅かす要因のひとつが病害被害である。人類にとってコロナ禍は記憶に新しいが，作物においてもパンデミックは発生する。植物病理学の教科書ではかつてアイルランドで起こったジャガイモ飢饉のエピソードが登場する[1]。ジャガイモの普及により人口は増大したが，ジャガイモ疫病菌の蔓延により飢餓が生じて人口が激減し，多くの人々がアメリカに移住することになった。そして，植物病の原因が微生物であることが発見されたのも本病が最初である。それ以来，病原体を標的とした作物の防除法が様々に生み出された。特に化学の発達に伴って，当初は生物に対する毒性の高い物質が化学農薬（殺菌剤）として使われたことで，人類や環境に対する影響が知られるようになった[2]。この歴史を踏まえ，現在は様々な法整備が進み，化学農薬は標的特異性が高く，安全性が確認されたもののみが使用されている。特異性が高い生理活性物質は，一般に特定のタンパク質に鍵と鍵穴の関係のように厳密に作用する[3]。ある病害を防除する目的で特定の殺菌剤を圃場に処理した場合，しばらくの間は明確な防除効果が得られる。しかし，生物集団は一般にゲノム配列中に様々な多型を有する。そのため，使用した剤に対して感受性が低いタイプの遺伝子，すなわち標的タンパク質中のアミノ酸の変化により化合物が結合できなくなったもの，を有する個体が存在した場合には，薬剤耐性菌として徐々に顕在化することがある[4]。

　植物病害の抑制には耐病性作物も大きく貢献する。同じ植物種でも品種や系統によって著しく強い抵抗性を示すものが存在し，経験的にそれらが栽培に使用されてきた。これは主として品種特異的抵抗性と称されるが，科学の発展に従い，その分子メカニズムもおおよそ理解されるようになった[5~7]。病原体は植物が持つ免疫システムを抑圧するために，エフェクターと呼ばれるタンパク質群を放出する。それに対し，植物はエフェクター自体やその働きを感知するセンサー（抵抗性タンパク質）を持っており，その有無で耐病性が規定される。エフェクターと抵抗性タンパ

＊1　Yoshiteru NOUTOSHI　岡山大学　学術研究院　環境生命自然科学学域　教授

＊2　Megumi WATANABE　岡山大学　学術研究院　環境生命自然科学学域　助教

＊3　Naofumi SHOJI　三洋化成工業㈱

＊4　Hyungjin KIM　三洋化成工業㈱

＊5　Mizuki KITAMATSU　近畿大学　理工学部　応用化学科　准教授

ク質の関係もまた鍵と鍵穴のような厳密な関係性にあるため，エフェクター側の変異によって宿主からの認識が回避されうる。すなわち，抵抗性が圃場において打破されることになる。

これらの事象やその背景の理解を踏まえ，現在では耐性菌出現を抑制するような農薬の使用法に加え，耕種的・物理的・生物的などのほかの手法を組み合わせた総合的病害虫管理（IPM：Integrated Pest Management）によって病害を抑制しようという方法論が推進されている[8]。このうち，耐性菌が出現しにくい手法の1つとして抵抗性誘導手法が存在する[9~11]。

2　植物病害の抑制に資する抵抗性誘導技術

化合物を利用した植物での抵抗性誘導は実は日本発祥の技術であり，明治製菓（当時，現三井化学クロップ&ライフソリューション㈱）が開発したプロベナゾールに端を発する[11]。プロベナゾールを原体とするオリゼメートは発売以来およそ50年が経つが，その薬効は打破されることなく現在も水稲栽培におけるイネいもち病などの防除に使用されるほどに優れた剤である。苗床に施用して薬剤を吸わせることで，本田への移植後に持続的に防除効果が発揮される。その後も，チアジニル（日本農薬㈱），イソチアニル（バイエルクロップサイエンス㈱），ジクロベンチアゾクス（クミアイ化学工業㈱）といった抵抗性誘導剤が上市されており，本手法の有用性の現れといえる。殺菌剤の開発では，一般に供試薬剤を含ませた培地における病原体の増殖阻害を指標として活性評価が行われる。これに対し，プロベナゾールは供試薬剤をイネに処理して根から吸わせ，病原体を接種したときの病徴の抑制程度を評価するいわゆる「ぶっかけ法」によって選抜された[12]。培地上での殺菌活性が検出されないことから抵抗性誘導効果が明らかになった。

プロベナゾール上市と時を同じくして，植物の防御応答時に蓄積する内生物質の探索などが行われ，サリチル酸が植物の防御応答の誘導に必要なホルモンであることが明らかにされた[9,13,14]。分子生物学の発達に伴い，病害応答性遺伝子のプロモーターでドライブしたレポーター遺伝子を導入した形質転換植物も作出され，防御応答を誘導する化合物が欧州で探索された。その中で得られたアシベンゾラルS-メチルは，サリチル酸アナログ型の抵抗性誘導剤として上市された[15,16]。抵抗性誘導技術は薬剤耐性菌が出現しない優位性を持つものの，恒常的な防御応答の誘導（活性化）は生長阻害や黄化などの薬害を伴いやすいことから，使用法に注意が必要となる[17,18]。また，現場では殺菌剤との競合となるため，選択肢に上るケースは少ない。その点，殺菌剤の適用がない細菌病に対する一定の需要がある。なお，サリチル酸の生合成経路や受容体は明らかにされ，植物の免疫応答のシグナル伝達機構の理解は進んだものの[19~21]，プロベナゾールの作用点の詳細は未だ不明である。

3　抵抗性誘導剤の探索手法

その後，レポーター遺伝子の多様化や検出技術が発展し，植物免疫の理解に基づいた様々な防

御応答の評価技術も開発された[9,10,22]。他方，コンビナトリアルケミストリーの発展に伴って作製された化合物ライブラリーをアカデミアでも利用できるようになってきた。これにより，様々な抵抗性誘導剤のシーズが探索され，それらの一部は農薬開発に向けた実用化研究が行われていると思われる。

　我々も薬剤探索のための独自手法を開発した。これは，モデル植物であるシロイヌナズナの懸濁培養細胞を 96 穴プレートに入れ，そこに非親和性（植物に認識されて防御応答を発動させてしまうため発病させることができない菌株）を加えるものである[23]。本菌に耐性を示す植物は菌が放出するエフェクターの 1 つを認識することで，品種特異的抵抗性を発動する。これは過敏感反応と呼ばれる防御応答を含み，感染した植物細胞は細胞死を引き起こす。動的な免疫細胞を持たない植物は，感染細胞自体を急速に死滅させることによって病原体への養分供給を断って封じ込み，ほかの組織の生存を導く[24]。そこで，この細胞死を薬剤染色によって検出し，防御応答を定量評価するハイスループットなアッセイ系を構築した（図 1）[23,25]。これまでに，市販の多様性化合物ライブラリーや薬理化合物ライブラリーから防御応答を増強・抑制する物質を探索同定した[26]。薬剤のみを投与して細胞死が誘導されるか否かを並行して評価することで，直接的に防御応答を誘導するものや毒性物質に加えて，直接的には防御応答は活性化しないが感染時に植物が発動する防御応答を強める働きを持つプライミング剤を選抜できることが特徴である。植物免疫プライミング型の薬剤は防御応答のトレードオフで生じる生長阻害のデメリットを回避できる可能性があるため，各種病害に対する抵抗性誘導効果の検証や作用点の解明を行ってきた[23,27~31]。一部のものについては，サリチル酸に糖分子を付加して不活性化する配糖化酵素を標的として阻害する作用機序を明らかにしている[23,26,27]。

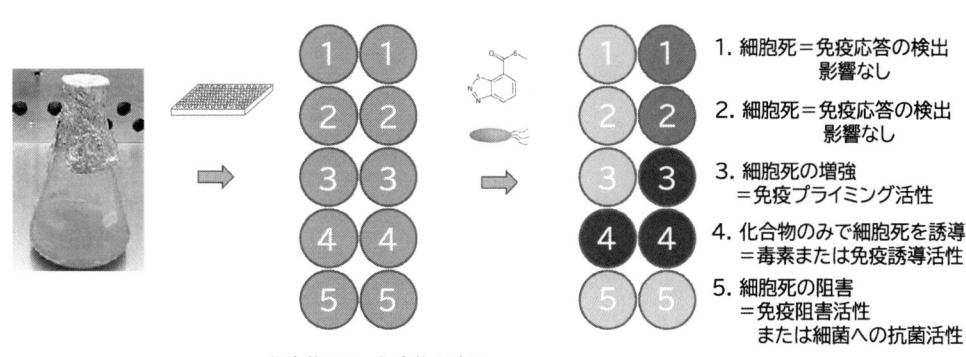

96穴プレートへの分注　　化合物のみ、化合物と病原菌を添加し、一晩共培養　　死細胞の染色と定量化

1. 細胞死＝免疫応答の検出
　　影響なし
2. 細胞死＝免疫応答の検出
　　影響なし
3. 細胞死の増強
　　＝免疫プライミング活性
4. 化合物のみで細胞死を誘導
　　＝毒素または免疫誘導活性
5. 細胞死の阻害
　　＝免疫阻害活性
　　　または細菌への抗菌活性

図 1　シロイヌナズナ培養細胞を用いた植物免疫活性化剤の多検体スクリーニング手法
薬剤を添加しただけで過敏感細胞死を誘導するもの，薬剤だけでは細胞死は誘導しないが，
植物が発動する免疫応答を増強する働きを持つ免疫プライミング剤を区別できる。

4　抵抗性誘導効果を持つ環状ペプチドの設計・合成・探索

　我々は新たな抵抗性誘導物質を得る目的で，医薬創薬で利用されている探索源であるペプチドに着目した。ペプチドは動物や昆虫のみならず，植物においても様々な生理活性を調節するホルモンとして利用されている[32〜34]。ペプチドはビルディングブロックとなる各種アミノ酸を1つの結合様式で連結することから，多様性ライブラリーの作製や物質探索には好適な素材といえる。しかし，生体内や環境中にはエキソ型ペプチダーゼが存在するため，単なる直鎖型ペプチドでは効果の持続性が保てない。これを回避する策がペプチドの環状化である。また，ペプチドの化学合成は依然として高額であるため，大量の資材を要する農業利用には適さない。そのため，これまでは農薬の探索源として考慮されてこなかった。我々は，この困難を克服する1つの方法として，環状ペプチドの微生物生産に着目した。大腸菌を用いて環状ペプチドを生成する手法は幾つか報告があるが，我々はSICLOPPS法を採用した[35]。これは，インテインと呼ばれるペプチド鎖を利用した方法である。RNA鎖から切り出されるのはイントロンであるが，ペプチド鎖から切り出されるのがインテインである。ペプチド鎖自体に自己触媒活性があり，発現したポリペプチド鎖から抜け出すことで，残りの部分（エクステイン）が機能性の成熟タンパク質となる。このインテインを分断し，任意のペプチド鎖の両端にそれぞれN末とC末とを入れ替えて連結すると，挟み込んだ配列が環状化ペプチドとなって生成する（図2）。これがSICLOPPS法である。任意のペプチドを環化させるには，目的配列を含む遺伝子をデザインして人工遺伝子合成によって作製し，大腸菌に導入して発現させる。SICLOPPS反応の効率を上げるため，任意の配

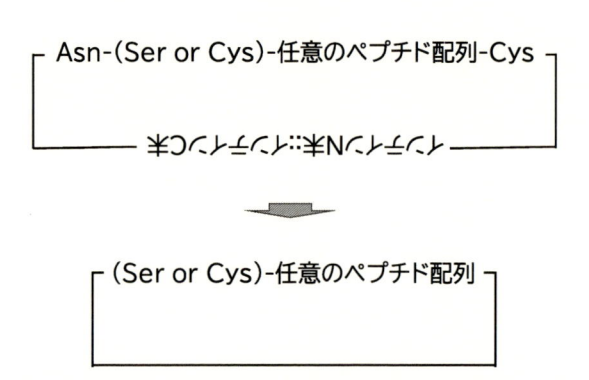

::インテインC末-Asn-(Ser or Cys)-任意のペプチド配列-Cys-インテインN末::

Asn-(Ser or Cys)-任意のペプチド配列-Cys

(Ser or Cys)-任意のペプチド配列

図2　SICLOPPS法の原理
任意のペプチド配列をインテインのC末とN末とで挟んだペプチド鎖として
発現させると，インテインが自己会合活性によって切り出され，任意のペプ
チド配列からなる環状ペプチドが生成する。

名称	配列	名称	配列
CP7_01	S-G-P-N-N-H-Q	CP7_06	S-G-P-R-H-C-Q
CP7_02	S-G-P-N-P-H-Q	CP7_07	S-G-P-R-H-W-Q
CP7_03	S-G-P-N-R-I-Q	CP7_08	S-G-P-R-L-Q-Q
CP7_04	S-G-P-N-R-S-Q	CP7_09	S-G-P-R-N-N-Q
CP7_05	S-G-P-P-R-R-Q	CP7_10	S-G-P-R-P-L-Q

図 3　探索から得られた抵抗性誘導活性を示す環状ペプチド

列の末端はセリンとグリシンが適している[36]。これに加えて，環化促進を期待してプロリンを導入し，N 末端からの配列を SGP とした。また，ライブラリー自体は Fmoc 固相合成法で作製するため，樹脂上で末端同士のアミド結合による主鎖環化反応を行うためのグルタミン酸を C 末端に配置した（樹脂から切り出したときにグルタミンとなる）。ペプチドの分子量を 1000 以下とし，20 種類の天然アミノ酸で構築しうる多様性を考慮し，任意の配列を 3 個所導入し，全体の配列を Cyclo（SGPXXXQ）と設計した。そして，パラレルペプチド合成機による Fmoc 固相合成と樹脂上環化反応により，合計 8,000 分子からなる環状ペプチドライブラリーを有機合成した。そして，そのうち 1,600 分子について，前述の培養細胞を用いた方法で植物免疫プライミング活性を評価した。その結果，10 個の活性物質を単離することができた（図 3）[37～39]。

5　抵抗性誘導効果を持つ環状ペプチドの防除効果

得られた環状ペプチドについて，植物体での病害防除効果の評価を行った。シロイヌナズナの葉に対し，斑葉細菌病菌（植物に認識されず感染できる親和性菌株）と環状ペプチドとを共接種したところ，一部のペプチドでは病原細菌の増殖が抑制される効果が確認された。また，単子葉植物のモデルであるミナトカモジグサ（*Brachypodium distachyon*）の切葉に環状ペプチドを噴霧処理し，いもち病菌と紋枯病菌を接種したところ，病斑を軽減する効果が確認された（図 4）。さらに，ミナトカモジグサとトマトとシロイヌナズナの幼苗を環状ペプチドで処理し，これをリ

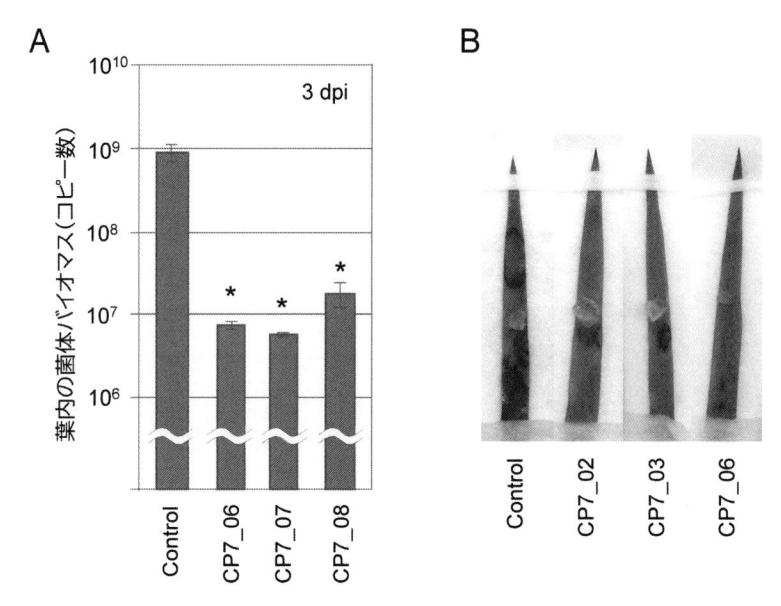

図4　環状ペプチドを処理による抵抗性誘導効果1

A. 各種環状ペプチドを親和性の斑葉細菌病菌と混合してシロイヌナズナの本葉にインフィルトレーション接種し，3日後の菌体バイオマスを定量PCR法で測定した結果。

B. ミナトカモジグサの切葉に環状ペプチド（100 μM）を噴霧処理し，紋枯病菌（Rhizoctonia solani AG-1 IA）の菌糸プラグを接種し，3日後の病斑の様子。

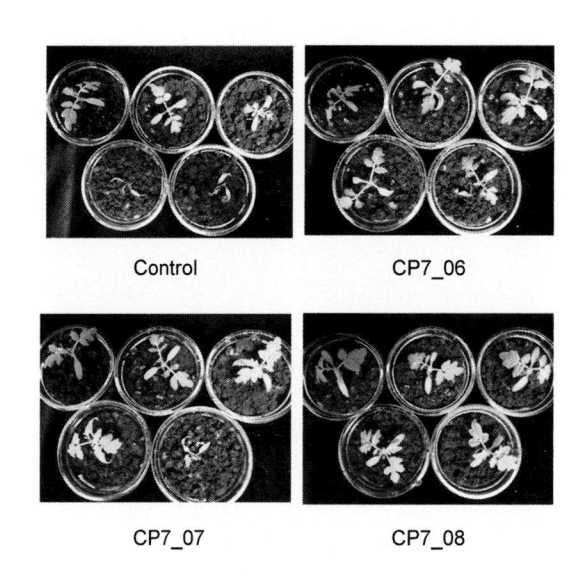

図5　環状ペプチドを処理による抵抗性誘導効果2

トマト（レジナ）幼苗に環状ペプチド（50 μM）を噴霧処理し，トマト株腐病菌（Rhizoctonia solani AG-2-1 N1）を事前に接種した土壌に移植し，7日後の様子。

ゾクトニア菌（それぞれの植物種に対して病原性を示す *Rhizoctonia solani* 菌株）を接種した土壌に移植したところ，生存率の上昇が確認された（図5）。なお，これらのペプチドは *R. solani* に対して抗菌性を示さず，またシロイヌナズナの発芽や生長は阻害しなかった。

6　抵抗性誘導効果を持つ環状ペプチドの作用

　植物は微生物に広く保存された分子（鞭毛に由来するペプチド鎖や細胞壁であるキチン，グルカン，リポ多糖に成分に由来するオリゴ糖などで，微生物関連分子パターンと呼ばれる）を認識することで，免疫応答を活性化する[40]。これは動物の自然免疫と類似した生命現象である。植物は細胞膜上のセンサータンパク質で微生物関連分子パターンを感知し，活性酸素種を産生すると共に，MAP キナーゼの活性化を介して防御遺伝子発現を誘導する。我々が得た環状ペプチドをシロイヌナズナの幼苗に処理したところ，分子パターンに応答した活性酸素種生成が増大した。このことから，環状ペプチドは何らかの作用により植物をプライミング状態にしていることが確認された。

　植物共生細菌の中には，植物に耐病性を付与したり成長を促進したりするものが知られている。*Bacillus subtilis* は，surfactin, iturin, fengycin と呼ばれる環状リポペプチドを産生し，様々な植物病原糸状菌や細菌に対する抗菌活性を示す[41~43]。これらは7個または8個のアミノ酸からなる環状ペプチドにアシル基が伸長した構造をもつ。また，*Paenibacillus polymyxa* は polymyxin と呼ばれる7個のアミノ酸からなる環状ペプチドにアミノ酸とアシル基が伸長した物質を産生する。これらの環状リポペプチドは，非リボソームペプチド合成酵素（NRPS），脂肪酸合成酵素（FAS），ポリケチド合成酵素（PKS）によるチオテンプレート機構で生合成される。Halder らは化合物ライブラリーのスクリーニングから，シロイヌナズナ幼苗に防御応答のマーカー遺伝子である *PR1* を発現誘導する物質を探索し，colistin sulfate（CS）を見出している[44,45]。CS と polymyxinB は 5 μM でシロイヌナズナに抵抗性を誘導した。しかし，その活性化はサリチル酸経路には依存していなかったことから，何らかの未知の経路で防御応答を活性化していると推測されている。また，polymyxinB は，抗リン酸化 p38 抗体（p38 キナーゼは動物の細胞膜に局在し，浸透圧センサーとして酸化ストレス応答を制御する因子）で検出されるシロイヌナズナの 46 kDa のキナーゼを活性化させることを示している。これに対し，我々が得た環状ペプチドは〜100 μM で効果を発揮するが，抗リン酸化 p38 抗体で検出される因子のリン酸化は促進しなかった。類似した分子量の環状ペプチドということで作用機序の類似性を仮定したが，親水性の環状ペプチドと疎水性側鎖からなる両親媒性のバイオサーファクタントと我々の環状ペプチドとは作用が異なる可能性が高い。

　我々は環状ペプチド処理したシロイヌナズナ培養細胞の時系列トランスクリプトーム解析を行っており，処理後6時間で防御応答に関する遺伝子群や細胞壁合成に関する遺伝子群の一過的な発現上昇を確認している。植物は病原体感染に伴って生じた細胞壁成分に由来するオリゴ糖を

感知したり，ダメージに応答してペプチドホルモンを産生し，自ら防御応答のシグナルを増幅する仕組みを持つ（Damage Associated Molecular Patterns（DAMP）と呼ばれる）[46~48]。遺伝子発現プロファイルから，環状ペプチドは植物にストレス応答を惹起している可能性が考えられた。低分子化合物が特定のタンパク質を標的とするのとは異なり，環状ペプチドは植物の細胞壁や細胞膜に親和性を示すような物性によって作用しているのかもしれない。様々な微生物関連分子パターンに対するトランスクリプトームの比較解析から，非生物的なストレス応答も生物的なストレス応答も一定の遺伝子群を共有していることが明らかになっており（general stressresponse（GSR）と呼ばれる），非生物的なストレスが病害抵抗性を付与しうることが示されている[49]。裏を返せば，環状ペプチドは非生物的ストレスに対する抵抗性も付与しており，バイオスティミュラントとしての活性を有している可能性もある[50]。また，この考えは我々が得た環状ペプチドの数が比較的多く，明確な配列特異性を示しているようにはみえないことからも支持される。

7 環状ペプチドの大腸菌での生産

我々はスクリーニングで得られた環状ペプチドの一部について，そのアミノ酸配列に該当する遺伝子を SICLOPPS に搭載したものを設計した。そして，それを人工遺伝子合成によって作製し，大腸菌での環状ペプチド生産を確認した。発現させたポリペプチド鎖をタグによって精製し，その溶液中に自己触媒活性で生成する環状ペプチドを簡易カラムで回収して質量分析を行った。その結果，予想した分子量の分子が生成していることを確認した（図6）。本結果は環状ペプチドの農業利用を想定した構想が機能しうることを示している。実用化の課題としては，大腸菌の最適化を通じた発現量の向上，発現後の培養液からの環状ペプチドの生成工程の確立などが挙げられる。

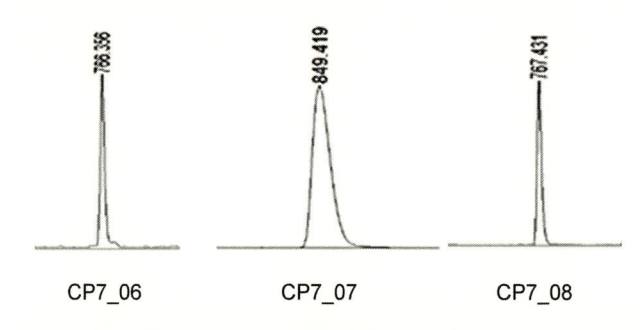

CP7_06　　　　CP7_07　　　　CP7_08

図6　SICLOPPS 法により大腸菌で作製した環状ペプチドの検出
タンパク質発現誘導後の大腸菌の菌体を破砕し，上清をフィルター
分画して 1 kDa 以下の画分を回収後，簡易カラムで精製したものを
質量分析し，想定した分子量をもつ物質が検出された。

8　おわりに

　SDGs やバイオエコノミーの潮流の只中にある現在，欧州を中心として殺菌剤を規制する動きが広がっており，我が国の政策もそれを追随している。殺菌効果がなく，環境中の微生物への影響が少ないという意味において，抵抗性誘導剤はこの目標を達成するための 1 つの手段となりうる。しかし実際の農業現場では，優秀な殺菌剤と競合してしまう。そのため，抵抗性誘導剤の需要は，殺菌剤耐性菌の出現により防除手段を失った作物への適用や，殺菌剤で防除しにくい難防除土壌病害（細菌類，ピシウム，フザリウム，リゾクトニアなどを原因とする立枯病など）への適用にあるといえよう。我々は，リゾクトニアなどの土壌病害に対し，環状ペプチドでの抵抗性誘導効果を発揮させる手法の確立を目指している。特に，育苗段階とその後の圃場への移植直後の段階において，抵抗性誘導によって植物を保護する方法論を想定し，抵抗性誘導効果の持続性などの検証による施用法や剤形の最適化を進めている。これらの一連の成果は，論文化できていないため，本稿では部分的な紹介に留まってしまうことをご容赦願いたい。地球環境変動に伴う温度上昇や降水パターンの変化は，病原体の生息域や作物の免疫応答を変化させる可能性があり，各所で新たな病害の発生リスクが高まっている。もちろんそのような変化への対応には多角的なアプローチが必要だが，抵抗性誘導技術も 1 つの貢献となり得るだろう。

謝辞
　本研究は，JST の先端的低炭素化技術開発（ALCA）「種々の作物に持続的な耐病性を付与する技術の創生」，生研支援センターのイノベーション創出強化研究推進事業（JPJ007097）「難病リゾクトニア病の防除に向けた植物免疫バイオスティミュラントの開発」，文部科学省科学研究費補助金（18H02206, 21H02197, 21K05610）の支援により実施しました。細胞ベースアッセイ系の確立と化合物ライブラリーの探索は理化学研究所の白須賢博士の下で行いました。環状ペプチドの合成，選抜，作用点の解析は，守屋綾子博士，香西雄介博士，山中由理恵氏，木村麻美子氏と共に実施しました。

文　　　　　献

1)　日本植物病理学会編著，植物たちの戦争 病原体との 5 億年サバイバルレース，pp.13-24, 講談社（2019）
2)　大田博樹，植物防疫，**68**（19），628-632（2014）
3)　日本化学会編，生物活性分子のケミカルバイオロジー標的同定と作用機構，pp.14-19, 化学同人（2015）
4)　石井英夫，植物病原菌の薬剤耐性菌について考えよう（1），水稲研究最前線，オリゼメート，水稲剤（水稲防除の，その先へ−）https://www.mc-croplifesolutions.com/suitozai/assets/pdf/oryze/research/research_02.pdf

5) J. D. G. Jones *et al.*, *Nature*, **444** (7117), 323-329 (2006)

6) S. T. Chisholm *et al.*, *Cell*, **124** (4), 803-814 (2006)

7) J. D. G. Jones *et al.*, *Science*, **354** (6316), aaf6395-7 (2016)

8) 對馬誠也, 日植病報, 80 Special Issue, 188-196 (2014)

9) 鳴坂義弘ら, 化学と生物, **48** (10), 706-712 (2010)

10) 能年義輝, 植物防疫, **71** (2), 69-73 (2017)

11) 岩田道顕, Dr. 岩田の『植物防御機構講座』, pp.49-61, オリゼメート普及会 (2009)

12) T. Watanabe *et al.*, *J. Pestic. Sci.*, **2** (3), 291-296 (1977)

13) I. Raskin, *Plant Physiol.*, **99** (3), 799-803 (1992)

14) P. Ding & Y. Ding, *Trends Plant Sci.*, **25** (6), 549-565 (2020)

15) R. Schurter *et al.*, *EU Patent*, 0313-512, *US Patent*, 4-931-581 (1987)

16) L. Friedrich *et al.*, *Plant J.*, **10** (1), 61-70 (1996)

17) Y. Noutoshi *et al.*, *Plant J.*, **43** (6), 873-888 (2005)

18) Z. He *et al.*, *Curr. Biol.*, **32** (12), R634-R639 (2022)

19) Z. Q. Fu *et al.*, *Nature*, **486** (7402), 228-232 (2012)

20) Y. Wu *et al.*, *Cell Reports*, **1** (6), 639-647 (2012)

21) Y. Ding *et al.*, *Cell*, **173** (6), 1454-1467.e15 (2018)

22) 能年義輝, 植物の生長調節, **51** (2), 138-143 (2016)

23) Y. Noutoshi *et al.*, *Plant Cell*, **24** (9), 3795-3804 (2012)

24) E. Pitsili *et al.*, *Cold Spring Harb. Perspect. Biol.*, **12** (6), a036483 (2020)

25) Y. Noutoshi and K. Shirasu, *Plant Chemical Genomics : Methods and Protocols. Methods in Molecular Biology*, **1795**, pp. 39-47 (2018)

26) 能年義輝, 岡山大学農学部学術報告, **103**, 31-36 (2014)

27) Y. Noutoshi *et al.*, *Plant Sig. & Behav.* **7** (12), 1526-1528 (2012)

28) Y. Noutoshi *et al.*, *Sci. Rep.*, **2**, 705 (2012)

29) Y. Noutoshi *et al.*, *Front. Plant Sci.*, **3**, 245 (2012)

30) Y. Noutoshi *et al.*, *PLoS ONE*, **7** (10), e48443 (2012)

31) N. Ishihama *et al.*, *Nat. Commun.*, **12** (1), 7303 (2021)

32) K. Hanada *et al.*, *Proc. Natl. Acad. Sci. USA*, **110**, 2395-2400 (2013)

33) S. J. Andrews & J. A. Rothnagel, *Nat. Rev. Genet.*, **15** (3), 193-204 (2014)

34) Y. Matsubayashi *et al.*, *Annu. Rev. Plant Biol.*, **65**, 385-413 (2014)

35) A. Tavassoli & S. J. Benkovic, *Nat. Protoc.*, **2** (5), 1126-1133 (2007)

36) C. P. Scott *et al.*, *Chem. Biol.*, **8** (8), 801-815 (2001)

37) 能年義輝ら, 特開 2018-076275 (2018)

38) 能年義輝, アグリバイオ, **5**, 412-416 (2021)

39) 能年義輝, 日本農薬学会誌, **47** (2), 51-55 (2022)

40) T. A. DeFalco & C. Zipfel, *Mol. Cell*, **81** (17), 3449-3467 (2021)

41) 正田誠, 植物防疫, **49** (5), 178-183 (1995)

42) M. Ongena & P. Jacques, *Trends Microbiol.*, **16** (3), P115-P125 (2008)

43) 横田健治, 土と微生物, **66** (1), 27-31 (2012)

44）　V. Halder & E. Kombrink, *Front. Plant Sci.*, **6**, 13（2015）

45）　V. Halder *et al.*, *Sci. Rep.*, **9**, 11196（2019）

46）　西條雄介，山田晃嗣，日植病報，**81**, 322-331（2015）

47）　S. Hou *et al.*, *Front. Plant Sci.*, **10**, 646（2019）

48）　K. Ishida & Y. Noutoshi, *Plant Physiol. Biochem.*, **192**, 273-284（2022）

49）　M. Bjornson *et al.*, *Nat. Plants*, *7*, 579-586（2021）

50）　日本バイオスティミュラント協議会，バイオスティミュラントの定義と意義，
https://www.japanbsa.com/biostimulant/definition_and_significance.html

第22章　有機物によるバイオスティミュラント効果

久保　幹[*]

　昭和初期までの日本の農業は，堆肥，大豆カス，魚肥，米ぬかなどの有機物が有機肥料として使われていた。その後，化学合成された化学肥料が大量に作られるようになり，第二次世界大戦後を境に有機肥料に代わり化学肥料が主流となり現在に至っている。

　有機農法では，牛糞，鶏糞などの動物排泄物や，落葉，籾殻などの植物由来余剰バイオマスを発酵させて作られる堆肥，大豆カスや米ぬかなどの発酵の過程を経ていない有機資材が有機肥料として使われる。これら有機肥料は，土壌中に生息する微生物により分解を受けたのち肥料効果が表れる。このように有機肥料は肥料効果が出るまで，施肥後1か月から3か月程度の時間を要するが，化学肥料にはない効果が認められる。

　本稿では，有機物の有効利用の観点から，大豆タンパク質由来ペプチド，魚類タンパク質由来ペプチド，および有機肥料のバイオスティミュラント効果について紹介する。

1　大豆カス（大豆タンパク質）分解産物の根毛増殖効果

　大豆カスなどの有機物を土壌に投与した場合，肥効が現れるまで時間を要する。大豆カスを効率よく利用するため，大豆カスに含まれる有機物（主としてタンパク質）を速やかに分解する微生物の探索を行った。その結果，*Bacillus circulans* HA12 を分離・同定した。

　水に10%の大豆カスを入れ殺菌後，HA12株を植菌すると，大豆タンパク質を基質としてタンパク質分解酵素を旺盛に分泌した。HA12株は，大豆カスに含まれるタンパク質を48時間で分解する能力を有していた。このようにしてできた大豆カス由来の液体分解産物を DSP（DSP = Degraded Soybean Products）と命名した。

　コマツナやホウレンソウに DSP を与えて生育させ，化学肥料を用いた化学農法で栽培したときとの違いを詳しく調べたところ，側根から出る根毛が顕著に増加していることが明らかになった（図1）。この根毛増殖は，通常の根毛と比べると，表面積で約14倍に達しており，栄養分の吸収力向上に寄与したと考えられた。また，トマトの茎を DSP 溶液に浸しておくと，不定根を形成するという効果もあった（図2）。DSP の根毛増殖効果は，30 μg/ml の低濃度でも見られたことから，DSP 中に含まれる成分は，根毛や根の形成を促進する何らかの生理活性物質を含んでいることが示唆された[1]。

　＊　Motoki KUBO　立命館大学　生命科学部　生物工学科　教授

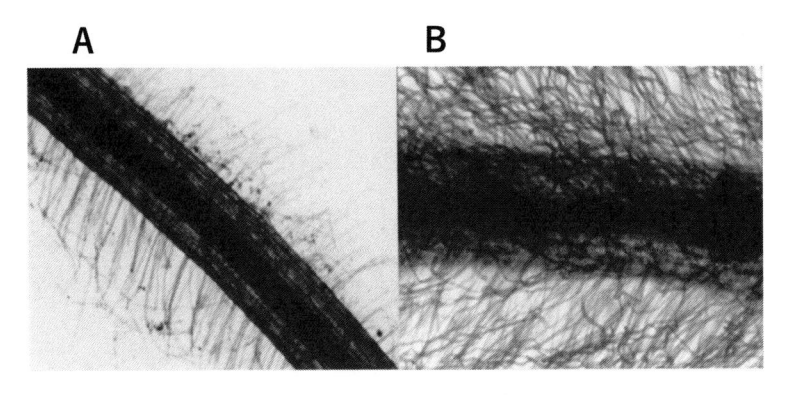

図1　DSP による根毛の増殖
A：化学肥料，B：DSP

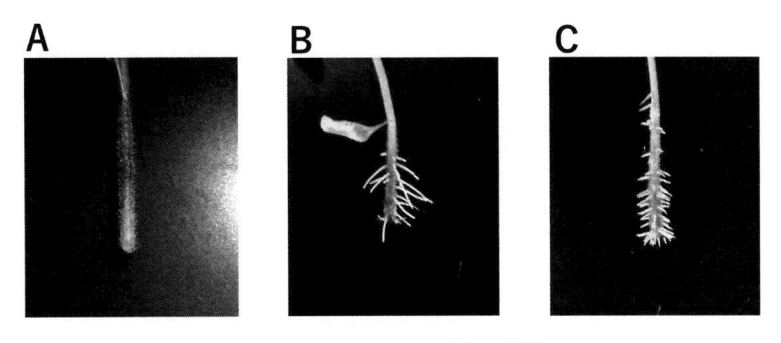

図2　DSP による不定根の形成
A：化学肥料，B：DSP（30 µg/ml），C：DSP（300 µg/ml）

　植物は根から栄養分や水分を吸収して成長するが，より多くの栄養分や水分を吸収するために
は，根の表面積を増やす必要がある。植物は根から多数の根毛を伸ばして表面積を拡げることや
根の形成を促進したことで，栄養分や水分を吸収しやすくなる。DSP を植物に与えたことで根
毛や根が増殖し，植物が栄養分を効率よく吸収することで植物成長が促進されたものと考えられ
た。

2　根毛増殖ペプチドの同定

　大豆カスはさまざまな種類のタンパク質を含んでおり，HA12 株のタンパク質分解酵素の働き
により，多種類のペプチドに変換される。DSP に含まれるペプチドを解析したところ，根毛を
増殖させるペプチドの一つは，12 個のアミノ酸が連なった分子量が 1,198 ダルトンのペプチドで
あることが明らかになった（図3）。

1 DFVLDNEGNPLENGGTYYILSDITAF GGIRAAPTGNER CP

M.W. 1198

41 LTVVQSRNELDKGIGTIISPSYRIRFIAEGHPLSLKFDSF

81 AVIMLCVGIPTEWSVVEDLPEGPAVKIGENKDAMDGWFRL

121 ERVSDDEFNNYKLVFCPQQREDDKCGDIGISIDDDGHTRR

161 LVVSKNKPLVVQFQKLDKESL

図3　大豆タンパク質の DSP 部分の配列

　このペプチドを化学合成してコマツナに与えたところ，DSP と同様に根毛の増殖が認められた。また，このペプチドの一部のアミノ酸を取り除くと，根毛が増えなくなることも確かめられ，12 残基のアミノ酸から成る分子量 1,198 ダルトンのペプチドが根毛を増殖させるペプチドの一つであると判断した[2]。DSP 中には，このペプチド以外のものも多数含まれていることから，他のペプチドや複数のペプチドが複合的に根毛増殖を引き起こす可能性も考えられた。

3　ブルーギルの微生物分解およびそのバイオスティミュラント効果

　ブルーギルは日本の湖沼に広く生息する外来魚であり，琵琶湖では駆除対象となっている。ブルーギル由来タンパク質を効率よく分解する微生物（*Brevibacillus* sp. BGM1）を分離・同定し，同様に根毛増殖と不定根形成をみた。その結果，大豆タンパク質由来ペプチドと比べるとやや高い効果を示した。

　魚種の違いで含まれるタンパク質の組成が異なるため，同じ BGM1 株でペプチド化した場合でも根毛増殖効果が異なる可能性がある。魚種を変え，BGM1 株でペプチド化した産物の根毛増殖効果を調べた（表1）。

　魚種の違いは構成するタンパク質が異なるため，同一酵素で分解すると異なるペプチドが生成するため，根毛増殖効果に差が出たものと思われた。根毛増殖効果が高かった魚種は，スズキ目のもので，共通するタンパク質が存在しているものと考えられた[3]。

表1　魚種の違いにより生成されたペプチドの相対根毛活性

魚種	アミノ酸・ペプチド濃度 (mg/ml)[a]	相対根毛活性 (%)[a b]
ブルーギル	10.7 ± 0.4	228 ± 41
ブラックバス	11.8 ± 0.3	199 ± 23
アジ	5.0 ± 0.1	169 ± 19
タイ	7.3 ± 0.4	164 ± 11
アユ	1.8 ± 0.1	115 ± 18
イワシ	0.9 ± 0.1	99 ± 5
サンマ	3.2 ± 0.2	108 ± 7
ワカサギ	3.7 ± 0.2	143 ± 11
カレイ	3.9 ± 0.4	142 ± 7

[a] Student's, t 検定を行い，p < 0.05 であった。
[b] 相対根毛活性は，化学肥料を 100% とした。

4　有機土壌による根こぶ病発症抑制

根こぶ病は，アブラナ科に感染する植物病であり，感染すると根にこぶを形成する。根こぶにより水分吸収が低下することから，地上部が萎れて枯死していく植物病である。また，化学的土壌環境と比べ有機的土壌環境は，根こぶ病の感染が少なくなることが経験的に知られている。

有機物を施用した有機土壌は，さまざまな有機物を含有している。これら有機物は，微生物分解を受け，低分子に変化していき無機化され肥効が現れる。その過程で，多くの中間代謝産物が出現し，また微生物数や微生物叢が確実に増えていく。

有機土壌と化学土壌での根こぶ病疾患指数（Disease Index, DI）を調べたところ，有機土壌での栽培において，根こぶ病感染疾患指数（DI）が顕著に低くなっていた。

通常根こぶ病胞子が土壌中に 5,000 胞子 /g-土壌以上あれば，薬剤による防除が必要であるとされている。本実験においては，10,000 胞子 /g-土壌以上に設定したところ，いずれの土壌環境においても感染が確認された。しかしながら根こぶ病疾患指数（DI）は，有機土壌環境の方が顕著に低かった（図4）[4]。

有機土壌と化学土壌の細菌数を調べたところ，有機土壌は 6.5 億個／g-土壌なのに対し，化学土壌は 0.6 億個／g-土壌未満であった。また，根内細菌を解析したところ，有機土壌で栽培した方が，優位に細菌数や細菌叢が多かった。このように，土壌中の細菌数や細菌叢が増えることで根こぶ病感染が抑制されることが示唆された。また細菌数や細菌叢が多い土壌環境で栽培した植物根の細菌数や細菌叢も増加することにより，2次的に感染が抑えられたものと考えられた[5]。

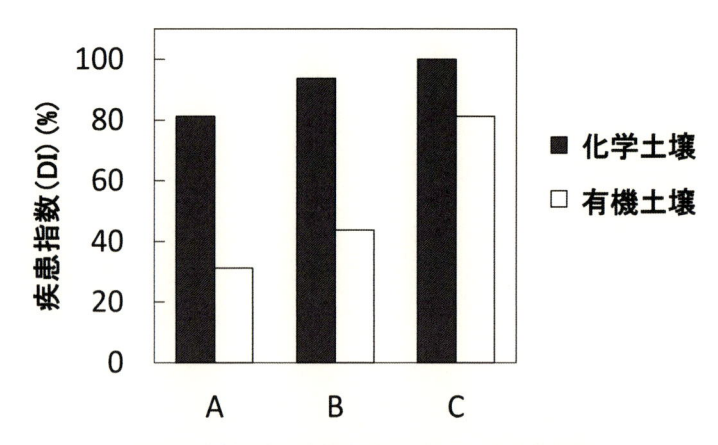

図4　化学土壌と有機土壌での根こぶ病疾患指数
A：10,000 胞子 /g,　B：100,000 胞子 /g,　C：1,000,000 胞子 /g

5　物質循環型社会に向けて

大豆カスは，古くは有機肥料として広く使われていた。大豆カスに含まれる大豆タンパク質は，土壌微生物により分解されていき，ペプチド，アミノ酸を経て，アンモニア，亜硝酸，そして硝酸と変換され，植物に吸収される。その分解過程で生じる中間代謝産物は，これまで注目されてこなかったが，一部のペプチドは植物に吸収され，根毛や不定根の形成を促進するバイオスティミュラント効果を有していた。これらは，化学肥料にはない作用であり，自然の循環の賜であろう。同様の効果が魚類由来のペプチドにも認められたことから，古くから有機肥料として使われてきた植物由来油カスや魚粉は，知らず知らずのあいだにバイオスティミュラント効果を得ていたのであろう。またこれらの産物は，本稿で示した以外のバイオスティミュラント効果を有しているかもしれない。

化学肥料の連用や同一植物の連作を行うと，連作障害といわれる植物病害にかかりやすくなる。それに対し，有機農業や輪作体系での農業は，経験的に植物病害が低減することが知られている。有機肥料を施肥することにより，化学肥料施肥と比べると土壌中の微生物数や微生物叢が顕著に増大する。

連作体系では，同一植物を連続して栽培するため，根から分泌される物質が限定されてくる。そのため，連作後の土壌中の微生物叢には偏りが生じる。それを回避するために考えられたのが輪作体系であり，違う植物種を栽培することにより，根からの分泌物が変わり，土壌中の微生物叢の偏りが解消されるのである。このように土壌中の微生物数や微生物叢の増大により，植物病原菌に対する拮抗菌により植物病原菌への感染が抑制される。本稿で示したように，有機土壌では化学土壌と比べると明らかに根こぶ病の感染が抑えられていた。有機物の施肥による微生物数や微生物叢の増大による効果は，バイオスティミュラント的なものであろう。

第 22 章　有機物によるバイオスティミュラント効果

　微生物による地球上の物質循環の過程で生じる様々な物質は，最終産物に着目されてきたが，中間代謝産物にも本来何らか意味のある物質が生成されていたように思う。物質循環により生じる中間代謝産物やそれらにより活性化される微生物群には，これまでに知られていないバイオスティミュラント的効果を有する可能性を秘めていると思われる。

文　　　献

1) Y. Matsumiya & M. Kubo, Soybean and Nutrition (H. El-Shemy, Ed.), 215-230, InTech (2011)
2) M. Kubo *et al.*, *Peptide Science*, **18**, 177-182 (2012)
3) M. Kubo *et al.*, *Biosci. Biotech. Biochem.*, **70**, 340-347 (2006)
4) 久保幹ほか，バイオスティミュラントハンドブック，455-460，エヌ・ティー・エス (2022)
5) M. Kubo *et al.*, *Resour. Environ. Sustain.*, (2024) in press

第23章　植物のコミュニケーション力を活かした揮発性バイオスティミュラントの開発と実用化

山内靖雄[*]

　作物の高温耐性を高めるバイオスティミュラント「すずみどり」は，ストレスを受けた植物が放出するみどりの香りを応用した，これまでにないタイプの農業資材である。ここではみどりの香りの学術的背景と，植物がみどりの香りを互いのコミュニケーションの手段として用いていること，さらにこれを応用したバイオスティミュラントとしての作用機作と実施例について紹介する。

1　はじめに

　「風薫る」という言葉がある。もともとは花の香りを運んでくる春の風を指していたそうであるが，日本人の感性には青葉溢れる新緑を吹きわたる爽やかな初夏の風の意味の方が合っていたためか次第に使われ方が変化し，現代では初夏の空気感を表す季語として定着している。その理由には，薫風に含まれる若々しいみどりの香りの持つ，私達に初夏を思わせる訴求力にあると思われるが，ではそのみどりの香りとはどのようなものなのであろうか？

　みどりの香りを専門用語で，「緑葉揮発性化合物」と呼ぶ。葉から放出される揮発性の化合物，という意味である。みどりの香りの研究は古く，今から100年以上前にドイツの研究者らによりみどりの香り物質の化学構造が決定されたことに始まった[1]。現在では，みどりの香りが作られる仕組みもほとんどが解明され，植物はみどりの香りを自ら積極的に作り出しているということが明らかにされている（図1）。みどりの香りは植物を特徴づける香り物質であるが，その理由はその原材料が葉緑体を形成する生体膜中の脂肪酸であるからである。植物が傷つくと葉緑体の破損と外気中の酸素への接触がきっかけとなって，脂肪酸が急激に酸化される。この反応は酵素が介在することにより急速に進み，傷ついた直後から3-ヘキセナールの放出が始まる。その後連続した酵素反応により，異性化，還元化，アセチル化されたみどりの香り成分が生成する。植物によって青臭さが違うのは，この反応に関わる酵素の有無や活性の強弱によって作り出される香り成分の割合の違いが影響している。現在はみどりの香り生成の仕組みの解明に引き続いて，なぜ植物はみどりの香りを放出するのか，その生物学的な意味を見いだす段階にきている。

＊　Yasuo YAMAUCHI　神戸大学　大学院農学研究科　准教授

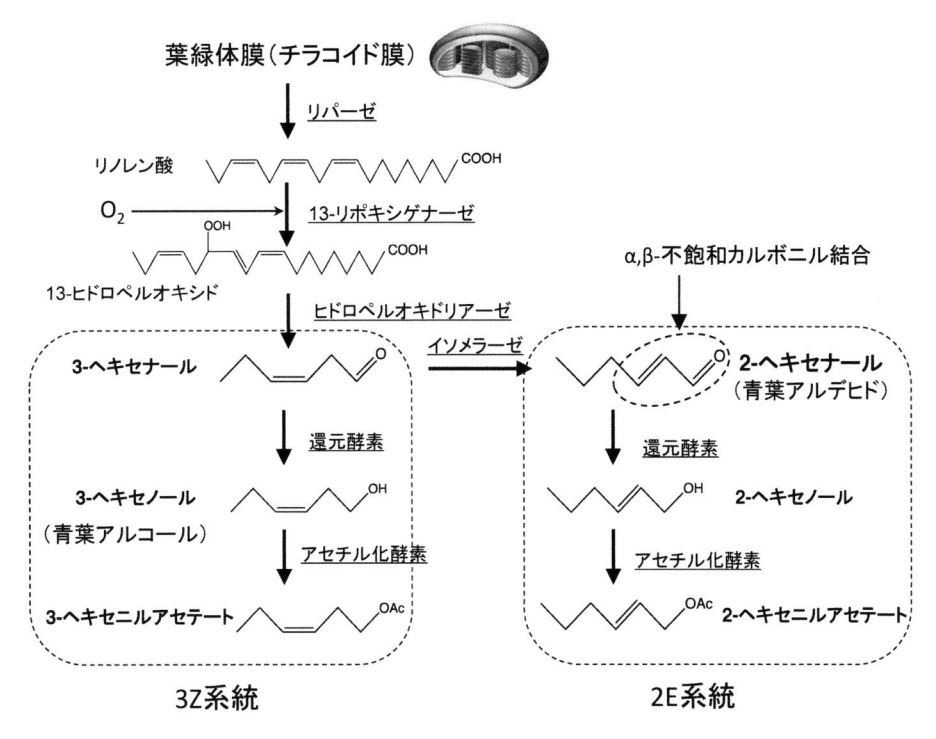

図 1　みどりの香りの生合成系路

みどりの香りは葉緑体チラコイド膜中に存在するリノレン酸が基質となり生合成される。みどりの香り物質は二重結合の位置により，3Z 系統と 2E 系統に分類される。2-ヘキセナールは構造内に，高温・酸化ストレス応答を示すために必須の α, β-不飽和カルボニル結合（点線で囲われた部分）を持つ唯一のみどりの香りである。

2　すずみどりに使われている 2-ヘキセナールとは

　2-ヘキセナールは別名「青葉アルデヒド」と呼ばれ，先ほど紹介したドイツの研究者らによりみどりの香りとして最初に同定された由緒ある化合物である。2-ヘキセナールはみどりの香りの一成分であるが，化学構造に他の成分にはない特徴があり，それは分子内に α, β-不飽和カルボニル結合を持つことである（図 1）。この構造を持つ化合物は化学的反応性が高くなることから生理活性を有するものが多い。そこで 2-ヘキセナールにはどのような生理的役割があるのか，それを明らかにするため，密封した容器内に植物を置き，2-ヘキセナールを揮発させて，植物に匂いを嗅がせるような処理をおこない，30 分後，どのような遺伝子が活性化されているのかを網羅的な遺伝子解析法により調査した（図 2）[2,3]。その結果，2-ヘキセナールは強い遺伝子活性化作用があること，また活性化された遺伝子の多くは，高温ストレス応答遺伝子，酸化ストレス応答遺伝子であった。このことは 2-ヘキセナールが植物に対し「暑くなった」「光が強くなった」と解釈できる応答反応をもたらしていることを示している。皆さんは夏の畑から漂ってくるムッ

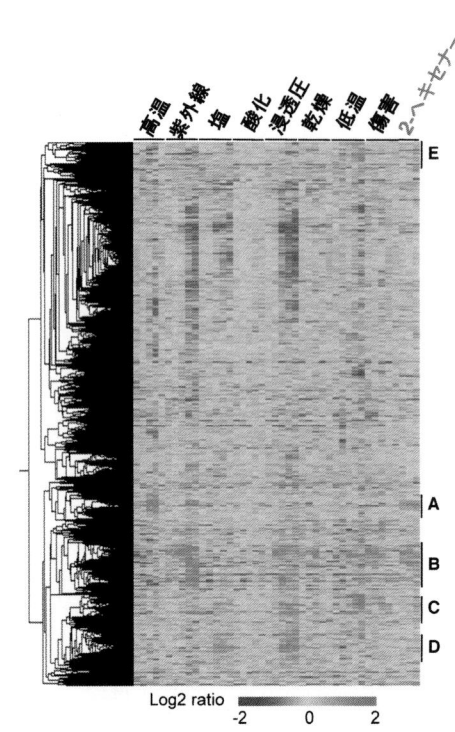

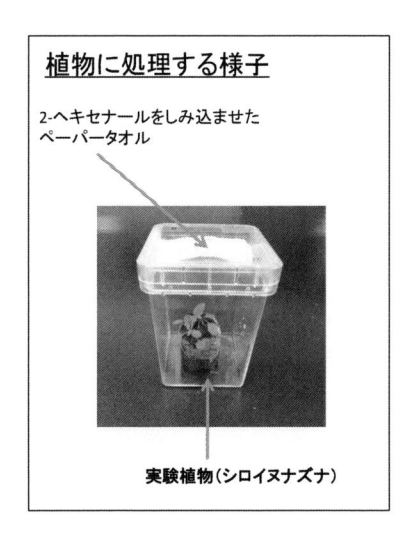

植物に処理する様子

2-ヘキセナールをしみ込ませた
ペーパータオル

実験植物(シロイヌナズナ)

A: 高温, 2-ヘキセナール
B: 紫外線, 酸化, 浸透圧, 乾燥, 低温, 傷害, 2-ヘキセナール
C: 塩, 浸透圧, 乾燥, 低温, 傷害
D: 塩, 浸透圧
E: 低温

Log2 ratio
-2　　0　　2

図2　すずみどりの有効成分(2-ヘキセナール)が活性化するストレス応答遺伝子の解析
密閉した容器内に置いた実験植物(シロイヌナズナ)に2-ヘキセナールを曝露してから
30分後にどのような遺伝子が活性化されたかを網羅的に解析した。様々な環境ストレスに
より誘導される遺伝子と比較したところ，2-ヘキセナールによって活性化される遺伝子は，
高温，紫外線，乾燥などによって活性化される遺伝子と共通していた。

とした草いきれの中に青臭い匂いを感じた経験をお持ちではないだろうか。それは植物が自ら暑
くなったことを揮発性成分に情報を託して放出し，自身の他の部分の葉や他の植物に伝えている
と考えることができるのである。

3　みどりの香りを植物の言葉として捉える

　少し話は変わるが，皆さんは「言葉」というとどんなものを思い浮かべるであろうか。すぐに
思い付くのは私達が使う言葉，すなわち音声や文字であり，相手に伝達可能な手段を使い，相手
に認識され，なおかつ相手に理解してもらってはじめて成立するコミュニケーションといえる。
このように考えると，「ある特定のタイミングで香りを放出する」「受け取るための手段がある」
「受け取った側は特定の反応をする」，ことが成立すれば，人間とは手段は異なれども，植物にも
言葉と同様のコミュニケーションが存在すると言うことができそうである。

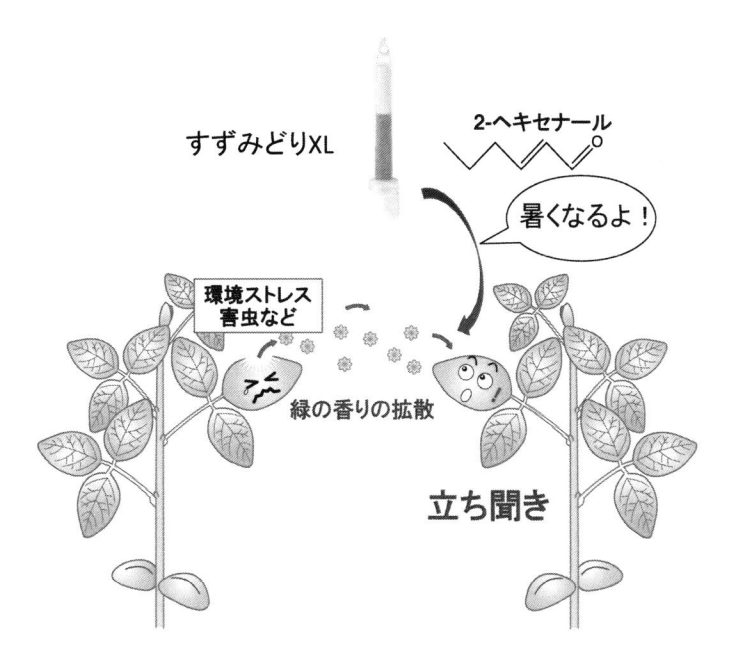

図3　傷ついた植物が放出する香り物質を感知して，自身の防御応答を高める「立ち聞き現象」の概念図
　　　すずみどりはこの現象を人為的に模倣した技術である。

　本題に戻って，みどりの香りをこの考え方に当てはめると，「植物がストレスを受けたときに放出する」，「植物はそれを受け取ることができる」，「受け取るとストレス抵抗性遺伝子を発現する」という流れが浮かび上がり，みどりの香りを植物のコミュニケーションツール，すなわち植物の言葉，として捉えることができるのではないかと考えられる。実際，隣の傷ついた植物が放出する香り物質を感知して自身の防御応答を高める「立ち聞き」と呼ばれる現象が存在することが知られている（図3)[4]。すずみどりはこの現象を人為的に模倣した技術とみなすことができる。

4　2-ヘキセナールをバイオスティミュラントへ

　近年，異常気象がもはや異常ではなくなってきていることを，自然環境に対し真正面に向き合われている農家の方々は身をもって体験されていると思うが，それは植物にとっても同様である。近年の気象条件は植物が本来持っている環境応答能力を越えた影響を与えることが多く，その結果として毎年のように農業被害が報道されている。そこで作物の悪環境に対する抵抗力を増大する技術の開発が喫緊の課題となっており，その有力な解決策の一つがバイオスティミュラントである。バイオスティミュラントとは，環境（非生物）ストレスを緩和する効果を示す農業資材で，化学肥料，農薬に次ぐ第三の資材として注目されている（図4)[5]。作物の生産性は通常，潜在能力の100％が発揮されているということはなく，病虫害などの生物ストレスや自然環境要

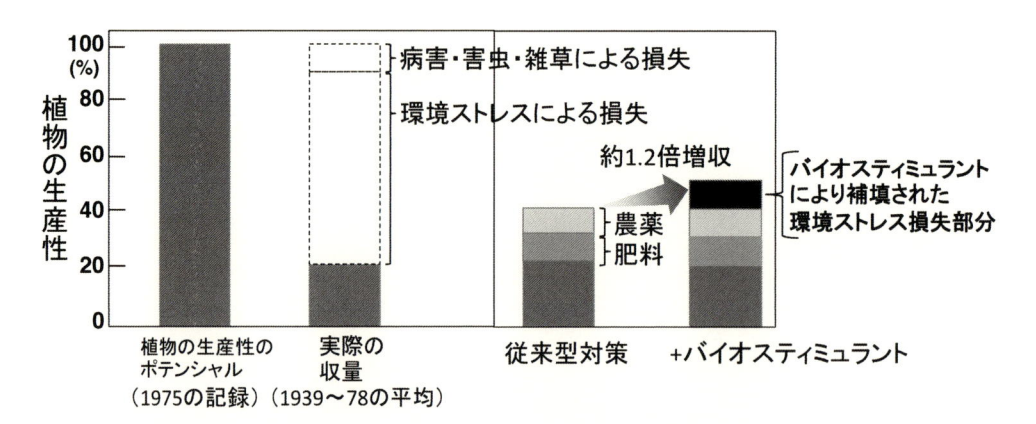

図4　バイオスティミュラントの概念図
野外で生育する作物はそのポテンシャルの大部分がストレスにより阻害されている。
従来型資材である肥料や農薬の効果に対し，バイオスティミュラントは環境ストレス
による阻害を緩和することにより増産を目指す資材である。この例ではバイオスティ
ミュラントにより環境ストレスの10%を緩和することで，1.2倍の増収が可能になる
試算を示している。

因による非生物ストレスにより複合的に生育が阻害されており，その定量的な見積もりとして潜
在能力の20%ほどしか発揮できていない[6]。そしてその阻害要因の大部分は非生物ストレスが占
めているため，以前からバイオスティミュラントの必要性が農業界から訴えられてきた。また従
来型農業では，化学肥料による生育促進，農薬による病虫害対策により，農産物の安定供給がは
かられてきたが，今後も持続的な農業生産性を維持するためには，地球レベルでの気候変動によ
り不安定化しつつある現代の自然環境要因に対応した，環境適応型農業を実現する必要があるた
め，近年特に注目されている。「すずみどり」もバイオスティミュラントの一つであり，植物の
持つ高温耐性機構を活性化して環境ストレス耐性を高める。しかし，多くのバイオスティミュラ
ントが，土壌改良剤や栄養補助剤のような役割を持っているのに対し，植物にメッセージを伝え
る作用を持つ「すずみどり」のメカニズムは独特なものである。

5　すずみどりの作用原理

「すずみどり」は，ハウスのような密閉系の栽培現場で吊るすだけで効果が望める，という仕
様になっている。すずみどりの機能成分である2-ヘキセナールの作用原理を理解されていると，
すずみどりの使い方が従来の肥料や農薬とは大きく異なっていることがお分かりだと思う。感覚
的には，すずみどりの場合，「植物に資材を処理する」，というよりも「植物にメッセージを伝え
る」という方が適当だと，私は考えている。
　すずみどりは，2-ヘキセナールを含んだ揮発性錠材がパッケージ化したものが第一世代として

世に出された。使用時に際しては，包装材の両側を切り取り，2-ヘキセナールがパッケージ内部から放散されるようにする。2-ヘキセナールは空気より重いため，植物の成長点より少し上の位置に吊り下げる。そして作物に対して，「これから暑くなるよ」というメッセージを伝えるように，ハウス内に 2-ヘキセナールを漂わせる。我々がみどりの匂いを感じる濃度と同程度か，少し低濃度で作物にメッセージを届けることができるようである。この第一世代のすずみどりは薬効を発揮する期間が1ヶ月のため，頻繁な取り替えが必要であったが，現在は有効期間が3ヶ月に延長された第二世代のスティック型（すずみどり XL）が開発されており，より農家の方の使用に便宜が図られたものになっている。すずみどり XL では，2-ヘキセナールの性状が揮発性錠剤から液状に変更されており，持続的にスティック容器から揮発拡散できる仕組みが採用されている。

6　実施例

　すずみどりは発売後，いろいろな栽培現場で使用されてきており，現在ではナス科やウリ科の作物をはじめとして，多くの作物で効果が認められている。図5A には，ミニトマト栽培にすずみどりを活用した例を示している。トマトは元来高温障害を受けやすい作物であり，30 度を越えると，特に高温に弱い花芽が影響を受け，「花落ち」と呼ばれる現象が顕在化する。この年の

(A)

対照区

花落ち率: 43.0%

すずみどり区

花落ち率: 15.9%

(B)

対照区

すずみどり区

図5　すずみどりの実施例
ミニトマトへの処理では典型的な高温障害である「花落ち」の発生を減少させた（A）。
またズッキーニの例では，葉の萎れが軽減されたことにより病害葉の発生が低下し，
健全な植物体の割合が増加した（B）。

気象条件ではミニトマト栽培でほぼ半分の花芽が高温障害により落花し，結果率が激減してしまった（対照区）。しかしあらかじめすずみどりを処理していたハウス区では障害が緩和され，結果率が80％を超えた（すずみどり処理区）。図5Bに示すウリ科のズッキーニの例では，高温環境下で葉が萎れると地面に触れ，その部分から雑菌の感染が広がり生育に大きな影響が出るため，障害を受けた葉が取り除かれており，それは対照区で顕著である。それに対しすずみどり処理区では，葉の萎れが抑えられるため，雑菌感染が起こりにくくなり，結果として健全に生育している植物体がほとんどを占めていることが分かる。

　また近年，35度を超える猛暑日が頻発し，作物の高温障害を伝える報道も多くなっている。例年より厳しい高温が記録された2023年の山形県農業総合研究センターで大玉トマトを対象に行なわれたすずみどりXLの試験では，すずみどりXL処理区において，葉焼けの割合，気孔開度指数とも良好な値を示し，またトマトの収量，品質ともに向上していたことから，トマトの高温障害を緩和していることが明らかにされた（図6）。この結果は環境ストレスの影響を抑える

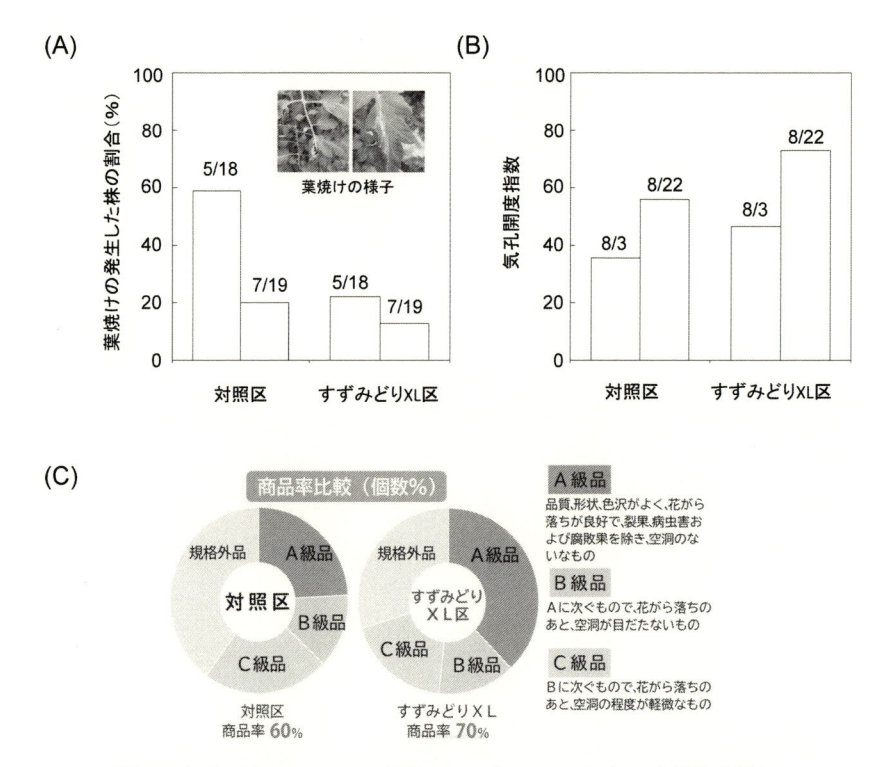

図6　すずみどりXLによる大玉トマト「りんか409」の高温障害緩和
（実施：山形県農業総合研究センター）
ハウス内気温35℃に遭遇した1〜2日後の葉焼け株の割合（A）。割合が小さいほど
葉のダメージが少ないと判断される。浸潤法により算出した気孔開度指数（B）。
数字が大きいほど機構が開いていると判断される。収穫されたトマトの品質およ
び収量（C）。

ことにより収量・品質を向上させるバイオスティミュラントの効果を示す好例である。

　今ではその他にも，本来の機能である夏期の高温障害抑制のみならず，すずみどりの持つ蒸散促進作用による冬季の光合成促進効果や，みどりの香りの生理作用の一つである害虫忌避効果なども報告されており，2-ヘキセナールが自然界で本来発揮していると考えられる多様な生理機能を窺わせる用例が増えている。

7　おわりに

　植物は非常に合理的な生き物であり，他の生き物や外界の環境と相互作用しつつ生きていくためのコミュニケーション手段も持っているはずである。すずみどりは人間から植物へのメッセージ性伝達を介したストレス耐性向上を目指した，植物をより生き物らしく捉えて生み出された新しい農業資材である。今後も，植物の持つコミュニケーション能力を応用した，すずみどりに続く資材の開発に取り組んでいきたいと考えている。

文　　　献

1)　T. Curtius *et al.*, *Ann. Chem.*, **390**, 89-121 (1912)
2)　Y. Yamauchi *et al.*, *Sci. Rep.*, **5**, 8030 (2015)
3)　Y. Yamauchi *et al.*, *J. Pestic. Sci.*, **43**, 207-213 (2018)
4)　A. Scala *et al.*, *Int. J. Mol. Sci.*, **14**, 17781-17811 (2013)
5)　Y. Yamauchi, Chemical control of abiotic stress tolerance using bioactive compounds, in "Plant, Abiotic Stress and Responses to Climate Change" edited by Violeta Andjelkovic, InTech (2018)
6)　T. S. Boyer, *Science*, **218**, 443-448 (1982)

第24章 微生物揮発性物質を介した
植物の成長促進に関する研究

伊藤紀美子*

1 はじめに

　植物根に共生する微生物の代謝産物は植物の根の内部に，土壌微生物の代謝産物は植物の根圏に滲出することで植物の生育に良い影響を与えることが古くから知られている[1]。植物に有益な共生微生物や土壌微生物だけでなく，非根圏に生育する微生物や感染性の病原微生物であっても，それらが放散する揮発性化合物が，非根圏においてさえ，植物の生育に良い影響を与えることが，近年知られるようになってきた。

　本章では，微生物由来の揮発性化合物が植物の成長を促進する例について幾つかの例を紹介するとともに，その応用例としての食用きのこの菌床を用いた揮発性化合物施用の例について解説する。

2 微生物由来の揮発性化合物は植物の成長を促進する

　これまで多数の微生物種から，テルペノイド，アルカン，アルケン，ケトン，アルコールなど様々な揮発性有機化合物が同定されている。1,000種以上の微生物種由来の分子量45-300 Da，低沸点の揮発性有機化合物2,000種以上が，microbial Volatile Organic Compounds（mVOCs）として，mVOC 3.0にデータベース化されており（https://bioinformatics.charite.de/mvoc/index.php?site=home），構造，MSスペクトルおよび関連文献と紐付けされている[2]。これらの揮発性化合物は土壌中および大気中に放散され，様々な生物に影響を与える。多くの微生物種由来の揮発性化合物が，様々な植物種の生育を促進する例が多数報告されている。一例として，微生物を用いた農業資材であるトリコデルマ（*Tricoderma*）属の様々な種が，古くから植物の防除や生育促進のために土壌に施用されているが[3]，これらの生理活性にトリコデルマ由来の揮発性化合物が貢献していることが近年明らかになってきている[4]。

　一方で，同定された揮発性有機化合物のみでは植物に対する生育促進効果等を完全には再現できない例があり，45 Da以下の揮発性無機化合物（H_2S，HCN，NO，NO_2，CO，CO_2等）および有機化合物（エチレン，エタン等）の効果も想定された。そこで，活性炭による揮発性有機化合物吸着後の気体分子が吸着前とどのように効果が異なるかを検証する研究が行われた[5]。微生物が放出する揮発性成分は活性炭吸着後も植物に対して花芽形成の促進や根の生重量の増大など

＊　Kimiko ITOH　新潟大学　自然科学系（農学部）　教授

の生理活性を持つものがあり，光合成システムの転写活性化と翻訳後制御が関与することが明らかになった。作用する化合物のいくつかは無機化合物であると推定される。

揮発性無機化合物が植物の生育に対して生理活性を持つ例については，Gámez-Arcas ら（2022）[6]の総説によくまとめられており，例えば，一酸化窒素（NO）の施用は植物の成長と光合成の促進および窒素と硫黄の利用効率の向上に働き，二酸化窒素（NO_2）の施用は生育促進，開花促進および果実の収量増加，一酸化炭素（CO）の施用は側根形成・根毛の発達の促進や，塩分・栄養欠乏ストレスに対する耐性を強化する。

3　微生物由来の揮発性化合物の資材化

微生物由来の揮発性化合物の資材化の試みとして，揮発性成分が有効であることが明らかになっている真菌（*Alternaria alternata*）の培養物からの滲出物の施用によって，作物の生育が促進され，乾燥ストレスに抵抗性を付与することが明らかになっている[7]。筆者の研究室においても，*A. alternata* 由来の揮発性化合物を施用することで，シロイヌナズナの生育促進（図1A, B）およびイネのバイオマス増大と高温・高 CO_2 ストレスへの耐性付与と玄米の外観形質の向上が観察された（図1C）。

しかしながら，このような揮発性化合物を，安定的に作用するバイオスティミュラント資材として製造し，農業生産現場に普及させる仕組みを確立するためには多くの解決すべき技術的問題がある。さらに，滲出物や抽出物として精製し施用する場合にも，農業生産現場で受容されるまでに多くの事例と経験を重ねる必要がある。

4　きのこ菌床由来の揮発性化合物は植物の成長を促進する

食用きのこの菌床の揮発性成分源としての利用は，きのこの食経験から受け入れられやすいことが予想され，また，廃菌床由来の堆肥は多くの農業生産現場において使用経験があることから受容されやすいと予想される。また，菌床栽培はまさに真菌が常時大量に培養される仕組みであり，安定的な生産方法がすでに確立しており，その入手も容易である。さらに，菌床を用いた食用きのこの生産現場では，秋から蓄積する廃菌床の量は膨大であり，その処分も困難であることから，生産拡大の阻害要因となっている。もし，廃菌床がバイオスティミュラント化できる場合は，廃菌床の多用途化が可能になり，食用きのこの生産現場にもメリットがある。

これまで，種々のきのこ廃菌床から多数の揮発性成分が同定されており，作物の病害への防除効果についてよく研究されている[8]。一方で，作物の生育促進や，品質向上および高温，乾燥，塩・アルカリ土壌等の非生物ストレス耐性については明らかでない。

筆者らは，市販の複数種のきのこ菌床を得て，イネの幼苗に対する生育効果を調査した（図2）[9]。15 g の菌床を 3 L のプラスチック箱に入れ，同時に幼苗を入れて育成した。その結果，

図1　アルテルナリア菌由来の揮発性成分を施用した植物の生育促進
A. 非曝露条件で育成させたシロイヌナズナ，B. アルテルナリア菌
由来の揮発性成分を曝露したシロイヌナズナ，C. Ambient, 通常条
件で生育させたイネ，HT/ECO2 高温・高 CO2 条件下で生育させ
たイネ，－VCs は非曝露区，＋VCs は曝露区。曝露区ではバイオ
マスが増大していることがわかる。

2 週間の施用により明らかに植物体の全乾燥重量の増大が観察された。これは，どの種類のきの
こ菌床を使用した場合でも観察され，また，菌床が異なる場合や菌系統が異なる場合でも同様な
効果が認められた。

　上記の一例として，しいたけ菌床を施用したケースについて述べる。しいたけ菌接種直後の菌
床，しいたけ子実体発生期の菌床，複数回の収穫が終わった廃菌床の三種の異なる齢の菌床を用
いて，上記と同様なテストを実施した。その結果，齢が若いほどイネ幼苗の乾燥重量が上昇して
いたが，廃菌床でも遜色ない効果が観察された（図3）。また，施用する菌床の量を増やすこと
で効果は強くなり，15 g から 60 g まで菌床量を増やすと，イネ幼苗の乾燥重量も増大した
（図4）。施用量を増やしても，イネ幼苗の乾燥重量の増大に対する抑制的な効果は現在のところ
観察されていない。

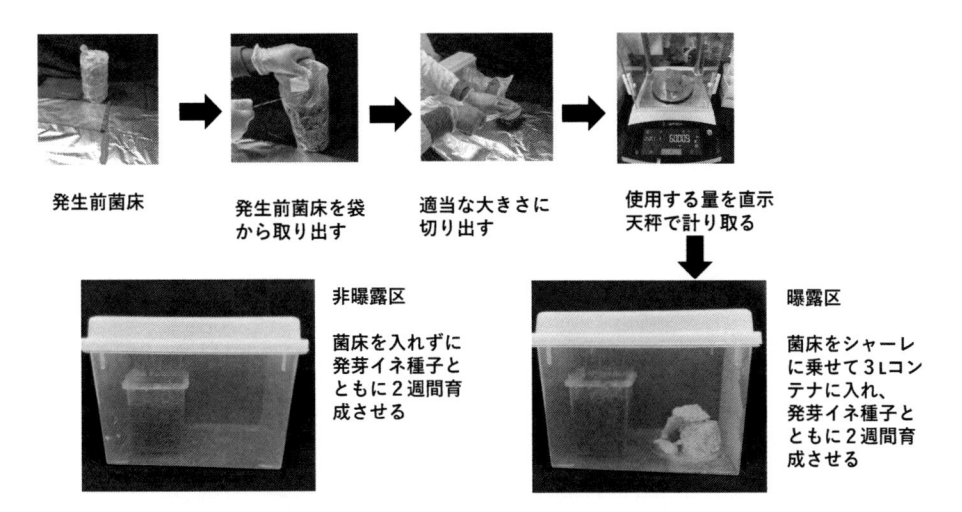

発生前菌床

発生前菌床を袋
から取り出す

適当な大きさに
切り出す

使用する量を直示
天秤で計り取る

非曝露区

菌床を入れずに
発芽イネ種子と
ともに2週間育
成させる

曝露区

菌床をシャーレ
に乗せて3Lコン
テナに入れ、
発芽イネ種子と
ともに2週間育
成させる

図2　菌床由来の揮発性化合物のイネへの曝露

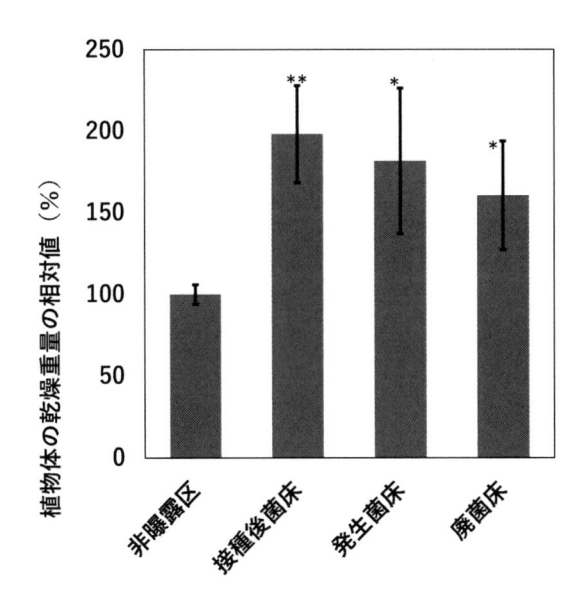

図3　齢の異なるきのこ菌床由来の揮発性成分を施用した
　　　イネ幼苗の乾燥重量

発芽種子に14日間菌床由来の揮発性成分を曝露し，その
後に乾燥重量を測定した。非曝露区：揮発性成分に曝露し
ていないイネ，接種後菌床：接種後菌床由来の揮発性成分
に曝露したイネ，発生菌床：接種後菌床由来の揮発性成分
に曝露したイネ，廃菌床：廃菌床由来の揮発性成分に曝露
したイネ。統計的に有意に乾燥重量が増加した。n＝5,
平均値±SD, *p＜0.05, **p＜0.01。

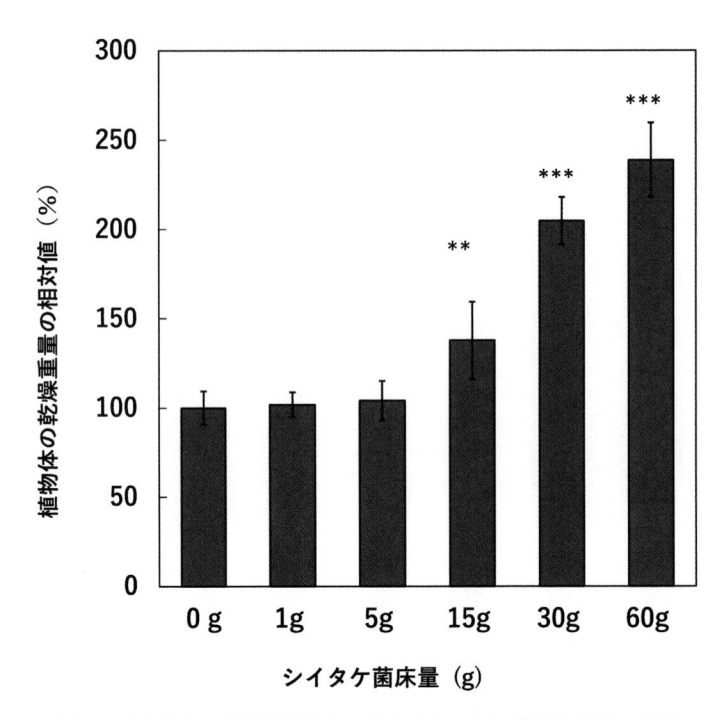

図 4　イネ幼苗の乾燥重量増大に対するしいたけ菌床施用量の効果
発芽種子に 14 日間菌床由来の揮発性成分を曝露し，その後に乾燥重量
を測定した。菌床施用量，0 g, 1 g, 5 g, 15 g, 30 g, 60 g。15 g-60 g
施用量において，統計的に有意に乾燥重量が増加 n=5, 平均値±SD,
**p<0.01, ***p<0.001,。

5　きのこ菌床由来の揮発性化合物は植物に非生物ストレス耐性を付与する

　廃菌床由来の揮発性成分の施用により，イネの苗の生育促進効果が認められたため，次に，温室内のポットに移植し，長期（2ヶ月）にわたる高温・弱乾燥ストレステストを実施したところ，廃菌床由来揮発性成分の施用区は植物あたりの全穀粒重，玄米の外観形質（整粒率）ともに向上した（未発表データ）。

　上記の結果を受け，圃場レベルにおける試験を実施した。近年，夏季の異常高温により，稲の収穫量の減少や品質低下が問題になっている。これらの課題への解決策を探るため，芽出し直後の発芽イネ種子にきのこ廃菌床由来の揮発性化合物を 4 週間施用し，その後試験圃場に移植し慣行栽培を行った。本試験を実施した 2023 年夏季は酷暑にさらされ，新潟県内のコシヒカリの一等米比率は極めて低かったが，本試験で廃菌床由来の揮発性成分施用区のコシヒカリは未施用のコシヒカリに比べて植物体あたりの全穀粒重が 60% 以上向上していた。さらに，玄米の外観形質も整粒率が 5% 程度向上しており，屑米に相当する深刻な白未熟粒が占める割合も低下した。

　以上のことから，きのこ菌床由来の揮発性化合物の施用により，作物が増収するだけでなく，

非生物ストレス耐性を付与し，品質も上昇させることが可能であり，また，その効果は，幼苗の時期の短期間の施用で十分得られることが明らかになった。

6　植物側にどのような応答が起きているのか

廃菌床由来の揮発性化合物の施用がイネにどのような応答を引き起こすのかについて述べる。これまでの遺伝子発現の解析から，細胞分裂やストレス応答を引き起こすサイトカイニン情報伝達系が活性化されることが明らかとなっており，このことから細胞分裂が活発になりバイオマス上昇とともにストレスに耐性が付与されると考えられる。またレドックス制御に関わる遺伝子が活発に転写されていることから，非生物ストレス耐性の初期応答の基盤となる，活性酸素の制御を可能にしていると考えられた。さらに，光合成速度や関連するほかの指標はいずれも上昇しており，同化効率を上昇させることでソースからシンクへの同化産物の流れが向上し，穀粒形質の改善につながったと考えられた。

7　今後の展望

筆者らの開発したきのこの廃菌床由来揮発性化合物の施用法では，一過性の施用により，収穫まで効果を維持できること，土壌に対する直接的かつ不可逆な影響がないため，農業生産者に取り入れやすい仕組みを構築することが可能である。また，水稲だけでなく，施設園芸や苗生産にも適合する方法であり，様々な作物へ適用可能な仕組みを開発することで，気候変動に適応可能な食料生産を達成できるだけでなく，きのこ生産と作物生産をつなぐ地域における資源循環システムの構築が期待できる。

廃菌床由来の揮発性成分の植物への一過性の曝露が，どのようにして植物の一生を通じてパフォーマンスを向上させるのか，まだ明らかでない。これまで，NO による酵素のS-ニトロシル化などの修飾を通じた活性調節が代謝フローを増大させ，同化効率を促進する可能性が報告されている。他方，初期の生育促進により，ソース側の同化能が上昇しシンク能を向上させる可能性，あるいはエピジェネティックな変化がゲノムに起きたことによる遺伝子発現変化の可能性も大いに考えられ，その仕組みの解明が待たれる。さらに，土壌微生物叢に対する直接的な影響はないと考えられるが，揮発性化合物曝露により，代謝生理が変化した植物から滲出する物質の変化による間接的な影響は考えられ，長期的な土壌微生物叢の変化の有無を明らかにすることについても今後の課題である。

謝辞

　本章に記載した筆者らの研究は JST CONCERT-JAPAN（16817624）および A-STEP トライアウト（JPMJTM22CA）の支援により実施されました。また，研究にご協力いただいている株式会社北研および八色しいたけ事業共同組合の皆様，執筆の機会を作ってくださった焼津水産化学工業株式会社 樋口昌宏氏に深く感謝いたします。

文　　　献

1)　F. T. de Vries *et al.*, *Science*, **368**（6488），270-274（2020）

2)　M. C. Lemfack *et al.*, *Nucleic Acids Research*, **46**（D1），D1261-D1265（2018）

3)　S. M. Shahinul Islam *et al.*, Biostimulants in Alleviation of Metal Toxicity in Plants（S. S. Gill *et al.*, Eds），177-206（2023）

4)　J. F. Jiménez-Bremont *et al.*, *Scientia Horticulturae*, **325**，112656（2024）

5)　P. García-Gómez *et al.*, *Plant, Cell & Environment*, **42**，1729-1746（2019）

6)　S. Gámez-Arcas *et al.*, *Journal of Experimental Botany*, **73**（2），498-510（2022）

7)　Method for changing the development pattern, increasing the growth and the accumulation of starch, changing the structure of starch and increasing the resistance to water stress in plants, Assignee：IDEN BIOTECHNOLOGY, S.L., Inventors: M. E. Baroja Fernandez *et al.*, Patent number: 9642361, May 9, 2017

8)　A. Ishihara *et al.*, *Journal of Pesticide Sciences*, **44**（2），89-96（2019）

9)　植物栽培方法及び植物栽培用菌床，出願人：新潟大学，発明者：伊藤紀美子，カンガ　クレバー　ンコクウェ，特願 2024-024302（出願日：2024 年 2 月 21 日）

第25章　乳酸菌由来バイオスティミュラントの開発
〜ぼかし肥料の作用メカニズム〜

眞木祐子*

1　はじめに

　ぼかし肥料は，主に植物性有機物から発酵を介して作られる有機質肥料の一種である。日本の農業現場において古くから利用されており，「ぼかし＝穏やか」な肥料効果に加え，節間を短くする，発根を促進する，収穫物の品質を向上させるといった植物生長調整作用を示すことが知られていた。この意味で，ぼかし肥料は「日本古来のバイオスティミュラント」ということができる。しかしながら，その作用メカニズムは明確になっていない。我々は，ぼかし肥料の発酵プロセスにおいて重要な働きを持つとされている乳酸菌に着目し，北海道大学との共同研究により，そのメカニズムの解明を目指した。併せて，乳酸菌培養液を用いた資材開発を行った事例を紹介する。

2　ぼかし肥料中乳酸菌の植物に対する働き

　ぼかし肥料中に乳酸菌が生息し得るか確認するため，おからを主体とした原料に土壌を混合して発酵させた仮想ぼかしを調製し，そこから乳酸菌の分離を試みた。その結果，*Lacticaseibacillus casei* など複数の乳酸菌が検出された。また，牧草サイレージから単離された *Lactiplantibacillus plantarum* 0003 株は上記と同様の原料を用いた仮想ぼかし液体培地で増殖可能であることが分かった。これらの乳酸菌の代謝物が植物に与える影響を検証するため，仮想ぼかし液体培地で培養し，その上清（乳酸菌培養上清）をキャベツ実生苗に潅注施用する試験を行った。対照区として，培地のみを遠心分離して得た上清（乳酸菌非培養培地上清）を得た。その結果，乳酸菌非培養培地上清を施用した区と比較し乳酸菌培養上清区において総根長が多い結果となった。このことは，乳酸菌代謝物が植物の発根を促進する可能性を示すものであった。

　そこで，乳酸菌培養液中の発根促進物質を同定するため，アズキ茎から発生する不定根数を指標としたアッセイを用い，物質精製を行った。8 L の培養上清から 5.3 mg の活性物質が単離され，構造決定の結果 D,L-フェニル乳酸であることが明らかになった[1]。市販のフェニル乳酸を上述のアッセイ系に供試したところ，顕著な不定根形成が確認された（図1）。

---

　*　Yuko MAKI　雪印種苗㈱　研究開発本部　研究企画室　係長

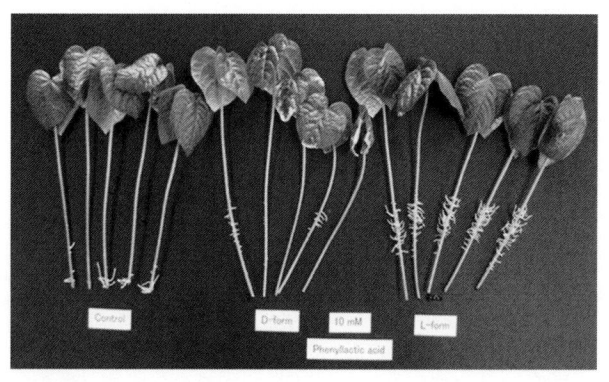

左：水
中：10 mM D-フェニル乳酸
右：10 mM L-フェニル乳酸

図1　フェニル乳酸標準試薬によるアズキ不定根誘導活性

3　植物とフェニル乳酸

　D,L-フェニル乳酸は，Mikami らによって発根活性が報告されており[2]，また安達らによって水稲用植物への施用が最長根長の増加や側根の発達に寄与することが報告されていた[3]。多くの乳酸菌が生産する物質であり抗真菌活性を示すことから発酵食品の保存性に寄与しているとされている[4]。一方で，生育中の植物体から検出された事例は報告がない。フェニル乳酸が植物に対して作用するメカニズムを明らかにするために，分子遺伝学的手法により検証した。

　植物の発根は，主に植物ホルモンの一種であるオーキシンにより制御されている。根の細胞内でオーキシンの濃度が高まると，主根の伸長を抑制し，側根の数を増やすとされている。モデル植物であるシロイヌナズナにフェニル乳酸を投与すると，オーキシンを与えたときと同様に，主根伸長の抑制と，側根密度の上昇が確認された（図2）。この反応は，オーキシン応答欠損変異体 *tir1-1 afb2* では観察されなかった。また，フェニル乳酸はオーキシン応答性遺伝子 IAA19 の発現を誘導することも示された[5]。これらのことは，フェニル乳酸はオーキシン応答を介して発根を促進することを意味する。一方で，植物体内で主要なオーキシン活性を担っているとされるインドール酢酸の内生量には変化がなかった[1]。また，酵母オーキシン応答タンパク質発現系を用いた検証では，フェニル乳酸自身がオーキシン応答を誘導することはなかった。この謎を解明するため，安定同位体で標識したフェニル乳酸を合成して植物に与え，高速液体クロマトグラフィー質量分析計を用いて植物体内におけるフェニル乳酸の挙動を検証した。すると，投与3時間後からフェニル酢酸という異なる物質に代謝されていくことが判明した[5]。このフェニル酢酸も，実はオーキシンとして報告がされている物質である。インドール酢酸と比較すると活性が1/100〜1/10と弱いが，近年になって極性輸送されない性質などがインドール酢酸とは異なって

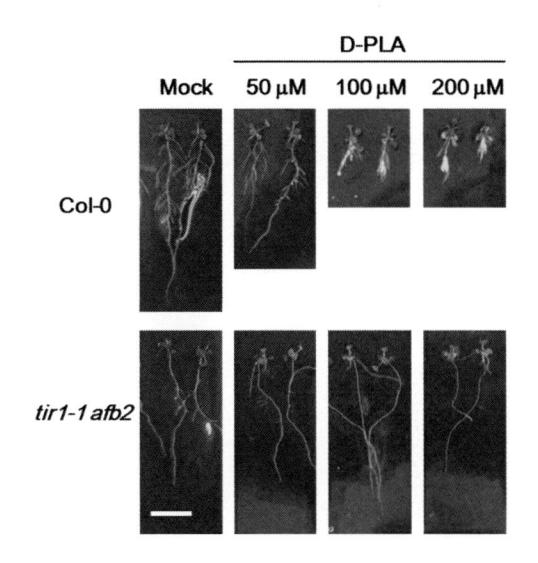

上段：野生型Col-0
下段：オーキシン応答欠損変異体 *tir1-1 afb2*

図2　フェニル乳酸を施用したシロイヌナズナの様子

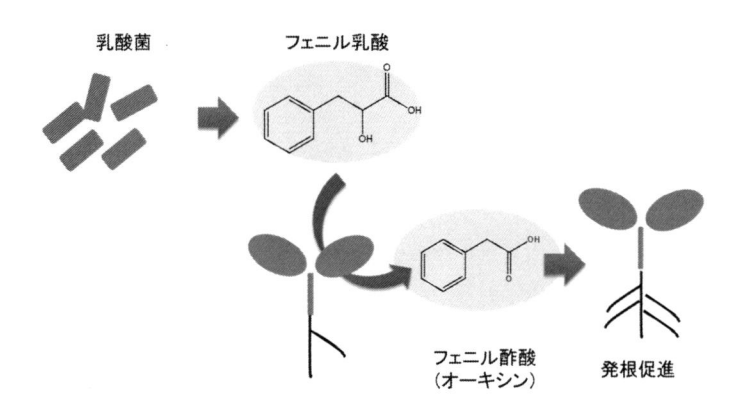

図3　フェニル乳酸の発根促進メカニズムのモデル図

いることが明らかになり，その意義に注目が集まっている[6,7]。

　これらの結果から，フェニル乳酸は，植物体内でフェニル酢酸に変換されることによってオーキシン活性を示し，発根を促進することが示された（図3）。同様に，乳酸菌はインドール乳酸という化合物も生産しており，インドール乳酸についても植物体内で代謝されてインドール酢酸となり得ることも示唆されている。

　なお，フェニル乳酸を活性物質として同定する過程で，有機質肥料に多く含まれるアミノ酸との協働作用を検証し，フェニル乳酸と L-トリプトファンとを混合して与えた際に発根作用が高まることが示されていた[8]。トリプトファンは植物体内でインドール酢酸の原料とされており，

実際，我々の分析においてもトリプトファンを処理したアズキ茎切片中ではインドール酢酸量が向上していた[1]。フェニル乳酸からフェニル酢酸，トリプトファンからインドール酢酸という2種のオーキシンが作られることで高い効果が得られたものと考えられる。また，インドール酢酸やフェニル酢酸自体を植物体に与えると徒長効果を示すが，トリプトファンやフェニル乳酸ではそのような反応は見られない。これは，代謝に時間を要することで"徐々に"効果を示すことによると考察している。これについても，「ぼかし」ということができるかもしれない。

4　乳酸菌培養液のその他の機能

　乳酸菌培養液には，発根作用に加え，種子に対する非生物的ストレス耐性付与効果も見いだされている。試験の一例を紹介する。

　イネ種子に対し水または乳酸菌培養液から一部夾雑物を除去した抽出液を用いて催芽処理を施し，水田土壌を充填したポットに播種深度1cmとなるように播種した。子葉鞘が水面から出た段階を出芽とみなし，経時的に出芽個体数を計測した。その結果，乳酸菌培養抽出液で催芽処理したイネは，水で処理した時に比べて出芽までの速度が早まっていることが分かった[9]。

　この現象の作用メカニズムを明らかにするため，冠水して生育させたイネの胚組織における嫌気代謝に関わる鍵遺伝子群の発現解析を行った。その結果，嫌気条件において糖からエネルギー（ATP）を産生するのに必須である代謝酵素の遺伝子発現レベルが乳酸菌培養抽出液処理区で有意に増加することが分かった[9]。加えて，代謝酵素の上流で細胞内シグナル伝達を制御する因子についても発現に変動が見られた。こうした結果から，乳酸菌培養抽出液は，イネ胚における嫌気代謝系を活性化することで，子葉鞘の伸長促進に必要なエネルギー産生を強化することが示唆された。

　また，低温条件下における種子発芽に対しても乳酸菌培養液が促進効果を示すことも明らかになった[10]。これらから，乳酸菌代謝物が非生物的ストレス条件下の種子に対してストレス耐性を付与できる可能性が示唆された。

5　乳酸菌培養液の農業利用

　ここまでの知見から，乳酸菌培養液の農業利用が期待された。乳酸菌培養液を原料とした機能性液肥「闘根242」および種子粉衣資材「ネぢからアップ」の利用事例を紹介する。

5.1　カボチャへの育苗利用事例

　農業上，根量の増大は肥料利用の効率を高めること，これに加え水分の吸収効率を高めることで光合成を活発化すること，またサイトカイニンの生合成量増加によって老化を抑制すること，などの効果が期待される。

左：闘根区，右：慣行区

図 4　闘根 242 を育苗時に潅注施用したカボチャの初期生育の様子
（2017 年，夕張郡長沼町）

表 1　闘根 242 を育苗時に潅注施用したカボチャの収量調査結果
（2017 年，夕張郡長沼町）

	総重量（kg)/25 株	1 果平均重（g)	果数 /25 株	株あたり個数平均
慣行区	135.1	2,936.3	46	1.84
闘根区	151.9	2,977.6	51	2.04
比率（%)	112	101	111	111

　弊社北海道研究農場（夕張郡長沼町）にて，カボチャ苗を定植直前に，闘根 242 の 500 倍希釈液に浸漬し，定植した。定植 1 か月後の様子を図 4 に示す。慣行区では葉が萎れる様子が観察され，干ばつ低温の影響を受けて活着が緩慢であることが推測された。一方で，闘根区では慣行区と比較して葉が大きく展開し，葉の萎れが少ない様子が見られた。さらに，収穫期においては，闘根区において葉の緑度が保たれ，枯れ上がりが遅い傾向が観察された。結果として，闘根区において着果数は慣行区対比 111％となり，1 果あたりの重量は同等であったことから，総重量として慣行区対比 112％となった（表 1）。このことは，根の発達により植物体内の水分が十分に維持され光合成が順調になされたこと，主に根部で生合成されるサイトカイニンの働きにより老化が抑制されたことが要因であると考察している[11]。

5.2　水稲直播利用事例

　農作業の省力化，コスト低減策の一つとして水稲の直播栽培が注目されている。一方で，安定栽培を阻んでいるとされているのが出芽・苗立ちの不安定さである。播種時期が低温になりがちであること，圃場の均平が取れないことで一部水深が深くなることが主な要因とされる。これを補うため，播種量を増やすことで苗立ち数を確保する対策がなされている。

　この課題に対し，闘根242の施用による効果を秋田県立大学との共同研究により検証した。種もみを闘根242の2,000倍希釈液に水温12℃で4日間浸種した。慣行区は水で浸種を行った。これを鉄コーティング処理し，土表播種した。1か月後，苗立ち本数を調査した結果，慣行区では94本/m^{2}であったのに対し，闘根区では258本/m^{2}となった（図5，図6）。これは，目標苗立ち本数とされる95本/m^2 [12]を大幅に超えるものであった（その結果，本試験では結果的に過度

慣行区　　　　　　　　　闘根区

図5　闘根242を種子浸漬施用した水稲の苗立ちの様子
（2022年，南秋田郡大潟村）

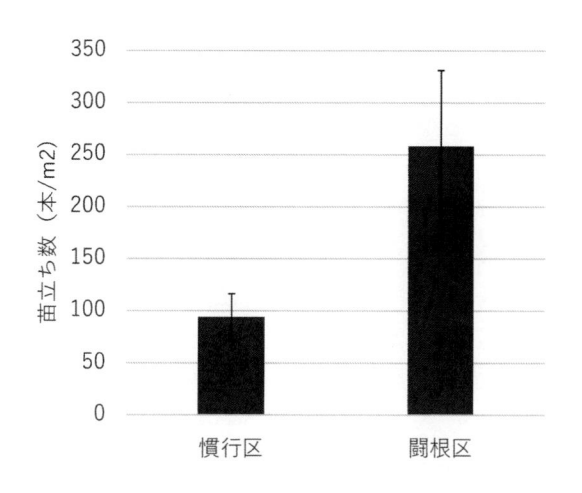

数値は2圃場各2地点（0.25m^{2}調査）の平均値，
エラーバーは標準偏差を示す

図6　闘根242を種子浸漬施用した水稲の苗立ち数
（2022年，南秋田郡大潟村）

な密植となったため，収穫時には倒伏による収量ロスが発生した）。湛水・低温条件下での発芽に対して，乳酸菌培養液が有効に作用した例と考えられ，今後播種量の低減が可能となることを示唆するものである。

5.3　飼料用トウモロコシへの種子粉衣事例

　ねぢからアップは，乳酸菌の培養液上清と担子菌培養上清を微細な粉状の鉱物に吸着させた種子粉衣資材である。種子重量に対して0.3％を飼料用トウモロコシに粉衣し，播種する試験を行った[13]。試験地として，播種時期の気温が低温となりがちな中標津町（北海道標津郡）および比較的温度を確保できる長沼町（北海道夕張郡）を選んだ。それぞれ播種45～46日後に草丈調査を行ったところ，中標津町においては慣行区に対しねぢからアップ施用区で110％と有意に大きくなっていた（図7）。これに対し，長沼町においては95％（有意差なし）となっていた。この結果は，乳酸菌培養液による低温ストレス付与効果が低温条件の中標津町において顕著に影響したことによるものと考察している。また，収穫時の生収量については，中標津町では慣行区対比106％，長沼町では103％となっていた（表2）。2019年には，ねぢからアップ施用により根張り

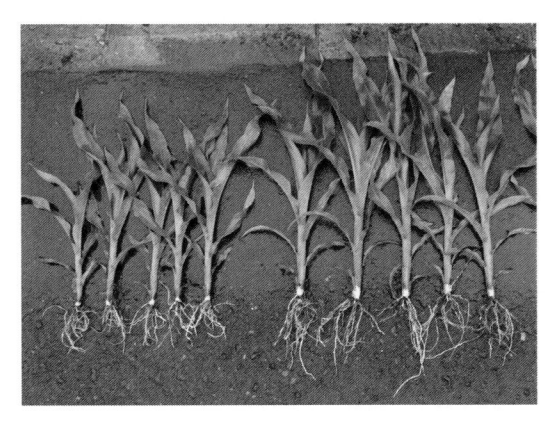

左：慣行区，右：ねぢからアップ区

図7　「ねぢからアップ」を種子粉衣した飼料用トウモロコシの初期生育の様子
（2020年，標津郡中標津町）

表2　飼料用トウモロコシへの「ねぢからアップ」試験結果（2020年）

		生育初期		収量調査		
		調査日	草丈（cm）	調査日	生収量（kg/10 a）	乾物収量（kg/10 a）
長沼町	慣行区	6月22日	61	9月29日	6,520	2,419
	ねぢからアップ区	（播種後46日）	58		6,703	2,460
中標津町	慣行区	7月9日	51	10月2日	5,257	1,509
	ねぢからアップ区	（播種後45日）	56		5,595	1,608

が向上し，倒伏耐性が向上した事例も得られている[14]。近年の気候変動により予測不可能となっている低温や強風などの非生物的ストレスに対して耐性を付与することが期待できる。

6　おわりに

ここまで，乳酸菌由来バイオスティミュラントのメカニズム研究および応用利用について紹介した。実は，乳酸菌と植物との関係はこれまであまり報告がない。野菜類を乳酸発酵させる漬物や，牧草を乳酸発酵させるサイレージに示されるように植物には乳酸菌が生育しているとされているが，実際には嫌気条件にするまで乳酸菌は増殖せず，生育期間中の植物近傍から検出される微生物の中で乳酸菌の割合は小さい。この植物と乳酸菌のあいまいな関係が生理学，生態学上どのような意義を持つのかは今後の研究が待たれる。一方で，この関係を人間は古くから上手に利用してきた。本研究の発想のきっかけとなったぼかし肥料においても，先人たちの古くからの知恵の積み重ねである。本稿で紹介したメカニズムの解明が効果的な利用方法の開発につながれば幸いである。

文　　献

1)　Y. Maki *et al.*, *Plant biotechnology*, **38**, 9-16 (2021)
2)　Y. Mikami *et al.*, *Agr. Biol. Chem.*, **34**, 977-979 (1970)
3)　安達祐介ほか，新潟大学農学部研究報告，**62**, 97-103 (2010)
4)　W. Mu *et al.*, *Appl. Microbiol. Biotechnol.*, **95**, 1155-1163 (2012)
5)　Y. Maki *et al.*, *Plant biotechnology*, **39**, 111-117 (2022)
6)　S. D. Cook, *Plant Cell Physiol.*, **60** (2), 243-254 (2019)
7)　S. Sugawara *et al.*, *Plant Cell Physiol.*, **56** (8), 1641-1654 (2015)
8)　副島洋ほか，特許 WO2009/104405
9)　久保晃生ほか，第 40 回日本植物バイオテクノロジー学会（千葉）大会（2023）
10)　小鑓亮介ほか，特開 2023-033235
11)　副島洋，植物の化学調節，**35**, 180-193 (2000)
12)　秋田県農林水産部，稲作指導指針（2024）
13)　小鑓亮介，牧草と園芸，**69**, 1 (2021)
14)　佐藤尚親，高橋美紗子，牧草と園芸，**67**, 1 (2019)

第26章　鉄栄養の吸収を高める鉄資材

―環境ストレスによる潜在的鉄欠乏の発生と改善―

鈴木基史[*]

1　鉄はバイオスティミュラントとみなされるか?

1.1　はじめに

　鉄は必須の栄養素である。鉄が不足すると葉緑素が合成できずに葉が黄白色化する。栄養そのものはバイオスティミュラントなのか。本稿を執筆にあたり，そもそも鉄はバイオスティミュラントとみなされるのかどうかを先に考察したい。

1.2　「微量ミネラル」をとりまくバイオスティミュラントの動向

　2024年7月現在，日本においてバイオスティミュラントの明確な定義はない。広く言われていることとして，バイオスティミュラントの分類として「微量ミネラル」は散見される。鉄は微量要素として認識されているため，「微量ミネラル」型のバイオスティミュラントとも言えそうである。しかし，海外に目を向けると，EU では2022年に施行された新肥料法（EU2019/1009）において，Fertilizing products の7つのカテゴリーの中で，肥料（Fertilizer）と Biostimulant は別のカテゴリーとして定められている。そうすると鉄は栄養成分を保証する肥料（Fertilizer）として登録されるものであるので，Biostimulant とは言えなさそうである。USA では2022年に業界団体が示した自主ガイドラインにおいて，バイオスティミュラントの微量ミネラルのカテゴリーは栄養素以外のもの，すなわちセレンなどを例示している。USA の肥料法律は州ごとに定められているが，基本的に鉄は肥料（Fertilizer）である。つまり，欧米の中で鉄を Biostimulant と呼ぶことは難しそうである。

　日本の肥料法律（正式名称：肥料の品質の確保などに関する法律）では，鉄は肥料成分を保証する普通肥料のカテゴリーにない。これは日本の土壌はほとんどが弱酸性土壌であるため，土壌中に含まれる鉄分はある程度溶けるために，「肥料」として撒かなくても作物は育つという認識から来ていると思われる。なお，亜鉛，銅，モリブデンも海外では肥料とされているが，日本では普通肥料とされていない微量ミネラルである。

　興味深いことに，国語辞典には「刺激肥料」という言葉があり，法律用語ではないが「農作物の生理的機能を促進することによって，土壌養分の吸収の効率を高め，収穫の増加，品質の向上を促す肥料。マンガン，銅，鉄，硼素（ほうそ），臭素，沃素（ようそ），弗素（ふっそ）などの

＊　Motofumi SUZUKI　愛知製鋼㈱　未来創生開発部　ソサイエティー材料開発室　室長

EU新肥料法（2022年施行）	USAバイオスティミュラント法案（2022年提案）
「植物バイオスティミュラント」とは、植物または植物根圏の以下の特徴の1つまたは複数を改善することのみを目的として、製品の**栄養成分とは独立して**植物栄養プロセスを促進する製品を意味する。 **(a) 栄養素の効率的な利用** **(b) 非生物的ストレスに対する耐性** **(c) 品質特性** **(d) 土壌または根圏に固定された栄養素の利用**	「植物バイオスティミュラント」という用語は、種子、植物、根圏、土壌、または他の成長媒体に適用された場合、その**栄養成分とは独立して**植物の自然なプロセスをサポートするように作用する物質、微生物、またはそれらの混合物を意味する。 これには、**栄養素の利用**可能性、**吸収または利用効率**、**非生物的ストレスに対する耐性**、および結果として生じる成長、発達、**品質**、または収量の改善が含まれる。

図1 EU と USA における BS の定義（筆者訳）

化合物はこれに属する。」と書かれている。刺激というのはまさしく「スティミュラント」である。鉄が植物を刺激するという定義であれば，鉄はまさしくバイオスティミュラントである。なお，日本の肥料法律において鉄は「効果発現促進材」として登録できる鉄源もある。刺激肥料を調べてみると，明治時代から研究が行われているようである[1]。日本は 100 年以上も前からバイオスティミュラントを先駆けていたとも言えるのではないだろうか。

1.3 本稿におけるバイオスティミュラント資材とは

EU と USA のバイオスティミュラントの定義は非常によく似ている（図1）。EU では法律（Regulation）で明確に定義がなされている。USA では 2019 年にアメリカの農務省（USDA）が提案した定義（2019 年に提案された Alternative difinition2）が，2022 年にバイオスティミュラント法案として提出され審議されている。2つの定義に共通していることは「栄養成分とは独立して」，「非生物ストレスに対する耐性」，「栄養素の効率的な利用」等という文言である。

本稿においては，鉄の利用効率（吸収効率）の向上や，非生物ストレス（いわゆる環境ストレス）耐性への効果に焦点を当てて，バイオスティミュラント資材としての鉄供給材を紹介したい。

2 植物の2つの鉄吸収機構

2.1 地球に豊富な鉄は溶けにくい性質を持つ

土壌中には鉄は数％含まれている。46 億年前に地球が誕生した際，鉄元素が多く集まってできたことが大きな特徴である。地球全体でみれば一番多い元素は鉄である（重量比で約 33％）。余談として，地球中心の核はほぼ鉄でできており，その高温の鉄の液体が対流することにより地球全体が磁石となり，その磁場が宇宙線や太陽風を避けるために生命が住みやすい環境になっている。さらに，35 億年ほど前に地球に生命が誕生した際，鉄の2価鉄イオン（Fe^{2+}）と3価鉄イオン（Fe^{3+}）との間で電子（e^-）を受け渡しすることでエネルギーを生み出すことを利用しており，まさに鉄の惑星が生んだ奇跡が生命を育んでいる。

本題に戻ると，鉄は土壌中に含まれている元素だが，金属元素の中でもとりわけ水に溶けにく

い性質を持っている。その理由は地球で2番目に多い酸素（重量比で約30%）と強く結合するためである。酸素存在下では，鉄は酸化するために三価鉄となる。三価の鉄は Fe_2O_3, $Fe(OH)_3$, $Fe(PO_4)$ といった超難溶性の形態となる。例として $Fe(OH)_3$ の溶解度積は 1.0×10^{-38} とされており，pH6の溶液（土壌溶液）での鉄の濃度は 1.0×10^{-14} mol/L であり，pH が1増えると Fe^{3+} の濃度は1000分の1になる。pH が2上がると Fe^{3+} の濃度は百万分の一にもなってしまう。

2.2　植物の2つの鉄吸収メカニズム（Strategy-I, Strategy-II）

このように，土壌中に豊富にある鉄は基本的に吸収しにくい形となっている。水中であれば酸素が少ないため比較的溶けやすい2価鉄イオンを利用できていたが，植物が陸上に上がるとともに，溶けにくい鉄を吸収する2つのメカニズム（戦略：Strategy）を進化させてきた（図2）[2]。

1つは Strategy-I と呼ばれる2価鉄イオンを吸収するメカニズムである。難溶態の鉄を吸収するために，ほとんどの植物は根から有機酸を分泌して根の周り（根圏）を局所的に酸性化して土壌中の鉄を溶かし出す。溶けてきた鉄は3価鉄イオン（Fe^{3+}）の鉄の形態であり，このままは植物の中に取り込むことができない。植物は根の表面に鉄還元酵素（FRO；Ferric reductase oxidase）を作り，3価鉄イオン（Fe^{3+}）を2価鉄イオン（Fe^{2+}）に還元する。Fe^{2+} は根の細胞

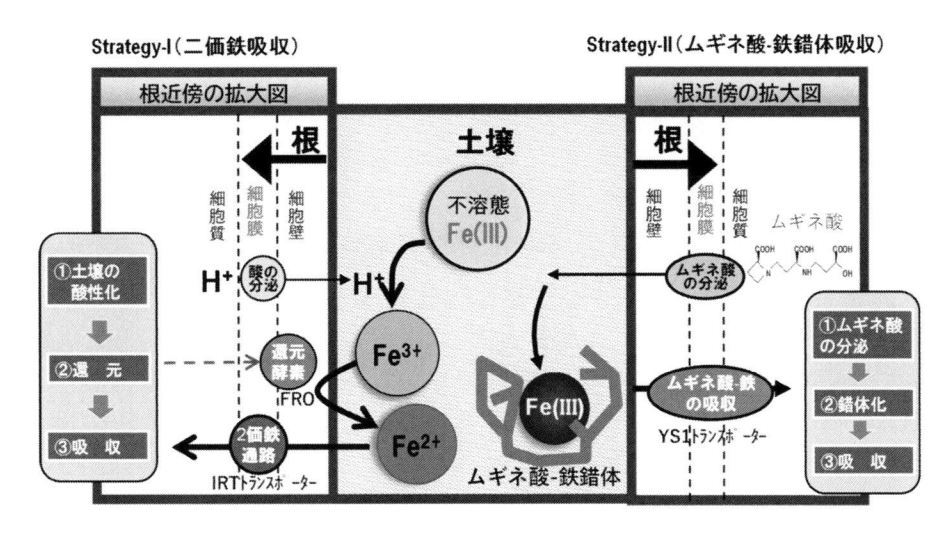

図2　植物の2つの鉄吸収機構（Strategy-I, Strategy-II）
植物は根の細胞の中に鉄を取り込む場合，「2価鉄イオン（Fe^{2+}）」か「ムギネ酸類-鉄錯体」のどちらかの形で吸収する。ムギネ酸類はイネ科植物のみが分泌し，「ムギネ酸類-鉄錯体」のまま根に吸収される。ほとんどの植物は根の表面に還元酵素（FRO：Ferric Reductase Oxidase）を持っており，根酸で溶かし出した3価鉄イオン（Fe^{3+}）を2価鉄イオン（Fe^{2+}）に還元しながら細胞の中に取り込む。ムギネ酸類-鉄錯体も2価鉄に還元することにより，ほとんどの植物が利用できる。IRT（Iron-Regulated Transporter）：2価鉄イオントランスポーター。YS1（Yellow Stripe 1）：ムギネ酸類-鉄錯体トランスポーター。

膜をタンパク質でできた専用通路（トランスポーター）を通ってやっと根の中に取り込まれる。このように3段階のエネルギーを用いて植物は貴重な鉄分を獲得している。

　2つ目はStrategy-IIと呼ばれる「ムギネ酸類-鉄錯体」を吸収するメカニズムである。イネ科植物のみが持つメカニズムであり，ムギネ酸類と呼ばれる鉄キレート物質を根から分泌することにより，土壌中の鉄を「ムギネ酸類-鉄錯体」として溶かし出し，「ムギネ酸類-鉄錯体」として細胞膜を専用のトランスポーターを通じて吸収する特殊なメカニズムである。元々ムギの根から出る酸として，高城成一博士が1970年頃に発見した物質であり[3~5]，英語でも mugineic acids と呼ばれている。イネ，ムギ，トウモロコシ，ソルガムなどの穀物だけでなく，芝草やイネ科の雑草はムギネ酸を合成・分泌するメカニズムを持っている。有機物を金属ごと取り込む膜タンパク質（トランスポーター）は大変珍しく，YS1トランスポーターとして2001年に発見された際は *Nature* 誌に掲載された[6]。また，その構造解析が最近クライオ電子顕微鏡によって観察され *Nature Communications* に掲載されている[7]。

　このような複雑な栄養素の吸収メカニズムは他には見られない。これは鉄は必須栄養素であると同時に，過剰に吸収すると活性酸素種の発生源になるため，必要量だけを吸収する巧みな進化を遂げてきたと考えられる。

2.3　現場で起きている潜在的な鉄欠乏

　鉄欠乏は一般的に土壌のアルカリ化で起こるとされている。前述の通り，土壌のpHが上がると鉄は顕著に溶けにくくなる。石灰を撒くことで土壌pHが上がり，鉄分は吸収しにくくなる。またリン酸も鉄と結合するため，リン酸過剰は鉄欠乏を引き起こす。鉄が植物体内にどれだけあれば鉄が十分かは，作物種によっても異なるが，一般的に乾燥した葉で100 ppm（μg/g）あれば鉄は十分とされる。50 ppm未満だと鉄欠乏症状（黄白色化）が起きる。50 ppm～100 ppmの領域の場合，黄白色化している場合もあれば，健全に見える場合もある。

　筆者が現場を回る中で，トマトの圃場内で新葉が所々黄白色化している作物が見えた。隣同士の株で黄白色化している葉と健全に見える葉をサンプリングして，葉の鉄含量を測っていたところ61 ppm（黄白色した葉）と66 ppm（健全に見える葉）で，ほとんど差がなかった（表1）。葉緑素の量（SPAD値）と葉の鉄濃度は比例的な相関を描くのではなく，ある閾値を下回ると急激に黄白色化する[3]。そのため，葉の緑を保つためにギリギリな鉄濃度となっている場合がある。鉄の役割は葉緑素の合成だけではなく，人間と同じくミトコンドリアでエネルギーを生産するた

表1　トマトの葉（1段目収穫時期の第5葉）の元素分析値

				(μg/g)
	マグネシウム	鉄	亜鉛	マンガン
黄白色した葉	3,800	61	16	65
健全に見える葉	3,700	66	14	55

めに必要だったり，窒素栄養をアミノ酸に同化する際に必要だったり，多岐に渡る働きがあるため，葉が緑であれば鉄が十分であるとは限らない。いわゆる"潜在的な鉄欠乏"が起きていることがある。

　人間も潜在的な鉄欠乏としてヘモグロビン値が正常値でも血清フェリチンが足りない場合があることが知られている。作物生産現場においても効果的な鉄資材の施用により，葉色の回復以外の効果も見られたので，事例を紹介したい。

3　2価鉄の供給効果を高める「鉄力®(てつりき)」

3.1　鉄力®が効くメカニズム

　鉄力あぐり®（固形）・鉄力あくあ®（液体）等の鉄力®シリーズは2価鉄を植物に吸収させやすくした資材である（図3）。前述した通り，植物は2価鉄イオン（Fe^{2+}）の専用通路（トランスポーター）を細胞膜に持っており，植物の自らの根酸や還元酵素の力で土壌中の鉄から Fe^{2+} を作り出している。植物が元気な時は2価鉄を作り出すことができるが，元気がない時は十分な2価鉄を作り出すことができない。そのような時は2価鉄の資材投与が有効だが，Fe^{2+} は酸素があれば酸化して三価になり酸素と結合して難溶態の鉄になってしまう。そこで鉄力®は2価鉄の状態をできるだけ長く保つ工夫とともに，還元酵素を活性化させる働きで土壌中の鉄も利用できる2つの働きを持っている（図4）。

　図5はチンゲンサイにおいて根の鉄還元酵素の活性を測定したものであるが，低温，低日照時には鉄還元酵素の力は減少するが，鉄力®の投与で鉄還元酵素の力が上昇することが見られた。通常の合成キレート鉄の投与では上がらなかったため，鉄があれば上昇するものではないことが明確となった。トマトを使って同様に根の鉄還元酵素活性を調べたところ，低温・低日照条件で低下した還元力が鉄力®の投与によって回復した。

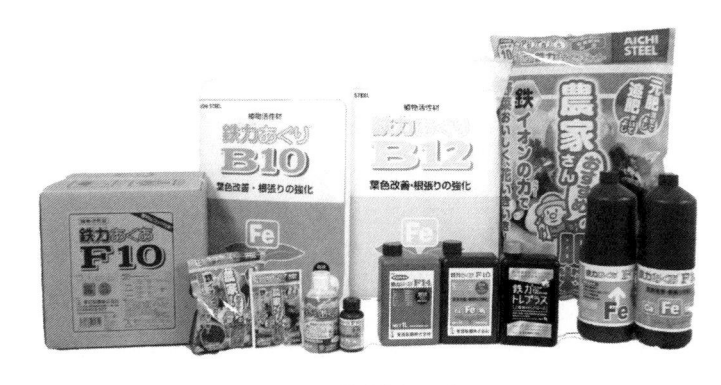

図3　鉄力®製品群

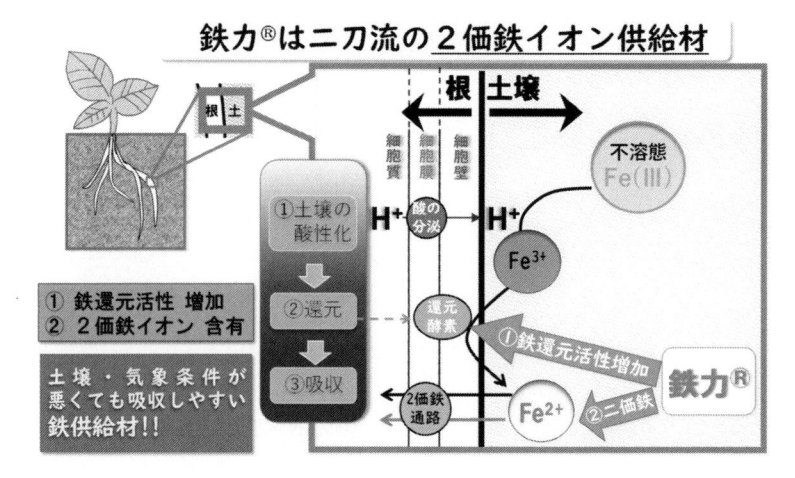

図4 鉄力®の二刀流の鉄供給メカニズム

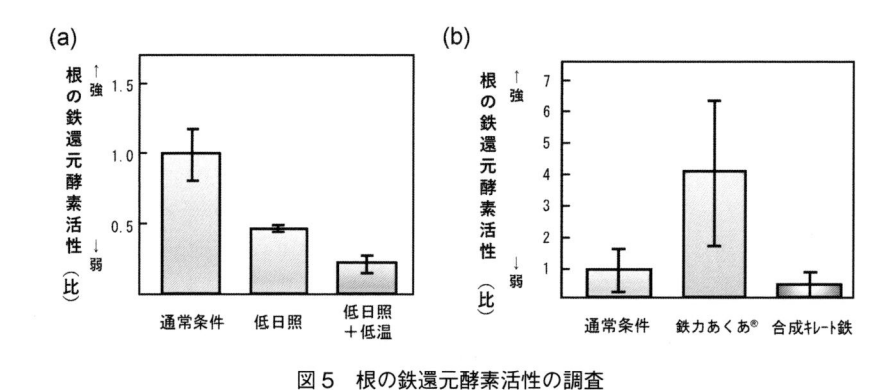

図5 根の鉄還元酵素活性の調査
（a）低日照，低温による還元力の低下 （b）鉄力あくあ®投与による還元力の増加

3.2 鉄力®の効果の実例（低日照・低温ストレス対策，着果負担の軽減）

鉄力®の効果の実例として，中山間地の日照の少ない地域の夏秋トマトの栽培において鉄力あくあ®を10日に1回土壌潅水したところ，中位段における花飛びの数が減り，着果数が増加した。同じ効果は同地域での葉面散布でも効果が得られた。また，暖地での水耕栽培のミニトマトにおいて，毎年秋の終わり頃に寒くなってくると上位葉が白くなる現象が見られていた。興味深いことに，鈴なりに成ったトマトの樹ほど上の葉が白い傾向が見られた。鉄力あくあ®を水耕液に混入することで，黄化症状は軽減された[8]。このことは着果負担によって根から鉄を吸収する力が弱まっており，低温・低日照のような環境ストレスと重なると黄化現象が出るほど鉄欠乏が起こっていることを示している。黄化現象が出ていなくても，着果負担や低温・低日照による潜

在的な鉄欠乏は起きており，鉄力®の投与によってその症状が改善していることが実例として挙げられる。上述した葉の含量が61 ppm（黄白色した葉），66 ppm（健全と見られる葉）を測定した事例も，1段目の実の収穫が始まる頃の5段目の最新葉の値であり，着果負担による鉄の吸収力の低下の可能性が考えられる。

3.3　鉄力®の効果のまとめ

着果負担の軽減の事例はトマトだけでなく，パプリカやキュウリなど果菜類全般に見られている。また，アスパラガスにおいても夏芽の収穫量が増え，地下茎が発達することにより春芽の収穫量が増える効果が得られている。また高温期のブロッコリーの定植にも活着が良くなるなどの効果も得られている。このように鉄力®は，鉄を効率よく吸収させる資材であるとともに，環境ストレスの対策材にもなっており，欧米型のバイオスティミュラントの定義に合致する資材といえる。

4　ムギネ酸型の鉄キレート供給材「PDMA」

4.1　イネ科植物が分泌する「ムギネ酸類」

世界の耕地の3分の1はアルカリ土壌と言われており，その高いpHのために土壌中の鉄が溶けにくく，植物の鉄欠乏が発生しやすい土壌である。一般的な鉄肥料（注：海外におけるFe fertilizer）はFe-EDTAやFe-EDDHAなどの合成キレート鉄であり，土壌中でも比較的安定に鉄を溶存させることができる。一方で，難分解性による環境負荷の懸念があったり[9]，キレート種によっては高pH下では安定に鉄を溶存させられなかったりすることもある。

イネ科植物が分泌するムギネ酸類はとても有用であると考えられている。ムギネ酸類分泌量の多いムギ類は鉄欠乏ストレスに強く，ムギネ酸類分泌量が少ないイネ，ソルガム，トウモロコシは鉄欠乏に弱いとされている[10]。オオムギの遺伝子をイネに導入しムギネ酸類分泌能を増加させた形質転換イネはアルカリ土壌での生育が良くなったことも実証されている[11,12]。ムギネ酸は水酸基の付いている位置や数で類縁体がいくつかあり，それらをまとめて「ムギネ酸類」と呼ぶ。ムギネ酸類は植物から抽出しても化学合成で作っても高価で，試薬して購入しようとすると1ミリグラムで10万円必要となる。また，土壌で1日で分解する性質も持っており，肥料として撒くには不向きだと考えられていた。

4.2　PDMAの開発

ムギネ酸類の特徴として，4員環の部位があり，これが化学合成で合成する際に原料として高価になる原因の一つとなっていた。また4員環は環ひずみが生じるため，分解・変質しやすいと予想された。そこで，ムギネ酸類の中でも最も構造がシンプルで全てのイネ科植物が分泌する「デオキシムギネ酸（DMA）」のL-アゼチジンカルボン酸の部位をL-プロリンに変えたアナロ

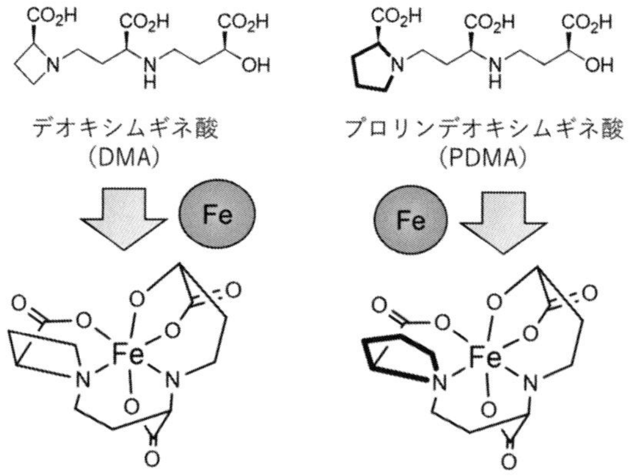

図6　DMA と PDMA の構造とそれぞれの鉄錯体構造

グ「プロリンデオキシムギネ酸（PDMA）」を合成した（図6）。アルカリ土壌でのイネの栽培に供したところ，DMA は投与して数日後には効果がなくなるのに対して，PDMA は効果が2週間続いた。OECD に基づく微生物分解性試験でも易分解性の対照として用いたクエン酸よりも PDMA は緩やかに分解された。圃場試験でも PDMA を $1 m^2$ に $1.6 g$ 相当を一度撒いただけで，Fe-EDDHA よりも優れた鉄欠乏回復効果が実証された。これらの成果は *Nature Communications* 誌に掲載された[13]。

4.3　バイオスティミュラント効果としての PDMA

　天然物ではない PDMA をバイオスティミュラント資材と呼べるかどうかは各国の規制次第だが，栄養の利用効率の向上という点では，イネ科植物において Fe-PDMA の投与は硫酸鉄との比較はもちろんのこと，Fe-EDTA や Fe-EDDHA よりも優れた鉄供給効果を発揮する[13]。鉄との安定度定数が高いキレートほどイネ科植物には吸収されにくいことも最近報告された[14]。非イネ科植物においても Fe-PDMA が一般のキレート資材よりも優れた効果を発揮する[15]。ピーナッツでは Fe-PDMA の投与が根の「ムギネ酸類-鉄錯体」トランスポーターの遺伝子発現を誘導することも報告されている[16]。通常は鉄の投与によりフィードバック阻害が起こることが予想されるが，基質の投与により吸収を高める遺伝子が誘導されることは，栄養の吸収効率を高めるという点で，バイオスティミュラントとしての効果に当てはまると思われる。

5　まとめ

　各国のバイオスティミュラントの定義・規制によって資材の登録の仕方は変わってくるが，植物が持っている2種類の鉄の吸収メカニズムに適合した資材は，「栄養の利用効率の向上」や「非生物ストレス耐性の向上」に貢献できる。鉄力®は2価鉄吸収機構（Strategy-I）に適合した資

材であり，PDMA はムギネ酸鉄吸収機構（Strategy-II）に適合した資材である。今後，国内外の農業生産性の向上に貢献できるようにさらなる実証とメカニズムの深堀りを行っていきたいと考えている。

文　　　献

1) 熊澤喜久雄，肥料科学，**11**, 62（1988）

2) V. Römheld & H. Marschner, *Plant Physiol.*, **80**, 175（1986）

3) 高城成一，東北大学農学研究所報告，**18**, 1（1966）

4) S. Takagi, *Soil Sci. Plant Nutr.*, **22**, 423（1976）

5) T. Takemoto *et al.*, *Proc. Jpn Acad.*, **54**, 469（1978）

6) C. Curie *et al.*, *Nature*, **409**, 346（2001）

7) A. Yamagata *et al.*, *Nat. Commun.*, **13**, 7180（2022）

8) T. Tsukamoto *et al.*, *J. Plant Nutr.*, **47**, 1650（2024）

9) I. S. S. Pinto *et al.*, *Environ. Sci. Pollut. Res.*, **21**, 11893（2014）

10) S. Takagi, Iron Chelation in Plants and Soil Microorganisms, 111, Academic Press Inc., （1993）

11) M. Takahashi *et al.*, *Nat. Biotechnol.*, **19**, 466（2001）

12) M. Suzuki *et al.*, *Soil Sci. Plant Nutr.*, **54**, 77（2008）

13) M. Suzuki *et al.*, *Nat. Commun.*, **12**, 1558（2021）

14) M. Suzuki *et al.*, *Soil Sci. Plant. Nutr.*, In press（2024）

15) D. Ueno *et al.*, *Plant Soil*, **174**, 304（2021）

16) T. Wang *et al.*, *Plant Cell & Environ.*, **46**, 239（2023）

第27章　JAによるバイオスティミュラント資材の実証試験

長谷　祐[*]

1　はじめに

　本章ではバイオスティミュラント資材の利用の側面に焦点を当てたい。バイオスティミュラント資材は化学農薬や化成肥料と比較して「効果を実感しにくい」，「使用条件が分かりにくい」といった批判があり，それが農業現場への普及を妨げる要因の一つとなっている。

　一方で，2021年5月に策定された「みどりの食料システム戦略」に明記されたことを皮切りに，バイオスティミュラント資材が注目されている。特に，気候変動に由来するとされる近年の異常気象を背景に，植物体の代謝効率の向上や栄養素の吸収促進，乾燥や高温/低温など環境ストレスへの抵抗力強化といった効果に期待が高まっている。

　本章では農業をめぐる経営環境について最近の状況を概観したうえで，JAが生産者と連携してバイオスティミュラント資材の実証試験を進めている事例を取り上げる。最後に，JAが取り組む実証試験の特徴や生産者への普及に必要な視点を整理する。

2　農業をめぐる経営環境の変化

2.1　気候変動による生産への影響

　本章のテーマを念頭に置きつつ，農業をめぐる経営環境として2点指摘したい。第一に，気候変動による農業生産への影響が拡大している。この点については，農林水産省が年に1度公表する「地球温暖化影響調査レポート」を参考にすると，近年は「年平均気温が例年より高い」という報告が毎年のようになされている。また，食料・農業・農村白書では時間降水量50 mmを超える豪雨の発生回数の増加傾向が示されており，高温や多雨といった異常気象が全国的にみられるようになっている[1,2]。

　そして，図1に示されるように生産現場で発生する温暖化による影響の報告件数も年々増加している。これらの多くが夏場の高温による「未熟粒の発生（水稲）」や「着色不良（ブドウ，リンゴ，ミカン）」，「虫害の発生（水稲，トマト，イチゴ）」などで，品質や収量の低下といった影響が発生している。2022年度のレポートでは報告件数が公表されていないものの，同じような

---

* Tasuku NAGATANI　元・㈱農林中金総合研究所　リサーチ＆ソリューション第2部
　　　　主事研究員

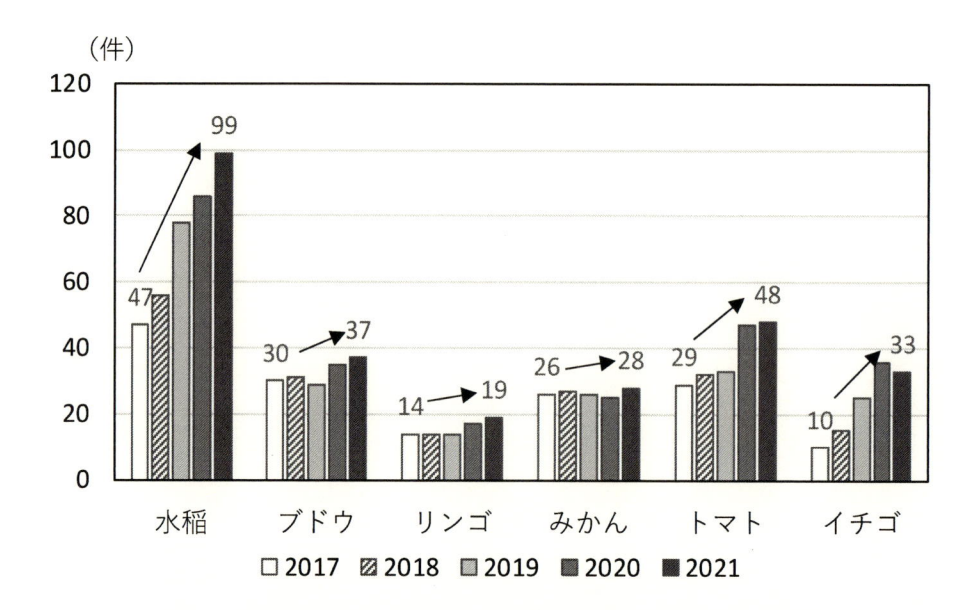

資料　農林水産省「地球温暖化影響調査レポート」各年版

図1　地球温暖化の影響と考えられる農業生産現場での影響報告件数

影響が全国の1〜2割の地域（西日本では2〜4割）で見られている。

2.2　資材価格高騰による経営への影響

　第二に資材価格高騰による経営環境の悪化である。図2は肥料・農薬の物価と農業資材費の物価，そして農業交易条件[*1] の指数の推移である。

　肥料費は2021年頃から上昇を始め，2022年後半から23年半ばにかけて過去最高の水準で推移した。23年後半からはやや下落しているものの，原稿執筆時（24年6月）も高水準で推移している。農業薬剤費は22年後半から23年前半にかけて上昇，こちらも過去に例のない高さを示している。

　農業交易条件指数は下落傾向で推移しており，経営環境の悪化が見て取れる。実際に営農類型別の農業所得（表1）をみると，22年には肥料費や光熱動力費などの増加を背景に，多くの類型で前年から減少している。

[*1]　農業交易条件指数は農産物販売の価格指数と農業資材費の価格指数の比（農産物価格指数／農業生産資材価格指数×100）として求められるものであり，その上昇／下降はそれぞれ農業経営をめぐる環境の良化／悪化をあらわしている。

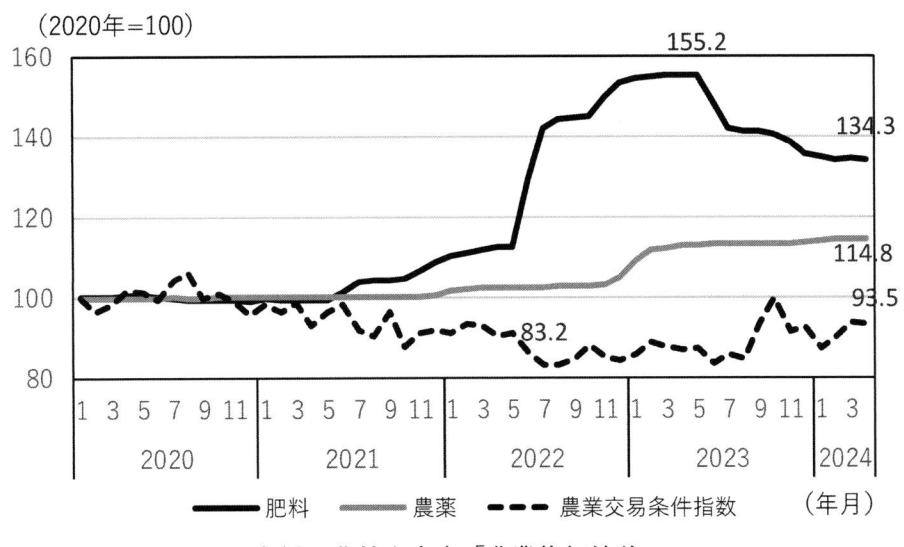

（2020年＝100）

資料　農林水産省「農業物価統計」

図2　農業生産資材の価格指数の推移

表1　個人経営体の農業所得の推移

（千円）

年	2019	2020	2021	2022
水田	122	126	▲ 30	▲ 30
畑作	2,251	1,873	2,682	2,269
露地野菜	1,746	2,176	1,898	2,182
施設野菜	4,037	4,118	3,928	3,615
果樹	1,817	2,024	2,119	2,147

資料　農林水産省「営農類型別経営統計」

2.3　小括

　以上のように，近年の農業経営体は生産面では夏場の高温や大雨による農産物の品質低下と収量の減少，経営面では資材価格高騰による農業経営費の増加と農業所得の減少という課題を抱えている。異常気象に対する適応策が求められている一方で，経営費削減の観点からは，投入資材を追加するかどうかの判断は厳しいものにならざるを得ない。適応策となりうるバイオスティミュラント資材であっても，それまで近隣で施用実績のないものを生産者自身の圃場で試すことは，経営的にも心理的にもハードルが高いと考えられる。

　こうした点において，農業者団体であるJAが産地と連携しつつ，生産者の費用負担を抑えながら新しいバイオスティミュラント資材などの実証試験に取り組むことは，効果の実証だけでなく資材の普及という側面からも，意義のあることだといえよう。

　次節以降では，JAが生産者と連携してバイオスティミュラント資材の実証試験に取り組んだ

事例を2つ取り上げ，その特徴と普及に向けた課題を抽出したい。1つ目は野菜作（セロリ）の高温乾燥対策として，2つ目は水稲作での虫害（ジャンボタニシ）対策として取り組んだ事例である。

3 セロリ作における高温乾燥対策としてのバイオスティミュラント資材実証試験

3.1 JAふじ伊豆管内の状況とスキーポンの紹介

JAふじ伊豆三島函南地区本部（旧JA三島函南。以下「地区本部」）は静岡県三島市と函南町を管内としている。管内で生産された野菜の一部は「箱根西麓三島野菜」としてブランド化され，静岡県内だけでなく東京，大阪といった大消費地にも出荷されている。夏の気温が高い地域であるため，高温の時期を避けて秋〜春にかけての秋冬野菜栽培がおこなわれている。そのため，近年の夏の猛暑や長引く残暑の影響による，農産物の品質低下が課題となっていた。高温対策としてスプリンクラーによる水まきや，品種構成，栽培時期の変更といった対策を講じてきたが，収益期間が短くなったり，栽培適期を逃したり（冬まで栽培が続き，低温障害が発生）する事態が発生していた。

そうした時期にJA静岡県信連から紹介されたのがアクプランタ社のスキーポン（第8章参照）であった。JAグループが主催する農業関連スタートアップ企業の支援策である「JAアクセラレータプログラム」に当社が採択されたことから，JA静岡県信連の担当者の目に留まり，地区本部（旧JA）に紹介された。

高温への適応策が求められる中で，地区本部では今後も営農を継続するためにスキーポンは有効な資材になりうるとして，その実証試験に取り組んだ。実証試験はブロッコリー[*2]，セロリ，ナスの3品目でおこなわれ，特にセロリは暑さの影響を受けやすい夏に植えること，必要な水の量も多いことから「高温乾燥耐性の向上」というスキーポンの効果が見えやすいと考えられた。

3.2 試験の目的・ねらい

管内には8名のセロリ生産者がおり，全員が地区本部の部会に所属している。前述のとおりセロリは水の要求量が多いため，生産者は管内でも水が豊富な集落に集中しており，そこの基幹作物となっている。栽培面積は全体で2.4 ha，露地栽培が多く育苗などの一部の作業は共同で実施している。生産者8名で組織した生産組合で建てた育苗ハウスで幼苗を育て，苗が大きくなった段階で各自が持ち帰り定植をしている。

セロリの作業は6月から育苗が始まり，8月に定植となる。定植後1ヶ月ほどは暑い時期で，ここで高温に晒されると初期生育が悪くなり，そのまま収穫時でもセロリが大きくならない。

[*2] ブロッコリーでは省力化を目的に実証試験がおこなわれた。長谷（2023）を参照[3]。

　地区本部管内では，2LやLといった大型規格のセロリを多く出荷することが経営的に最も効率的であり，生産者もこの大型規格を目指して栽培をしている。これまで高温対策としては，貯めた雨水をスプリンクラーで撒くことで対応していたが，水源枯渇の可能性もあるため十分な対応ができていなかった[*3]。

　初期生育時のセロリの高温乾燥耐性を高めることは，産地としての大きな課題であり，それとスキーポンの特性がマッチしていることから，セロリでの実証試験を進めることとなった。ただし1年目（2022年）には，実証試験ではなく試行ということで，セロリの生産者全8名にスキーポンを供試し，使い方を説明したうえで，その施用は各生産者に任せられた。その結果，スキーポンを施用したのは8名中4名であり，その4名も使い方（希釈率や散布量）が区々であったため，全体として効果が見えにくいものとなってしまった。

　そこで2年目（2023年）は，1年目に最も正確にスキーポンを施用できていた大規模生産者1名と連携し，地区本部の部会担当者が施用状況を常時把握しながら，その効果を検証していった。

3.3　試験方法

　試験方法はスキーポン1Lを提供し，これを500倍希釈して定植前の苗に動力噴霧器で散布するというものである。全部でセルトレー500枚分（面積換算で約40〜50a分）であり，作業時間は1時間以上必要となる。

　協力農家の栽培面積は露地50aとハウス10aであり，スキーポンは露地に植える苗全体に施用[*4]している。農家の中で対照区は分けていないが，地理的にも近くスキーポンを使っていない周辺農家の圃場が対照区となりうると考えられている。

3.4　試験の結果とその評価

　試験の結果は「規格別の出荷の成績」で取りまとめている。その理由は①セロリは共同販売をしているので，出荷の結果は必ず地区本部で把握できるため，②生産者が興味を持つのは「どれだけ大型規格の収量が増えるか」であり，それは出荷の成績としてあらわれるためである。

　1年目の出荷成績では，管内の2L規格セロリの約80％がスキーポンを施用した4名の生産者によって出荷された。この結果について地区本部および部会では，別の病害が一部で発生したことや生産者の規模の違い[*5]があるため，すべてがスキーポンの効果とは言えないとしつつも，規模以上に出荷規格の差が出ていると評価している。

　2年目は協力生産者が出荷したセロリのうち約76％が大型規格となっており，他の生産者と比較しても高い割合となっている。この生産者の圃場は前年（スキーポン施用）に萎黄病が発生し

[*3]　水道水を撒くこともできるが，水量が多いためコストが見合わない。

[*4]　ハウス栽培は定植時期が遅いため，高温障害が出にくい。水も使いやすいので露地ほどの作りにくさはない。

[*5]　スキーポンを施用したのは比較的規模の大きい生産者であった。

ており，大型規格の割合は 30 ％台であった。そのため，収量自体は大きく変わらないものの，2年目の売上高は前年の 1.5 倍に増加した。スキーポンのコストは 1,400〜1,750 円 /10 a（7,000円 /L）であり，それによって大型規格が増えるのであれば，十分に回収可能な費用であると評価している。

3.5 普及に向けた課題と今後の展望

スキーポンを使った生産者は効果を実感しており評価も高いが，他の生産者へはまだ普及していない。出荷成績はその年の報告会で説明しており，その場でスキーポンに興味を持ったとしても，翌年の定植作業の際に導入しようとする生産者はまだ出てきていない。その理由として，時間の経過により関心が薄れてしまうことと，作業体系を変更することへの忌避感があると地区本部では考えている。

前者については，定植前の会合で改めて前年の出荷成績を説明したり，施用実績のある生産者に広めてもらったりなどの活動を通じて，他の生産者にも普及させようとしている。後者については，生産者は資材のコストや効果以上に，それによって追加される労力に敏感であることから，動噴の作業時間をいかに効率化するかを検討している。

例えば，現在は育苗ハウスから各生産者が持ち帰り定植前に散布しているが，幼苗の段階で散布できるのであれば共同ハウスの灌水ロボットが使えるため，生産者の労力が軽減されることが見込まれる。ただし，幼苗への散布に対しては生産者の間でも不安感があるため，引き続き効果検証を進めていく予定である。

4 水稲作におけるジャンボタニシ食害対策としてのバイオスティミュラント資材実証試験

4.1 JAぎふにおける水稲作の課題とバイオスティミュラント資材への期待

JA ぎふ（本項以下では「JA」）は岐阜県西部の六市三町を事業区域としており，管内は米や麦を主力としつつも多彩な園芸品目が作付けされている。近年は高温による早生中生の水稲の品質低下や収量の減少などの農産物被害が増加している。特に 2018 年ころには暖冬と多雨の影響で，田植え時期にジャンボタニシ（スクミリンゴガイ）が大量発生した。1 枚の水田に植えた苗がすべて食べられるというような被害も発生し，植え替えなどの追加作業や費用が発生した。

それまで農薬による防除や冬場の耕起といったジャンボタニシ対策を実施していたが，それでも被害が発生したために，別の対策が必要となっていた。こうした現場の課題を取引のある資材業者などに相談するなかで，ある業者からビール酵母細胞壁成分を配合した清和肥料工業のセルエナジーを紹介された。

セルエナジー自体は肥料であるが，これに二価鉄やキレート鉄を加えて散布することで，ジャンボタニシの忌避効果が期待できるというものであった。セルエナジーはすでに JA ぎふ管内の

イチゴ作で肥料としての施用実績があったことや，セルエナジー自体が発根促進作用を持つことから，JA で実証試験を実施することとした。

4.2　実証試験の概要

　実証試験は県のジャンボタニシ被害対策推進事業を活用して，2020 年～22 年に実施された。県の推進事業は総合的な対策であることから，セルエナジーだけでなく市町村による水路の改修や石灰窒素入り元肥の導入，冬場の石灰窒素の散布など複数の追加のジャンボタニシ対策が同時に実施された。

　セルエナジーについては，試験に協力する生産者にセルエナジーを供試し，圃場を分けて①「セルエナジーの 1,000 倍希釈液と鉄資材 30 g を田植え 3 日前に育苗箱に葉面散布」（写真 1），②「定植後にセルエナジー 2 L/ha を流し込む」，③「定植後にセルエナジー 2 L/ha と鉄資材混合液を流し込む」（写真 2）の 3 試験区を設けて検証をおこなった。

資料：JA ぎふ提供

写真 1　葉面散布の様子

資料　JA ぎふ提供

写真 2　流し込みの様子

育苗段階でのセルエナジーの施用が必要であったため，自前で育苗を実施している4つの担い手経営体が協力農家として試験に参加している。

4.3 試験結果とその評価

実証試験の結果は，各圃場でのジャンボタニシの食害状況と水稲の収量について，JA職員が協力農家に聞き取る形で取りまとめている。本項では効果面とコスト面での結果とその評価についてみていく。

4.3.1 効果面

前項①の育苗箱散布を実施した圃場では，ジャンボタニシの食害が見られず，例年通りの収量を確保できていた。②のセルエナジーのみ流し込みを実施した圃場では，前年よりも収量が増加したものの，一定程度の食害が発生した。③のセルエナジーと鉄資材の流し込みを実施した圃場では，取水口付近で食害が発生したが，それ以外での場所では食害を抑えることに成功していた。

ただし，この年（2021年）は前年の冬が寒く，JA管内全体でジャンボタニシの発生自体が少なく，稲の育成も順調であった。そのため，セルエナジーのみの流し込み（②）については，目に見えた効果が出ていないと考えられている。また，石灰窒素散布による対策も実施した圃場はさらに被害が少なくなっており，複数の対策を組み合わせると，より効果が出るとの結果が出た。

これらの結果を受けて，2年目以降はセルエナジーと鉄資材は混合施用されるようになり，混合液の「育苗箱散布＋定植後の流し込み」という試験区でも試験がおこなわれて食害を抑えることに成功している。

4.3.2 コスト面

セルエナジーと鉄資材施用による金銭的なコストは，1,000円/10aを下回ると試算されている。農薬のコストは2,000〜3,000円/10aと見込まれていることから，金銭面での負担は小さいと考えられている。

一方で，他の対策と比較して手間がかかるという指摘が協力農家から出ている。これは，農薬や石灰窒素は機械で撒けるが，セルエナジーの場合は育苗箱への水かけや，（流し込みの場合には）ポリタンクの準備と取水口付近への設置・回収といった，労働面での負担が必須となるためである。

4.3.3 評価

協力農家およびJAでは，防除効果と追加コストの観点からセルエナジー＋鉄資材を高く評価している。ただし，現場での普及を考える上ではそうした観点以上に，「どれだけ手間がかからないか」「いかに通常の作業工程に組み込めるか」が課題となっている。

セルエナジー＋鉄資材の育苗箱への散布については，希釈液等の準備はあるものの，水かけ自体は通常の作業工程の一つであることから，普及の可能性はあると考えている。一方で，流し込みはポリタンクの作業が追加の工程となり，大規模経営体ほど負担が大きくなるため，普及は難しいと考えられている。

　実際に 2021 年からジャンボタニシの発生数自体が少なくなり，この時期から協力農家の中でもセルエナジーの施用を中断する経営体が出てきている。現状ではジャンボタニシの大量発生が見込まれる時の追加対策という評価であり，他の対策の代替として捉えられてはいない。24 年は暖冬と雨の影響によりジャンボタニシ被害が大きくなると予想されている。バイオスティミュラント資材を含めた取組みによって，食害を抑えることが期待されている。

5　JA によるバイオスティミュラント資材の実証試験の特徴と普及に向けた課題

　以上の 2 つの実証試験事例を参考にして，本節では JA によるバイオスティミュラント資材の実証試験の特徴と普及に向けた課題を整理する。

5.1　JA による実証試験の特徴

①産地のニーズに合致した実証試験

　JA は地域の農業者によって組織されているため，気候変動や資材価格高騰といった経営環境の中で，産地が抱えている課題について詳しい。本稿の事例では JA の職員がそのネットワークを活用して，地域の課題に即したバイオスティミュラント資材を選定し，解決に向けた実証試験を実施できている。また，試験が進むにつれて，地域の作型や栽培方法などを考慮した施用方法が検討されている。

②バイオスティミュラント資材に限定した効果検証が難しい

　生産者が実証試験に参加することは，実際に経営をしている圃場で試験を実施することを意味する。試験の結果による収量の増減は経営成績に直結するため，JA や関係機関では試験によって収量が下がるリスクを避ける傾向にある。このため，複数の対策が同時に講じられたり，バイオスティミュラント資材の投入以外の管理は生産者に任せられるなど，バイオスティミュラント資材の効果に限定した厳密な検証の実施が難しくなっている。

5.2　普及に向けた課題

①作業工程への組み込みが重要

　バイオスティミュラント資材の普及に向けた課題として 2 つの事例で指摘されたのが，「バイオスティミュラント資材の施用を既存の作業工程に組み込まなければ，普及は難しい」という点である。生産者は資材を追加する際に，その効果やコストだけでなく，通常の作業体系からの変化が少ないことを意識している。

　事例でも通常工程（水まき）の中でも施用といった工夫や，追加工程のさらなる効率化検討など，作業負担低減が強く意識されている。

　一つ一つの作業負荷が小さいものであっても，生産者の規模が大きくなれば無視できない手間

となることもあるため，バイオスティミュラント資材の施用が新しい工程として増えてしまうことは普及上の課題となりえる。

②バイオスティミュラント資材の使い方と効果が明確でない

本稿で取り上げた事例では，バイオスティミュラント資材は高温乾燥対策や虫害対策などの目的をもって使用されている。しかし，その効果は使用方法や気候にも左右されるため，生産者として効果を実感しにくい弱みがある。

誤った使い方で効果があらわれなかった生産者や，たまたま気候条件が良く産地全体で農業生産が順調に進んだ年では，バイオスティミュラント資材の施用が中断されることもあり，必要不可欠な資材ではなく「何かあった時に対処するための資材」として位置づけられてしまっている。

6　まとめ

本稿では農業経営をめぐる状況を整理したのち，JA がバイオスティミュラント資材の実証試験を実施している事例を紹介した。過去に例のない気候や経営環境の中で，農業の現場でもこれまでにない栽培上の課題に直面している。そういった新しい産地の課題と，その対策としてのバイオスティミュラント資材を結びつける機能を果たす主体として，JA のもつネットワークは大きな役割を果たしている。

バイオスティミュラント資材が農業生産の現場で活用され始めたのは最近のことであり，本稿の 2JA は全国的にも早い時期からバイオスティミュラント資材に着目していた事例である。どちらの事例でも JA 職員がそのネットワークを活用して，生産現場の課題に適したバイオスティミュラント資材を探し出し，生産者と連携して実証試験を実施することで，より現場に即した施用方法の検討が進められている。

実証試験に協力した生産者からは，バイオスティミュラント資材の効果やコストに関して高い評価を受けている。気候変動が原因と考えられる農産物への影響は全国的に発生していることから，環境ストレスへの耐性を高めるバイオスティミュラント資材への期待は今後も高まっていくと考えられる。

一方で，そうした先進的な事例であっても，バイオスティミュラント資材の正確な効果検証や現場への普及という意味では課題が残ることが明らかとなった。前者に関しては経営と切り離した圃場での試験実施や，JA を含む関係機関での減収リスクの分担などが考えられる。後者に関しては，効果の有無と同じかそれ以上に既存の作業工程との親和性という観点が重要となるものの，その前段として，バイオスティミュラント資材の法的な位置づけや認知度の拡大など，業界全体での対応が必要となろう。

文　　　献

1)　農林水産省『地球温暖化影響調査レポート』
　　https://www.maff.go.jp/j/seisan/kankyo/ondanka/report.html
2)　農林水産省『令和 5 年度 食料・農業・農村白書』
　　https://www.maff.go.jp/j/wpaper/w_maff/r5/pdf/zentaiban_13.pdf
3)　長谷祐, 農中総研 調査と情報, **95**, 16-17（2023）

第28章 発光レポーターを利用した バイオスティミュラントの探索・評価系

小倉里江子[*1], 平塚和之[*2]

1 はじめに

バイオスティミュラント（BS）の性能評価は基本的には植物を観察することによってのみ可能である。すなわち，BS処理によってもたらされた効果を様々なストレス処理下において観察する必要がある。しかし，BS処理によって惹起される遺伝子レベルの応答としてストレス応答性遺伝子群の発現があり，それらの情報を得ることによって，植物体に防御応答反応の誘導状況を知ることができる。一方，高等植物の各種ストレスと遺伝子発現の関係は詳細に調べられており，複数存在する情報伝達系と，その下流に位置するストレス応答性遺伝子群の関係についても多くの知見が得られている。

遺伝子発現やタンパク質の量的変動をモニタリングする手段として用いられる各種実験手法は，植物組織・細胞からの試料の抽出あるいは組織固定が必要であり，それらの時間的・空間的変化を追跡するためには，多くの試料を費やしてしまう。さらに，正確で信頼性の高いデータを得るためには多数の試料を供試しなければならず，そのためのコストは極めて大きい。また，一般的には各種ストレス応答性遺伝子群のメッセンジャーRNAあるいはそれらがコードするタンパク質の蓄積を定量する方法がとられるが，植物体からの核酸やタンパク質の抽出が必須であり，同一試料を活かしたまま経時的に連続観察することによる遺伝子発現レベル変動のモニタリングは不可能である。それらの問題を解決する方法として遺伝子発現を連続観察する技術である発光レポーター法がある。この方法によって非破壊的な遺伝子発現モニタリング手法が開発され，植物の遺伝子発現モニタリング方法として応用されてきた[1]。

BS探索・性能評価の指標の一つとして遺伝子発現の変動が挙げられ，特にBS処理に応答して誘導される遺伝子の発現はBS活性評価の良い目安となる。発光レポーター法は侵襲性が低く，遺伝子発現との連動性も良好であるため，動きのある遺伝子発現量変動のモニタリング技術として優れている。この方法は比較的古くから知られているが，学術研究での使用例が多く応用研究での事例は比較的少ない。本稿では発光レポーター法によるBS活性のモニタリング手法について概説し，応用の実施例と今後の展望について解説する。

＊1 Rieko OGURA 横浜バイオテクノロジー㈱ 取締役研究開発部長

＊2 Kazuyuki HIRATSUKA 横浜国立大学 大学院環境情報研究院 教授

2　ルシフェラーゼ遺伝子を用いた発光レポーターの特徴

遺伝子発現を間接的にモニタリングする手段のひとつとして，レポーター遺伝子を用いる方法がある。レポーター遺伝子は複数有り，それぞれの特徴を活かして使用される。最も頻繁に用いられるのは，緑色蛍光タンパク質（GFP）を代表とする蛍光タンパク質である。タンパク質にタグをつけるという操作は，GFP と目的とするタンパク質の融合タンパク質として発現させることである。融合タンパク質は，本来のタンパク質に準じた細胞内挙動を示すので，対象とするタンパク質の細胞内所在や分解のモニタリングが可能となる。さらに，空間分解能が高いので，詳細な組織特異的な発現観察には好適である。しかし，GFP タンパク質の安定性は比較的高く，発現量の定量には向いていない。また，蛍光タンパク質の検出には励起光照射が必須であり，それらが生物試料に与える影響も場合によっては問題となる。

我々はレポーター遺伝子としてホタルルシフェラーゼ（luciferase; LUC）遺伝子を用いた病害応答遺伝子の発現制御解析系の開発を試みてきた[2,3]。LUC はホタルの発光遺伝子産物であり，代表的な生物発光反応であるルシフェリン–ルシフェラーゼ反応を触媒する。そのレポーター遺伝子としての LUC の応用は比較的古く 1986 年には開始されている。そのアッセイ系は遺伝子発現を経時的に観察する実験系として，現時点でも遺伝子発現の定量的な非破壊的連続観察が可能な最良の系であると思われる。遺伝子発現は，染色体 DNA のタンパク質コード領域の上流側（転写開始点の 5' 側）に存在するプロモーターによって制御される。そこで，目的とする遺伝子のプロモーター部分を切り出して LUC 遺伝子に連結し，それを染色体 DNA に挿入する。プロモーターは本来の遺伝子の転写制御とほぼ同じ発現を示すので，LUC 遺伝子の発現制御はプロモーターに依存したものとなる（図1）。

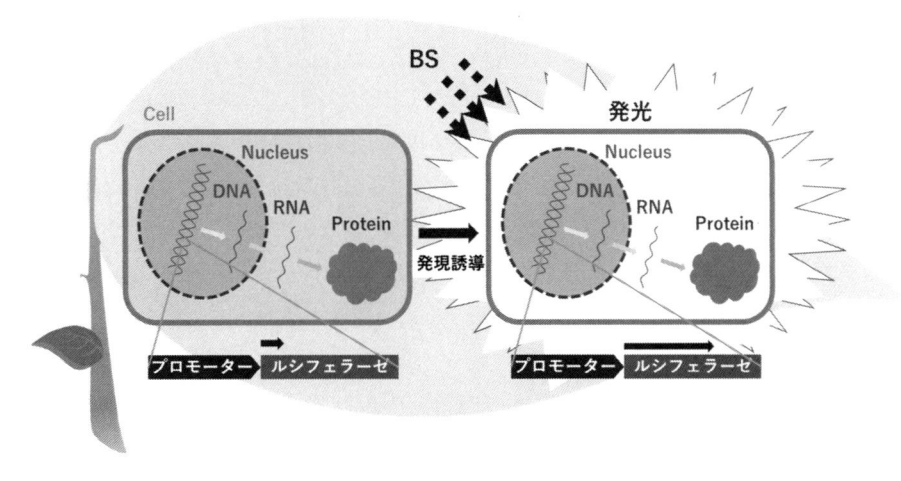

図1　発光レポーターの作動原理

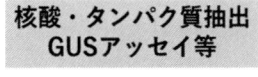

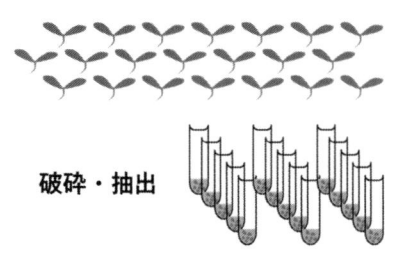

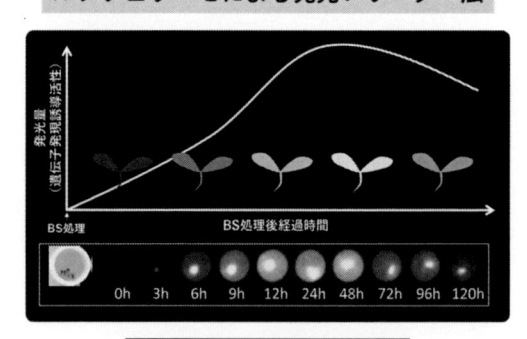

図2　通常の遺伝子発現調査手法と，発光レポーター法による非破壊的な連続観察の違い

LUC 遺伝子産物は，他のレポーター遺伝子産物と比較して植物体内での安定性が低い。特に，基質となるルシフェリンの存在下では LUC 活性が不安定であるため，転写量の変動が発光活性に反映されやすいという特徴がある[4]。LUC の基質であるルシフェリンは植物細胞・組織への浸透性が優れ，細胞毒性も認められない。さらに，mRNA またはタンパク質の抽出や，他のレポーターアッセイとは異なり，非破壊的に連続観察を行うことが可能である（図2）。

このような利点を生かし，微弱な生物発光を検出可能な超高感度 CCD カメラ等を用いた *in vivo* での遺伝子発現測定法が開発され，実際に変異体の選抜などに利用されてきた。

3　植物のストレス応答の連続モニタリング系

高等植物の防御応答モニタリング系としては，PR タンパク質遺伝子などの抵抗性誘導マーカー遺伝子のプロモーターと LUC の融合遺伝子を植物に導入し，病原菌接種などにより誘導されるマーカー遺伝子の転写活性化をルシフェラーゼ活性の上昇として検出する系が確立されている。筆者らは抵抗性誘導剤の探索・評価に応用する目的で，各種防御応答関連遺伝子プロモーターに LUC を連結したレポーター遺伝子を構築し，タバコあるいはシロイヌナズナに導入してそれらの特徴付けを行ってきた。下図に示す例では，タバコ成熟葉の表面に化合物を部分的に処理した後，高感度 CCD カメラを用いて観察を行い，抵抗性誘導活性を有する化合物を処理した部位における発現誘導を検出している（図3）。

これまでにタバコ BY-2 株由来の *PR-1a* プロモーターの有効性について検証し，それが遺伝子銃を用いた一過性発現系においても望ましい発現特性を示すことなどが明らかにされている[5]。さらに，タバコ由来でありながら，*PR-1a* プロモーターはシロイヌナズナにおいても良好な応答性を示すことが判明し，抵抗性誘導活性物質等の探索・評価系として活用できることが示

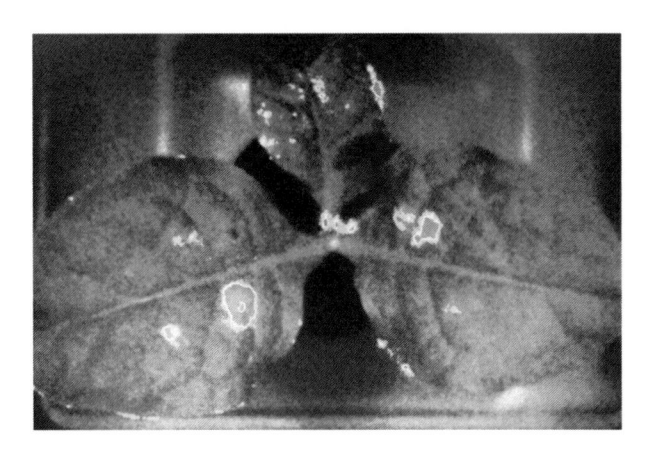

図 3　ルシフェラーゼレポーター融合遺伝子を用いた
病害応答遺伝子プロモーター*PR-1a* のタバコ葉
における発現誘導の発光モニタリング

されている[6]。また，各種ストレス応答や病害抵抗性発現のプライミングに関与するとされている リン酸化酵素をコードするシロイヌナズナ遺伝子である *MPK3* のプロモーターと LUC の融合遺伝子を組み込んだシロイヌナズナを用いて，*MPK3* の発現制御様式等についての知見が得られている[7]。

4　探索系への応用

　抵抗性誘導剤を含む BS 候補化合物等の探索・評価に用いる際には，多くの候補化合物等を一気に効率よく調査することが望ましく，そのためには評価系が高効率で大量解析可能であること，すなわちハイスループット化が必要である。特に各種マルチウェルプレートを用いたアッセイ系の適応が必須となる。しかし，96 穴マルチウェルプレートを用いたハイスループットスクリーニング（high-throughput screening：HTS）への応用に際しては，発芽直後の幼植物体を用いる必要があるので，子葉における発現動態が目的にかなった特性を示すことが前提となる。そこで，各種病害応答性プロモーターについて LUC との融合遺伝子を作製してシロイヌナズナに導入し，それらの発現応答について調べた。その結果，いくつかの病害応答性プロモーターは 96 穴マルチウェルプレートにおいても望ましい発現特性を示し，化合物ライブラリーを利用した HTS 系への応用にも適していることが明らかとなった[8~10]。

　これらの探索・評価系にも実は様々な問題点がある。特に，擬陽性と擬陰性の問題は化合物評価を進める際には大きな障壁となる。発光レポーターを使用する場合には，擬陰性の問題が特に深刻であり，それを回避することがスクリーニングの質を維持するために特に重要である。生理活性を有する多くの化合物を一定の濃度で処理した場合，細胞毒性が現れる場合が多く，そのよ

うな状況では，本来活性を有する化合物であっても，遺伝子発現誘導は観察できず，「陰性」と
して見落とされてしまう。また，ルシフェラーゼ活性そのものを強く阻害する化合物も多く存在
することが知られており，それらの存在下では発光レポーターアッセイそのものが成り立たな
い。これらの問題を回避するためには，適切な対照実験区の設定と，複数の処理濃度について検
討することが必要である[11]。

5 HTS を利用して化合物ライブラリーから候補物質を選抜する方法

　化合物ライブラリーは主に医薬開発等を目的として数万種類におよぶ低分子化合物を収集した
ものであり，それらはマルチウェルプレートに分注した形で配布される。現時点では，公的機関
が配布するものも利用可能であるが，小規模でも使用可能な市販の化合物ライブラリーの利便性
が高く，広く用いられている。それらは多くの場合 96 穴マルチウェルプレートに 80 種類の化合
物が分注された形で入手できるので，その配列をそのまま利用して 96 穴プレートを使用した
HTS 系に持ち込むことが可能であり，利便性も高い。下図にその実施例を示す（図 4）。

　また，シロイヌナズナ芽生えを用いた HTS 系では，96 穴プレート以外でも 384 穴プレートを
用いることもできるが，その場合には 1 ウェルあたり 1 植物体を用いることになる。384 穴プ
レートを用いれば，1 プレートあたり 80 サンプルを 4 反復でアッセイすることが可能であり，
特に化合物ライブラリーのスクリーニングに有効である（図 5）。

　当初のスクリーニングにおいて反応を示す化合物が同定されれば，再確認の実験を行うととも
に，より精密な経時的発現誘導パターンの観察，処理濃度別の試験を実施する。成熟個体を用い

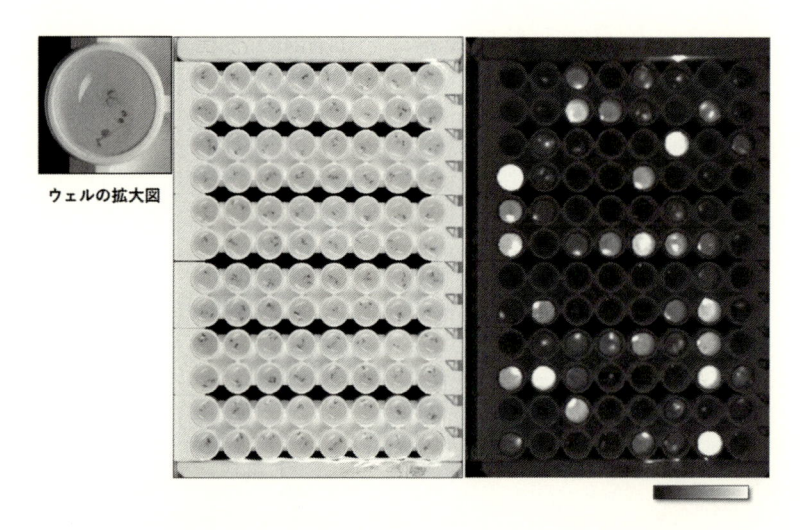

図 4　シロイヌナズナ芽生えを，96 穴マルチウェルプレートを用いて
化合物処理する実施例（左：反射光像；右：発光画像）

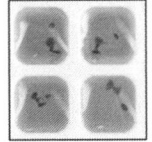

ウェルの拡大図

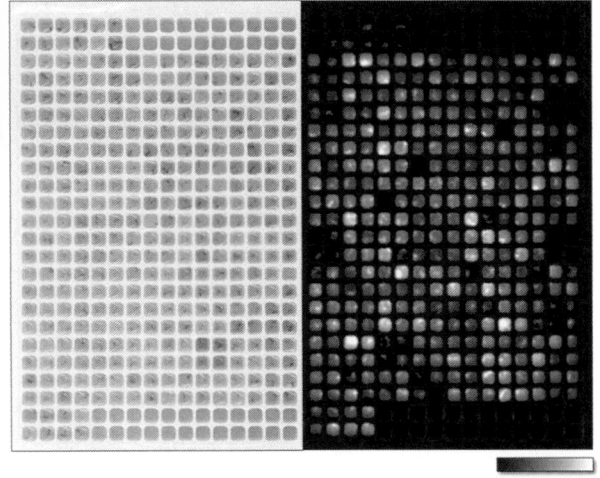

図5　384多穴プレートを用いたスクリーニングの実施例
（左：反射光像；右：発光画像）

た実験を行う場合には多量の化合物を消費することになるので慎重に取り組む必要があるが，シロイヌナズナ芽生えの系であれば，微量の化合物量で試験を実施可能であり，新規に高価な試薬を購入する必要がない。また，作用機作等を考察するためには，他の遺伝子プロモーターを用いた系を使用したり，既知の生理活性物質との発現誘導パターンを比較したりすることが有効である。

　最近注目されている，プライミング効果を有する化合物のスクリーニングにも，マルチウェルプレートによる系を用いることができる。その際には前処理に候補化合物ライブラリーを使用し，その後各試料に対して化合物等による弱い誘導刺激を与え，その結果として誘導された発光レポーター活性を比較検討する。

6　今後の展望

　現在までのところ，96あるいは384穴マルチウェルプレートを用いたHTS系による遺伝子発現モニタリング手法が適応可能なのはシロイヌナズナの芽生えに限定される。しかし，発光レポーター系そのものの応用は形質転換可能な植物種であれば基本的には可能であり，トマトやイネなどでの応用も期待できる。さらに，様々な遺伝子プロモーターを用いることで，BS資材の用途に対応したアッセイ系を構築することが可能である。BS探索・評価に適した各種ストレス応答性あるいは植物ホルモン応答性の遺伝子プロモーターの活用が考えられる。また，BSに期待される効果として耐暑性あるいは高温ストレス耐性の誘導があり，各種熱ショック応答性プロモーターの使用が想定されている。

　発光レポーターモニタリングの高性能化については，発光スペクトルが異なる複数のルシフェラーゼを用いた実験系が提唱されている[12, 13]。これは，赤色発光型と緑色発光型のルシフェラーゼを併用する方法で，共通の発光基質としてルシフェリンを用いるので，色調の異なる発光活性を光学フィルターで分離して内部標準とし，その相対活性値で正確な遺伝子発現誘導を計測する方法である。BS の探索系に用いる場合には，偽陰性の問題は大幅に軽減されると考えられる。

　一方，発光レポーターによって選択された化合物全てが実用レベルで有用な BS あるいは抵抗性誘導剤とはなり得ない。これは，防御応答遺伝子誘導活性を示す化合物等の特性が多岐にわたり，必ずしも圃場レベルでは有効では無いものが選抜されてしまうからである。今後は，そのような「擬陽性」を効率よく排除可能な手法の開発が期待される。

文　　　献

1)　A. J. Millar *et al.*, *Plant Mol. Biol. Rep.*, **10**, 324 (1992)

2)　平塚和之，細胞工学別冊　植物細胞工学シリーズ 6，**80**，秀潤社 (1997)

3)　渡壁百合子ほか，日本農薬学会誌，**26**, 296 (2001)

4)　Y. Watakabe *et al.*, *Plant biotechnol.*, **28**, 295 (2011)

5)　S. Ono *et al.*, *Biosci. Biotechnol. Biochem.*, **68**, 803 (2004)

6)　S. Ono *et al.*, *Biosci. Biotechnol. Biochem.*, **75**, 1796 (2011)

7)　T. Tanaka *et al.*, *J. Gen. Plant Pathol.*, **72**, 1 (2006)

8)　草間勝浩ほか，日本農薬学会誌，**34**, 316 (2009)

9)　M. Kusama *et al.*, *Plant Biotechnol.*, **29**, 515 (2012)

10)　K. Sueda *et al.*, *Current Plant Biol.*, **30**, 100245 (2020)

11)　鳴坂義弘ほか，化学と生物，**48**, 706 (2010)

12)　小倉里江子，平塚和之，植物細胞工学 新版 植物の細胞を観る実験プロトコール，**122**，秀潤社 (2006)

13)　R. Ogura *et al.*, *Plant biotechnol.*, **28**, 423 (2011)

第29章　バイオスティミュラント資材を供試した
栽培試験の設計と効果検証

春原英彦[*1]，伊藤大輔[*2]，木村庄樹[*3]

　我々は，作物栽培を通して様々な農業資材の作物に対する影響について検証する受託試験を数多く実施しており，近年はバイオスティミュラント資材（以降，BS 資材）の試験受託が増加している。これまでの BS 資材の効果検証試験を経験してきた中で，留意すべき点が見えてきたことから，本章ではこれら留意事項について提示していきたい。

1　試験計画

　試験計画は BS 資材の試験に限らず，全ての試験で必要なことであるが，これから栽培試験を行うことを考えている方々にとっては未知数の部分が多いと思われる。BS 資材の栽培試験における留意事項について触れる前に，栽培試験を実施するに際して，試験内容の明瞭化と基本となる情報収集のために，我々が試験仕様としてまとめている例を簡単に以下に示す。基本的には，(1) 目的，(2) 資材情報，(3) 試験栽培情報，(4) 調査項目情報についてまとめている（表1）。

　実験計画については，Fisher の 3 原則（反復 /replication，無作為化 /randomization，局所管理 /local control）が基本であり，実験環境・実験条件によって生じる誤差（系統誤差）をコン

表 1　試験仕様の項目例

(1) 目的	−
(2) 資材情報	有効成分，資材特性（効果を発揮する生育ステージやストレス条件など，試験に係る特性），安全性など
(3) 試験栽培情報	試験場所（室内 / ハウス / 露地 / 水田 等），栽培方法（土耕 / 水耕 等），試験栽培時期，供試作物および品種，栽培条件（栽植密度，マルチの有無 等），施肥条件（元肥，追肥 等），土壌水分条件，試験温度，明暗条件，試験土壌（黒ボク土，洪積土 等），処理水準数・処理内容，試験区あたりの調査対象株数，反復数，試験区配置など
(4) 調査項目情報	調査項目・調査時期・調査回数・調査に用いる機材など

※ (2) (3) (4) の内容は，(1) 目的に応じて適宜判断

＊1　Hidehiko SUNOHARA　㈱環境管理センター　基盤整備・研究開発室

＊2　Daisuke ITOH　㈱環境管理センター　アグリ事業開発部　農業環境ラボ　所長

＊3　Shouki KIMURA　㈱環境管理センター　アグリ事業開発部　筑西試験農場　農場長

トロールし，偶然生じる誤差（偶然誤差）なのか「要因による差」なのかを調べることが重要である。特に植物／作物を扱う栽培試験の場合，栽培条件，環境要因，株ごとの生育などを均一にすることは極めて困難であるため，この3原則は極めて重要である。実際の試験区配置としては，乱塊法（randomized block design），ラテン方格法（latin square design），分割区法（split-plot design）などがよく用いられるが，使用する作物や予想・期待される結果，試験実施にあたっての処理の安定性と手間に応じた判断が必要となる。

　また，標準区（コントロール）の設定は重要である。特に，ストレス条件下での資材効果試験の場合のストレス条件下での資材処理をしないコントロール（ネガティブコントロール）は必須である。また，供試するBS資材と同じ効果・効能であることが既に分かっている資材がある場合には，その資材を処理した区（ポジティブコントロール）を設定することも有効である。ほかに，ストレス条件下での試験が成立していることを証明するため，非ストレス条件下における資材有無のコントロールについても，可能な限り設定することを推奨する。

2　作物の選定

　BS資材の効果を判定するためには，何らかの作物に対しての効果を検証する必要がある。作物の選定においては，開発段階や資材の用途などを踏まえて，目的に沿った選定を行うことが重要である。

　観察したい形質や作物の分類（果菜類，茎葉菜，根菜等）によって試験に供試する作物は異なるが，各ストレスに関連する試験例から，使用される頻度の高い作物を選定することもひとつの方策である（表2）。

表2　環境ストレス（乾燥，高温，塩類）に対するBS資材の効果試験の実施例数（特定の検索語の組み合わせにより検索，論文検索エンジン上位200件を調査した際の作物別の例数，2024年7月現在）

乾燥		高温		塩類	
作物名	例数	作物	例数	作物	例数
トウモロコシ	27	イネ	19	コムギ	28
コムギ	16	トウモロコシ	15	イネ	24
オオムギ	6	コムギ	14	トウモロコシ	16
キンセンカ	5	トマト	13	ダイズ	12
ヒヨコマメ	5	ダイズ	10	トマト	10
キンセンカ	5	トウガラシ	6	リョクトウ	10
ダイズ	5	ラッカセイ	6	ヒヨコマメ	10
ヒヨコマメ	5	ヒマワリ	6	ケツルアズキ	6
コリアンダー	4	ソルガム	6	トウガラシ	6
ベニバナ	4	ジャガイモ	5	レタス	6

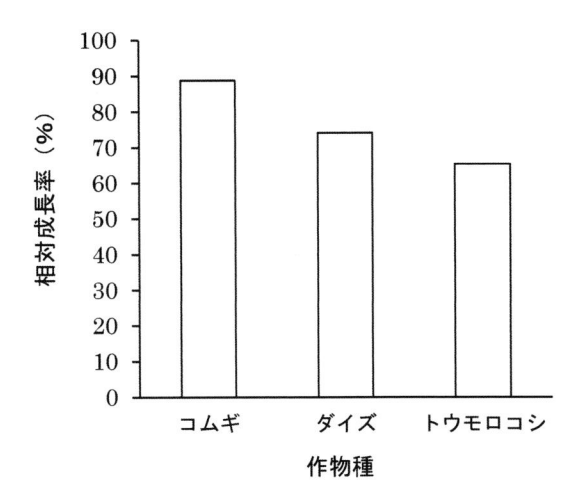

図1　乾燥ストレスを1回処理した際の理想条件下に
対する成長率の比較（継続的な理想条件下で栽
培した時の生育量を100とした相対比率，本例
ではpF2.3が理想条件）

　また，各ストレスに対する作物／品種の感受性などを事前に，室内の小規模栽培試験などで調査し，BS資材の効果によりどの程度の生育量の回復や補填がなされることを期待するか調査することも重要である。図1は，コムギ，ダイズ，トウモロコシの本葉2枚展開時に乾燥条件（土壌の保水性の指標となるpF値を2.3から3.8まで乾燥させたあとにpF2.3へ復帰）を一度処理した際の相対的な成長率を比較検討した一例である。この結果からは，コムギよりもダイズやトウモロコシにおいて生育が抑制されることから，比較的早い生育ステージでの乾燥ストレス処理／資材効果検討が必要な場合には，ダイズやトウモロコシの利用を検討すべきと考えられる。

　また，資材処理の対象となる作物群は，複数の科や作物分類群を用いた方が資材効果の見逃しを少なくでき，資材効果が期待される作物を考察する上でも参考になる。

3　ストレスの強度

　与えるストレスが強すぎたり弱すぎたりすることにより，供試BS資材の効果が確認できないこともあるため，BS資材による効果をどの程度期待するかによってストレスの強度を設定する必要がある。ストレス強度には，大まかに以下の2通りがある。

1）植物の生死（枯死もしくは生存）で判定を行う場合
2）継続的もしくは間断的なストレス負荷をかけて（試験対象全個体の生存が前提で）生育量を追跡する場合

前者については，対象作物の特定ステージが枯死する個体が全体の50％に達するなどを目安

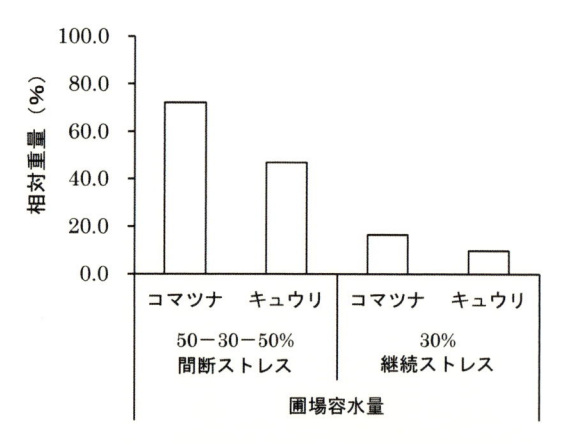

図2　ストレス強度の違いによる相対重量の比較例
　　　（継続的に理想条件下で栽培した時の重量を
　　　100とした相対比率，本例では圃場容水量
　　　50％が理想条件）

に設定する方法が考えられる。一方，後者についてはより細かい設定が必要であり，設定例とし
て，間断的な乾燥ストレス（本葉展開時から圃場容水量50％から30％に低減するまで通常栽培
し，30％に達した段階で50％まで補水，以後繰返し）と継続的な乾燥ストレス（本葉展開時か
ら圃場容水量30％に低減するまで通常栽培した後30％で維持継続）を与えた場合を示す（図2）。
この例では，30％の継続的なストレスの場合，最終的な相対重量が，理想条件下での栽培下での
栽培に対して10～20％程度であり，ストレスとしては非常に強い部類であると推測される。ま
た，間断的なストレスでは上記の継続的なストレスを与えた場合よりも相対重量の値が高く，継
続的なストレスと比較すると弱いストレスであると推測される。これよりも弱いストレスをかけ
る場合は，ストレスとなる圃場容水量30％の数値を40％程度まで上げることや，50％に補水し
た後の継続期間を長くするなどの方法が考えられる。

　上記のストレス条件はあくまで一例であり，ストレス条件および供試作物を設定した上で，文
献検索や事前の小規模試験などによる，適したストレス強度およびストレスのかけ方の検討は必
須である。

4　BS資材を処理する生育ステージおよびタイミング

　BS資材の効果を発揮する作物の生育ステージが限定的なものもあることから，作物へ資材処
理するタイミングの検討も重要である。

　固形の資材（粒剤や堆肥のような性状）の場合，育苗培土への混合や圃場での土壌混和など，
播種前・定植前が主な処理のタイミングになる。土壌に対して施用した上で作物への効果を期待

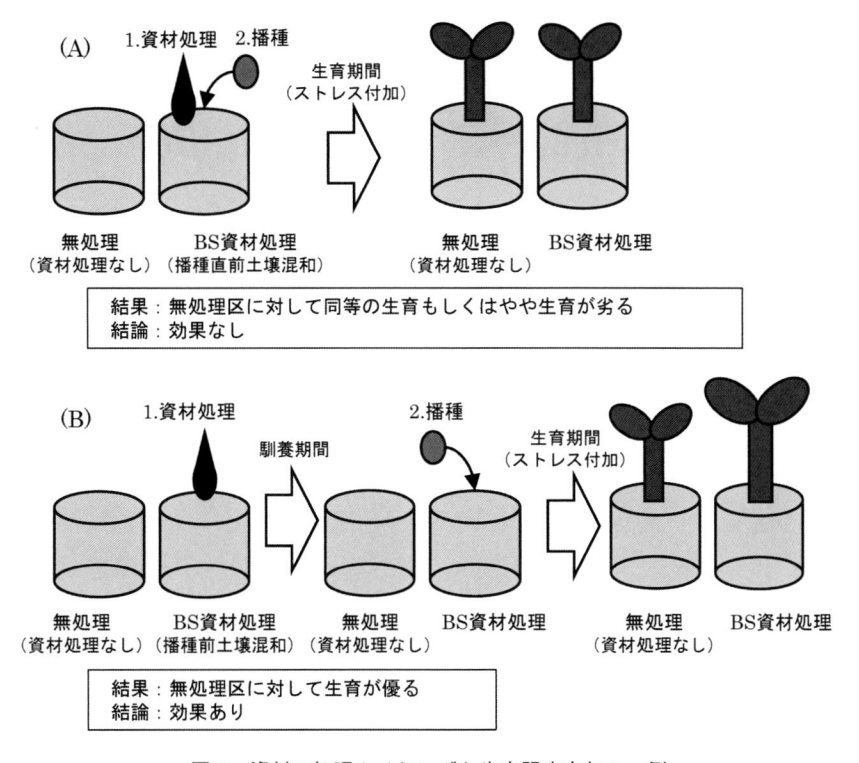

図3　資材の処理タイミングと生育阻害有無の一例
（A）資材処理と同時に播種を実施，（B）資材処理後に馴養期間を空けてから播種を実施

する資材では，施用後に植物を植えずに馴養する（資材と土壌を混合して慣らす）期間が必要か検討する必要がある（馴養期間は，堆肥では 10〜14 日程度の場合が多いため，10〜14 日程度が一つの目安になると思われるが，資材成分や特性によって適した期間は異なるため，適宜調査が必要）。図 3A に示すように，資材処理と同時に播種を行うと，無処理区よりも植物の生育が（やや）劣るもしくは同等程度に生育が留まる場合がある。一方，図 3B に示すように，同一資材でも資材処理から播種までの間隔を空けることで，資材の処理効果が明確に表れる場合がある。これは，資材の有効成分もしくは副次的に含有される成分が，植物の極初期の生育に対して抑制的に働いている可能性が考えられ，播種までの間隔を空けることで，その成分の分解／吸着／揮散などにより生育への抑制効果が低減するものと推察している。ただし，この事象で難しい点は，一般に発芽障害や植害，薬害と呼ばれる水準で症状を呈しないことがあり，特に肥料成分を含む BS 資材の場合，肥料成分による生育促進効果と上記の生育抑制効果が拮抗するため，より判断が難しくなることもある。

　潅注処理剤や葉面散布剤などの液剤では，播種〜生育後期までの処理が主なタイミングであり，対象となる生育ステージの幅が広くなる。特に，資材を使用する生育ステージを指定しない場合には，生育初期の薬害に注意が必要である。実際に，これまで実施してきた試験で発芽直後

に葉面散布および潅注処理をした際に，一部の資材で葉の黄化や枯死の症状を呈したことがあった。原因の可能性として，有効成分ではなく，有効成分の効果を補助／強化する目的の助剤により上記症状を呈したと推測された例がある。生育初期でのみ薬害が見られるケースは時々見受けられるため，使用すべき生育ステージについて指定がない場合は，製品段階の資材を用いて，発芽試験や植害試験等により比較的生育初期の植物体への影響を事前に把握すべきである。また，葉面散布剤の場合，市場販売を開始して間もなく生産者や販売委託先から農薬との混合の可否について問い合わせのある場合が多いため，効果検証の試験と合わせて主要な農薬との混用薬害試験なども視野に入れておくと良い。

5　BS 資材の効果検証方法について

　BS 資材の効果を検証するためには，注目すべき植物の形質データ（地上部重量や地下部重量，葉緑素含量，光合成速度，収量など）を取得，解析する必要があり，「チャンピオンデータ（都合の良いデータ）」のみに依存しない，根拠に基づいた資材開発および利用が重要である。これらのデータを評価する際に反復（ポット試験であれば同一条件のポット数，圃場試験であれば同一条件の区画／コドラート数）を設けて，統計学的手法による有意差検定を用いることが多い。この場合，効果有無の根拠となる P 値がサンプルサイズ（反復数）による影響を受けやすいという問題点がある。

　一例として，同一条件で実施した栽培試験の反復数を 4 および 8 で行った試験データを，スチューデントの t 検定により解析した例を示す（図 4A, D）。この場合，平均値と標準偏差はほぼ変動していないが，反復数 4 の場合では P 値が 0.09 である一方，反復数 8 では P 値が 0.01 を下回る結果となった。つまり，反復数 8 の場合でのみ，「有意差が検出された」という結果が得られた。

　このような問題を解決するために，最適なサンプルサイズや検出力を設計するための手法もあるが，予備的なデータの取得や専門知識の習熟，ソフトウェアの選定などに労力を要する。これらを回避した上で，効果有無を判断するため，効果量という指標値を用いることがある。一例として，Cohen's d という効果量を示す（図 4B）。これは，無処理区と処理区との平均値差を 2 群の標準偏差の平均値で除した無次元の係数を指す[1]。言い換えると，標準偏差を単位として効果（平均値差）の大小を比較する係数である。この係数を用いて，改めて図 4A のデータを比較すると，反復数 4 で 1.58，反復数 8 で 1.70 と，いずれも効果量の目安（図 4C）において，効果が大きいという判断になる（図 4D）。また，複数試験の効果量のデータを元にメタ解析なども実施できるため，汎用性の高い指標値であり，病害虫防除における圃場試験でのメタ解析などが国内でも提唱されている[2]。

　ただし，農業生産に資する資材であることを念頭におくと，有意差検定や効果量を絶対とすべきではなく，供試する資材濃度を段階的に変えた試験を実施することにより，統計学的な差が検

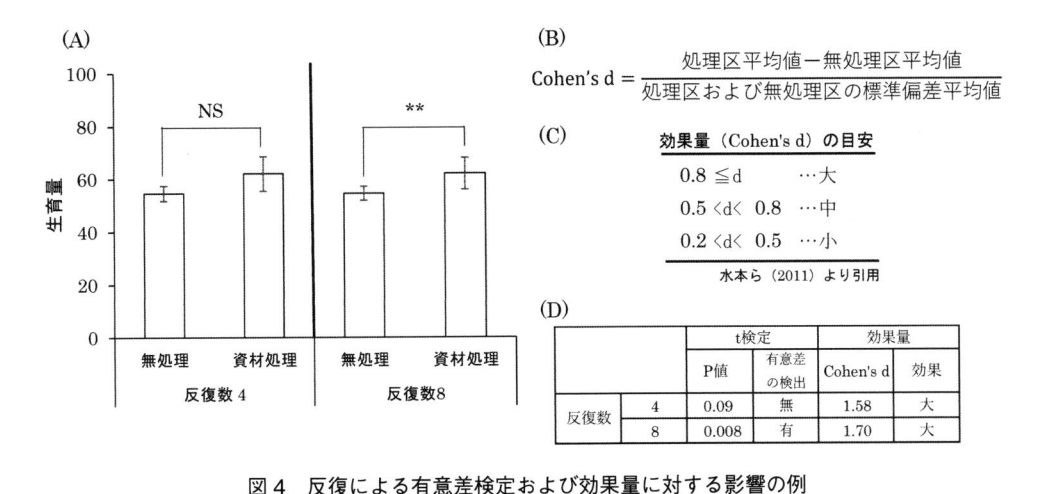

図4　反復による有意差検定および効果量に対する影響の例
（A）有意差検定（スチューデントの t 検定）の結果，図中の**は1%水準で有意差が検出
されたことを，NS は5%水準で有意差が検出されなかったことを示す，（B）効果量の一例
（Cohen's d），（C）効果量（Cohen's d）の目安，（D）有意差検定（スチューデントの
t 検定）と効果量（Cohen's d）の結果比較

出できないまでも，ある程度の資材効果が見える場合もある。効果検証方法については，供試資
材の効能とも関係するため，適宜判断することが必要とされる。

6　さいごに

　BS 資材の栽培試験に関する留意点について言及してきたが，共通して重要な点は，試験目的
を明瞭にした上で，目的のために適した作物種（可能であれば品種も），調査対象とする生育ス
テージ，ストレス条件，評価方法などについても，文献検索や小規模な予備試験によって情報収
集をしておくことである。その上で，栽培試験などの科学的なアプローチにより，第3者でも納
得できるデータを丁寧に収集することが大切である（もちろん，チャンピオンデータのみの提示
はあってはならない）。さらに，期待された結果が得られない場合は，資材特性や試験方法など
で関係すると考えられる原因を1つずつ検証することにより，ネガティブな要因を取り除くこと
ができる可能性も十分ある。基本的には，粘り強く繰り返し検証することが必要である。それと
ともに，増収効果や費用対効果の観点なども加味した上で，資材の利用価値を判断する観点も必
要であることは忘れてはいけない。

文　　献

1)　水本篤，竹内理，より良い外国語教育のための方法，47-73，外国語教育メディア学会（LET）関西支部 メソドロジー研究部会 2010 年度報告論集（2011）
2)　川口章，土と微生物，**69**（1），3-6（2015）

バイオスティミュラントの開発動向と展望

2024 年 10 月 31 日　　第 1 刷発行

監　　修	日本バイオスティミュラント協議会	(T1274)
発 行 者	辻　賢司	
発 行 所	株式会社シーエムシー出版	
	東京都千代田区神田錦町 1−17−1	
	電話 03(3293)2065	
	大阪市中央区内平野町 1−3−12	
	電話 06(4794)8234	
	https://www.cmcbooks.co.jp/	
編集担当	池田識人／品田　篤	

〔印刷　倉敷印刷株式会社〕　　　　　　Ⓒ Japan Biostimulants Association, 2024

ISBN978-4-7813-1822-6 C3043 ¥73000E